바다와 해양건축

21세기에는 어디에서 살 것인가?

미에다 히사키　콘도 타케오　마스다 코이치 편저

이명권　김봉경　이상준　김가야 공역

Oceanic Architecture

서 문

본서는 해양건축을 처음으로 접하는 대학생들에게 해양건축이 무엇인가를 알게 하려는 의도를 갖고 정리하였다. 또한 타 분야 기술자로서 해양건축의 개요에 대하여 관심있는 사람에게도 참고가 될 수 있도록 하였다. 집필자는 해양건축의 젊은 연구자들이다.

내용은 「해양건축으로 본 바다」, 「해양건축으로 본 건축」, 마지막으로 「해양건축 만드는 법」의 3부로 구성되었으며 알기 쉽게 해설하려고 노력하였다. 내용에 대해서는 중요사항을 파악하고 질이 높아질 수 있도록 하였다. 문장은 수식을 피하고 쉽게 이해할 수 있도록 서술하였으며 공부를 더 원하는 독자를 위해 참고문헌에 충실하였다. 또한 해양 정보네트워크가 필요한 사람을 위해 해양관련기관일람과 홈페이지URL일람을 권말에 게재하였다.

키워드는 본문 중에 굵게 하였고, 색인으로 정리하여 영어표기를 병기함으로써 해외문헌 인용 시 편의를 도모하였다.

구성 및 내용은 다음과 같다.

제1장 새로운 해양건축

제1부 해양건축으로 본 바다

제2장 바다란

제3장 해양건축을 둘러싼 국제관계

제4장 해양건축을 둘러싼 환경

제2부 해양건축으로 본 건축
제5장 해양건축이란
제6장 해양건축의 일생
제7장 오래가는 해양건축
제8장 안심하고 살 수 있는 해양건축

제3부 해양건축 만드는 법
제9장 해양건축을 설계하자
제10장 해양건축 만드는 법
제11장 해양건축에 필요한 재료
제12장 해양건축의 토대

해양건축에 대하여 알기 위해 필요 최소한의 항목을 전체 12장에 도입하려고 노력하였다. 또한 독자가 읽기 쉽도록 각 장을 20항목 이내로 정리하였다. 본서를 강의 교재로 사용할 경우에는 각 장을 1회의 강의자료로 할 수도 있고 제1부, 제2부, 제3부를 각각 독립된 강의자료로 할 수 있도록 하였다.

해양건축을 배우는 사람은 전체 12장을 통독할 것을 권한다. 또한 해양과 건축에 대한 최신정보나 사고를 도입하였으며, 현장에서의 체험담이나 참고가 될 만한 실패 사례도 열거하였다.

본서가 해양건축에 뜻을 둔 독자의 나침반이 될 것을 기원하며

본서를 해양건축을 있게 한 아버지 加藤 涉 선생님께 바칩니다.

2006.

前田久明, 近藤健雄, 增田光一

역자서문

본서를 접하게 된 것은 출간 직후인 2006년 봄인 것으로 기억한다. 마침 해양건축 전반에 대한 전문서 및 입문서의 필요성을 느끼고 있던 역자는 단숨에 책을 읽었으며 좋은 책을 발견했다는 안도감과 아울러 해양건축을 공부하는 여러 사람들과 함께 공유하고 싶은 마음에 번역을 결심하게 되었습니다. 그러나 정작 번역서 출간은 그리 간단한 것만이 아니라 시간과 노력이 많이 들었으며, 이는 전적으로 역자의 게으름과 능력 부족 탓이라 생각된다. 또한 현실적인 번역상 필자의 의도를 원만하게 전달하기 위해 번역상의 어려움이 있었음을 실감하였다. 번역을 하면서 많은 공부를 하게 되었고 스스로를 채근할 수 있어 참으로 행운이었다고 생각한다.

본서의 저자를 포함한 대표저자는 일본대학 이공학부의 해양건축공학과 교수님들로서 일본뿐만 아니라 영어권에도 널리 알려진 해양건축 분야의 권위자이다.

역자들은 본서를 출판하면서 해양건축을 반드시 국내에 천착시켜야 한다는 마음으로 향후 관심과 열정을 더욱 기울여 우리나라에서 해양건축의 지평을 넓혀 나가는데 일조해야겠다는 일종의 사명감을 갖게 되는 계기가 되었다. 바쁜 일정 중에서도 흔쾌히 번역에 참여해 주신 분들께 감사의 말씀을 드린다.

본서는 제1부 해양건축으로 본 바다, 제2부 해양건축으로 본 건축, 제3부 해양건축 만드는 법의 3부로 나누어지며 전체 12개의 장으로 구성되어 있다. 21세기는 어디에서 살 것인가라는 부제에서 알 수 있듯이 새로운 가능성을 가진 공간으로서의 바다와 해양건축의 필연성과 당위성을 설파하고 있다.

본서는 해양건축에 대한 궁금증과 갈증을 느끼고 있던 관련 분야의 전문가들에게 기본적인 개념을 갖도록 하는 데 도움을 줄 것이며 관련 학과의 학부생들과 대학원생들에게도 매우 유용할 것으로 생각되어 반드시 일독할 것을 권한다.

해양건축은 향후 우리가 나아가야 할 새로운 장르임을 다시 말씀드리며 해양건축학도 여러분의 뜨거운 관심과 분발을 기원합니다. 또한 관심과 성원을 해주신 (사)한국워터프런트연구협의회 여러분에게 감사드립니다.

끝으로 본서의 번역을 허락해주신 마에다 교수님, 곤도 교수님, 마스다 교수님을 비롯한 저자 여러분에게 감사를 드리며 출판을 적극적으로 추진해주신 기문당 출판사 강해작 사장님께 감사의 마음을 전합니다.

2012. 1.

이명권, 김봉경, 이상준, 김가야

Contents

| 제1장 | 새로운 해양건축 ______ 13

1.1 해양의 발전 13
1.2 「건축」을 둘러싼 새로운 움직임 14
1.3 해양개발의 역사와 현상 16
1.4 해양을 둘러싼 새로운 움직임 27
1.5 해양을 둘러싼 국제정세 28
1.6 해양을 둘러싼 사회적 배경 29
1.7 해양개발의 장래전망 29
1.8 새로운 해양건축 33

제1부 해양건축으로 본 바다 37

| 제2장 | 바다란? ______ 39

2.1 생명을 키우는 바다 39
2.2 바다는 마음의 고향 43
2.3 경외의 대상 바다 49
2.4 바다 이용의 변천 53
2.5 고령사회에서 본 해양성 레크리에이션과 바다 57
2.6 향후의 해변 공간이용 59

| 제3장 | 해양건축을 둘러싼 국제관계 65

3.1 들어가면서 65
3.2 인류의 생존을 지탱하는 바다의 자원 67
3.3 연안역의 종합적 관리 72
3.4 새로운 해양질서 78
3.5 마치면서 84

| 제4장 | 해양건축을 둘러싼 환경 87

4.1 환경과 환경공학 87
4.2 실내환경 88
4.3 자연환경 92
4.4 해양환경 96
4.5 환경기준 101
4.6 환경재생 102
4.7 환경영향평가와 지구환경문제 105

제2부 해양건축으로 본 건축 109

| 제5장 | 해양건축이란 111

5.1 해양건축이란 어떤 것인가 111
5.2 해양이라는 새로운 패러다임 119
5.3 해양건축공학 탄생 130
5.4 해양건축의 역할과 전망 133

| 제6장 | 해양건축의 일생 ______ 139

6.1 라이프사이클 엔지니어링 139
6.2 라이프사이클 어세스먼트 142
6.3 해양건축을 예로 본 라이프사이클의 흐름 145
6.4 해양건축설계와 라이프사이클 엔지니어링 159

| 제7장 | 오래가는 해양건축 ______ 163

7.1 들어가면서 163
7.2 유지관리와 방재 164
7.3 자립하는 해양건축물 176

| 제8장 | 안심하고 살 수 있는 해양건축 ______ 185

8.1 들어가면서 185
8.2 사람의 감정과 감각은 무시할 수 없다 185
8.3 합리적으로 안전을 생각하다 189
8.4 최저 안전성을 확보하기 위한 설계기준 191
8.5 룰 베이스 설계에서 골세팅으로 192
8.6 보험에 의한 안전 확보 193
8.7 수질환경악화와 자연재해 193
8.8 「방재」만이 아닌 「감재(減災)」 196
8.9 하인리히법칙에서 배우다 197
8.10 안전을 합리적으로 취급하는 수단 198
8.11 리스크 평가 · 관리에 의한 안전관리 202
8.12 회화에 의한 안심 제공과 획득 205
8.13 안전 · 안심할 수 있는 해양건축 창출을 위해 필요한 것 207

제3부 해양건축 만드는 법 209

| 제9장 | 해양건축을 설계하자 211

9.1 설 계 211
9.2 설계의 조건 213
9.3 구조계획과 설계 215
9.4 건축물 구조설계의 흐름 230

| 제10장 | 해양건축 만드는 법 235

10.1 해양건축물의 개요 235
10.2 시공을 둘러싼 주변환경 238
10.3 시공을 편하게 하는 기술 242
10.4 해양건축물 건설방법 247
10.5 환경영향 요인과 방지 253
10.6 공사감리의 중요성 254

| 제11장 | 해양건축에 필요한 재료 257

11.1 해양건축에 필요한 재료 257
11.2 철근콘크리트구조 재료 260
11.3 강(鋼)재료 267
11.4 새로운 재료 271
11.5 건설재료와 환경문제 273

| 제12장 | 해양건축의 토대 ______ 277

12.1 해양건축물과 지반, 기초구조 277
12.2 해양건축물의 기초구조 278
12.3 지반의 기초적 성질 281
12.4 지반개량 289
12.5 기초와 지반에 관련한 사례 294

해양관련기관 URL 일람 303
찾아보기 308

| 제 1 장 | 새로운 해양건축

前田久明, 近藤健雄, 增田光一

1. 1 해양의 발전

일본의 건축학회는 1886년 설립시 조가(造家)학회라고 불렀다. 'Architecture'는 건축기술뿐만 아니라 건축의 아름다움과 추함까지 논하는 건축철학을 포함하는 개념이다. 1894년에 조가학회에서 건축학회로 명칭이 변경되었다. 건축과 관련된 전문 분야를 폭넓게 영입하는 방향성이 명확해진 것이다.

「해양건축」은 Oceanic Architecture이기 때문에 당연히 건축학회의 한 분류이다. Naval Architecture(조선공학) 또한 건축학회의 한 분류라고 볼 수 있다.

'해양건축'이라는 용어가 확립된 것은 일본대학 이공학부에 해양건축공학과가 탄생한 1978년이라고 할 수 있다. 해양건축이란 '해양이라는 장(場)의 건축'을 의미한다. 또한 20년 전 해양건축의 정의를 보면 '해양에서 인간의 직 · 간접 활동을 안전하고 쾌적하게 하기 위한 공간정비 개념이며 넓은 의미로는 그것을 둘러싼 자연환경, 사회환경 등의 공간정비까지도 포함한다. 즉 인간의 해양 활동환경을 정비하는 것이 해양건축이며 또한 그 개념을 활동목적에 따라 구현시킨 것이 **해양건축물**이다'(사쿠다 마사아키(佐久田 昌昭), 「해양건축입문」[1]에서). 이 정의는 지금도 그대로 사용할 수 있다. 그 당시와의 차이점이라면 시대가 변함에 따른 현재의 세계 · 지구 · 해양에 대한 느낌의 차이라고 할 수 있다.

광의적 측면에서 '해양건축'은 항구마을, 어촌, 항만도시, 임해도시, 먼 바다 해면에 있는 인공물을 포함하는 개념이다. 여객선, 어선, 항만시설에서부터 매립지의 해상공항시설, 해양석유굴착 · 생산시설, 해상석유비축시설까지도 해양건축물이라 할 수 있다.

본 서에서는 이미 확립된 전문 분야인 선박공학, 항만공학, 수산공학에 직접 관계된 해양건축물은 원칙적으로 제외하였다.

해양건축의 흐름은 건축의 흐름과 해양의 흐름이 합류된 것으로 볼 수 있다. 그래서 건축과 해양의 흐름을 개별적으로 조망하고, 그 속에서 새로운 해양건축의 모습을 부각시키는 것을 시도하고자 한다.

1.2 「건축」을 둘러싼 새로운 움직임

일본 건축학회에 해양건축위원회가 설립된 1970년대는 일본의 경제가 한창 성장할 때였다. 연안역개발이 진행되어 매립에 의한 공업단지가 늘어났으며 이것이 일단락되면서 주택의 수요에 따라 매립지에 주택단지가 늘어났다. 일본이 세계 제2위의 경제대국이 되었을 무렵 리조트법이 성립되어 연안역에 요트하버와 각종 레크리에이션시설을 갖춘 리조트가 개발되었다. 버블경제가 한창인 무렵으로 무한 성장이 계속될 것으로 착각에 빠진 시대였다.

건축 분야에서도 재건축수요가 늘어나 신축 러시가 도래하였으며, 건축재료에는 신소재가 활용되어 새로운 건축자재가 적극적으로 도입되었다. 건축공법에도 새로운 공법이 차례로 도입되어 건축 생산성은 현저하게 향상되었다. 목재는 가격 면에서 수입재가 국산재를 대신하였다. 건축자재에도 수입품이 사용되어 목조 3층 주택도 건축될 수 있도록 **건축기준법**도 개정되었다. 구조계산에는 유한요소법이 적극 도입되어 복잡한 구조계산의 신뢰성이 현저하게 향상되었다. 그 결과 지진국가 일본에서도 고층빌딩 건설이 가능하게 되었다.

이후 새로운 건축자재 중에서 건강에 해롭다는 점을 지적받게 되었다(새집증후군이나 석면 등). 또 전 세계적으로 지구의 온난화방지 관점에서 이산화탄소배출 억제 의견이 나와 ISO 14000에 따라 라이프사이클 어세스먼트를 고려하게 되었으며 건축 품질보증 관점에서 건설회사는 ISO 9000의 인증취득에 노력하게 되었다. 재건축 러시에 따른 건축폐재 등 산업폐기물이 급증해 **산업폐기물** 불법투기가 사회문제로 되었다. 또 컴퓨터를 활용한 3차원 CAD를 도입하는 등 건축설계효율이 눈에 띄게 향상되었다.

1995년 한신 · 아와지(阪神 · 淡路)대지진을 경험하면서 내진설계가 새롭게 수정되어 보다 신뢰성 높은 **내진설계**가 행해지게 되었다. 건축기준은 설계의 자유도가 더욱 증가하여, 보다 합리적으로 설계할 수 있도록 세심한 매뉴얼 기준인 룰 의존적(rule based) 기준에서 기능 요구적(functional requirement) **성능설계**를 지향하는 목표설정(goal setting) 기준 방향으로 변하고 있다.

2005년에는 **내진강도 위장사건**이 발생하여 기술자 윤리의 중요성이 크게 부각되었다. 건축사가 구조계산서를 위장하고, 건축 확인 신청서를 심사하는 민간 검사기관이 그 위장을 간과한 사건이었다. 철근콘크리트의 철근수를 줄이거나 구조계산 프로그램의 입력데이터를 잘못 입력하는 등의 수법이 사용되었다. 그 결과 내진강도가 기준치의 20~30%에도 미치지 못하는 맨션이나 비즈니스호텔이 수 십동 건설되어 건축허가를 내준 지자체로부터 주민이 강제퇴거를 요청받는 사회문제로까지 발전되었다. 이 사건은 사회 경제시스템이 변용된 결과 생긴 것이라고도 볼 수 있다. 버블경제가 붕괴되고 시장이 축소됨으로써 경쟁원리가 격렬해지고, 설상가상으로 국제화 · 정보화가 진전되어 경제성에 너무 치중한 나머지 안전성을 간과하여 윤리관이 저하된 사례라고 할 수 있다. 기술자 윤리는 풍부하고 안정된 사회를 위해서만이 아니라 안전하고 안심할 수 있는 사회를 위해 필요하다.

시공불량 등 기업윤리가 요구되는 사고도 증가하고 있다. 내진강도 위장사건은 특정개인이나 기업체에 한정된 것이 아닌 구조적 문제라는 인식이 중요하다. 다시 한 번 **기술자 윤리**와 **기업윤리**의 중요성을 강조해 두고 싶다.

인구증가에 따라 에너지, 자원, 식량의 유한성에 대한 의식이 높아져 성장한계를 느끼게 되고 지속적인 발전만이 남아 있다는 합의가 형성되면서 규제완화와 건강, 안전, 환경에 대하여 필요한 규제와의 조화가 중요하다는 인식이 생겼다.

일본의 인구는 2006년을 기준으로 해마다 감소할 것으로 예측되고 있다. 2050년에는 65세 이상의 노인이 전인구의 36%를 차지할 것으로 예상된다. 2030년부터는 65세 이상 인구는 2,000만 명으로 그 이후로도 같은 수가 될 것으로 예상된다. 저출산, 고령화가 사회적인 걸림돌이 될 것이다.[2] 이에 따라 건축에도 배리어프리나 유니버설 디자인이 요청된다.

1.3 해양개발의 역사와 현상[3]

1.3.1 해양개발의 역사

해양건축의 한 요소인 해양의 동향으로서 해양개발의 역사를 살펴보자. '해양건축'은 해양에서 사람의 행위이며, '바다를 알고', '바다를 지키고', '바다를 이용하는' 행위가 포함되어 있다.[4] 해양개발의 역사는 패총시대의 '바다를 이용하는' 것부터 시작하여 페니키아 교역시대의 '바다를 이용하고', 콜럼부스, 다윈 등의 '바다를 알고', 해상교통, 수산에 의한

'바다를 이용하는' 시대를 거쳐 Sea Power[역1]에 의한 '바다를 지키는', 해양석유 · 가스에 의한 '바다를 이용하는' 시대를 거쳐, 유인잠수선 '심해 6500'과 지구심부조사선 '지구'에 의한 지구상에 남은 최후의 신천지 바다를 '아는' 시대가 되었고, 지금부터는 지속적인 발전에 의한 '바다를 지키는' 시대로 되어간다.

패총의 존재에서 판단해보면 연안역에서 사람의 삶은 간석, 해빈, 암장에서 식량으로서 어개류 채취에서 시작되었다고 할 수 있다. 어개류는 무주물선점[역2]으로 연안해역 접근은 open access로 자유로웠다. 어개류를 풍부하게 채취할 수 있던 특정해역은 개인 혹은 마을과 부족의 구역이었을 것이다. 마을은 어개류라는 자원의 이용자이면서 동시에 그 자원의 보호 · 배양에 노력하게 되었고, 일본의 어업권은 이렇게 성립된 것이라 생각된다.

해양은 배를 띄워서 바람과 해류를 이용함으로써 교역의 장으로 활용되어 왔다. 배의 발착장소인 항구마을에서는 물자유통뿐만 아니라 문화교류도 행해졌다. BC 814년 페니키아[역3]인의 카르타고 건설, AD 600년대의 유수사[역4] · 유당사[역5]에서 그 예를 볼 수 있다. 섬을 둘러싼 바다(해양)는 외부에서 보면 섬을 성으로 볼 수 있어 바다는 커다란 수로에 대응하는 안전이 보장된 중요한 공간이었다. 1275년 원구[역6]나 에도막부[역7]의 쇄국정책으로 안전보장을 위한 해양의 기능을 볼 수 있다. 바다가 안전보장 기능을 가진 확실한 사례는 베네치아일 것이다. 해양도시로서 452년에서 1797년

역1) 한 나라의 종합적인 해양 이용능력, 해상권력 또는 해상권이라고도 함
역2) 無主物先占 ; 소유자가 없는 동산을 남보다 먼저 점유하는 일
역3) phoenicia ; 고대 지중해 동안에 위치한 역사적 지역명(고대도시국가)
역4) 遣隋使 ; 왜국(2~7세기 사이 일본의 명칭)이 수나라에 파견한 조공사. 600~618년의 18년간 5회 이상 파견
역5) 遣唐使 ; 왜국이 당나라에 파견한 조공사. 중국에는 619년에 수나라가 멸망하고 당나라가 세워졌는데, 그때까지 파견하였던 유수사를 바꾸어 사용한 명칭
역6) 元寇 ; 원나라가 서기 1274년, 1281년 두 차례에 걸쳐 일본의 壹岐 · 對馬 · 博多 부근을 습격한 사변. 태풍으로 원이 패했음.
역7) 江戶幕府 ; 도쿠가와 이에야스(德川家康)가 천하통일을 이루고 에도(江戶: 현 도쿄)에 수립한 일본의 부케정권(武家政權 : 1603~1867)

나폴레옹에게 멸망되기까지 1300년을 국가로서 존속해왔다는 것은 경이롭고, 15세기말부터 **대항해시대**에 접어든 삶에 관한 정보는 전 세계에 미치게 되었다(콜럼부스, 바스코다 가마, 마젤란, 제임스 쿡 등). 산업혁명 이후 조선기술은 눈부시게 발전하였고, 증기선, 프로펠러선, 강선, 잠수함은 19세기에 개발되었다.

제2차 세계대전 후 용접으로 만든 미 해군의 전시표준선이 추운 곳에서 취성파괴로 선체절단이 일어나 침몰하는 사고가 속출함으로써 강재나 용접봉 개량이 진전되어 취성파괴를 일으키지 않는 용접선 건조가 가능케 되었다. 일본에서는 조선공작법 개량과 함께 블록건조와 자동가스절단 · 자동용접을 융합시켜 생산성이 획기적으로 향상되었다. 그 결과 일본의 선박건조량은 1956년 영국을 제치고 세계정상으로 뛰어 올랐으나 2004년에는 선박건조량 수위 자리를 근소한 차이로 한국에 내주었다. 그 중에 1,500만 톤 씩을 한국과 일본에서 건조하였고, 500만 톤은 중국이 건조하였으며, 나머지를 EU와 그 외의 국가에서 건조하였다.[5)]

해저케이블이 대서양에 부설된 것은 획기적인 일로서 1858년에 이루어졌다. 일본에서도 얼마 후인 1871년에 나가사키(長崎) ~ 우라지오(浦鹽) 사이, 나가사키(長崎) ~ 상하이(上海) 사이에 해저케이블이 부설되었다. 그 당시 나가사키(長崎) ~ 도쿄(東京) 사이에는 우편제도가 존재하지 않았으며 사람이나 말(馬)로 원거리 우편을 전하는 시대였다. 해저케이블 부설에는 고도의 기술이 요구되었다. 해저케이블 부설선, 지원 잠수기, 로스(loss)가 없으며 고압하에서의 수밀을 요하는 해저케이블, 해저케이블 중계기, 커넥터 등, 그후 해양개발에 공헌한 여러 가지 해양기술이 포함되어 있다.

1.3.2 해양공간이용

워터프런트개발 혹은 연안역개발을 생활권 확대 관점에서 그 변천을 살펴보면, 동경만이나 오사카만에서는 매립에 의한 간척은 에도시대부터 행해져왔다. 그러나 간척이 급격하게 확대된 것은 제2차 세계대전 후의 일이다. 경제성장시대에는 임해공업단지, 석유 콤비나트, 탱커 착잔(着棧)용 씨바스(Sea berth), 대규모 임해발전소, 컨테이너터미널 등의 수요가 증가하였다. 도로, 파이프라인 등 물류를 위한 인프라가 정비되어 있지 않았기 때문에 해상에서의 접근이 용이한 임해부에 매립지를 만들어 공업지대를 건설한 것은 매우 합리적인 전술이었다. 또한 매립지를 조성한 목적은 도시의 쓰레기나 준설토를 포함한 산업폐기물처리장 역할을 하는 것이었다. 한신 · 아와지대지진 후처리에도 임해부 매립지 조성에 따른 쓰레기 처리가 도움이 되었다. 이후 제조업 공장의 해외이전으로 임해공업지 수요는 감소하였으며, 공업용지 수요가 다시 증가하여도 대규모 주택단지를 건설하여 택지수요에 대응해왔다.

이와 같이 제2차 세계대전 후 연안역에서는 매립에 의해 생활권이 확대되어 영토를 늘리는데 공헌해왔지만 이와 동시에 자연해안이 감소되어 이른바 퍼블릭 액세스를 빼앗는 결과가 되었다. 또한 조장, 간석 등이 매립으로 감소하였기 때문에 해수정화기능이 상실되었다. 따라서 21세기에 들어와서는 해양환경을 회복시키기 위한 조장, 간석 등을 조성하고 해변공원을 만드는 등 **퍼블릭 액세스**를 확보하려는 움직임이 나타났다.

1996년부터 6년에 걸쳐 초대형 부체(浮体)식 해양건축물의 플로트 타입 모델의 실험이 행해졌다.[6] 길이 1㎞의 부체식 해상공항으로 **'메가 플로트'** 라고 불렸으며, 일본의 국가적 프로젝트 성과는 초대형 부체식 공항은 기술적, 경제적으로 성립 가능하다는 것이었다.

해상공항, 부체식 카지노, 이도(離島)에서 해상석유비축기지, 메가 플로트 부체식 방재기지 등은 해양공간 이용의 새로운 사례였다. 해안선에서 5㎞ 이상 떨어진 먼바다의 인공섬에 공항을 만들면 소음문제에서 해방되어 24시간 오픈한 가동률이 높은 공항이 되고, 또 지진 발생시 재해를 입은 연안역은 육상에서 접근이 어려워도, 연안부는 해상에서 접근이 용이하므로 이동 가능한 메가 플로트(mega float) 부체식 방재기지를 재해지역에 예항하면 다목적 구원활동에 활용할 수 있다. 이러한 방재기지는

사진 1.1 워터프런트개발 사례 – 리오의 해변(브라질)

육상거주구를 해상에서 보완하는 기능을 하는 것이다.

도시부의 **워터프런트개발 · 연안역개발**[7]은 공업용지나 상업용지, 나아가 주택지 조성을 목적으로 하였지만, 지방의 연안역개발은 간척에 의한 농경지 조성이나 해수욕장과 해변공원 조성 등 관광을 목적으로 한 것이 많다. 예를 들어 하와이 와이키키비치는 20세기 초에 인공해변으로 만들어진 것으로 그 이전에는 습지대에 지나지 않았으나, 와이키키비치가 하와이의 관광산업, 투어리즘에 끼친 공헌은 지대하다. 또한 하치로카타(八郎潟)와 코지마(児島)만의 간척은 벼농사용 농경지 조성이 필요했기 때문이다. 2005년에 농경지 수요가 감소하여 신지(宍道)호나 아리아케(有明)해의 이사하야(諫早)만에서 처럼 농경지 조성을 위한 간척이 중지되는 사례가 늘어나게 되었다.

해양을 이동하면서 즐기는 투어리즘(tourism)이 **크루징**이다. 대형 여객선에 의한 크루징은 20세기 후반부터 급증한 추세이며, 카리브해, 지중해, 미국 · 캐나다 서해안의 알래스카항로, 동남아시아, 북구 등이 크루징의 메카가 되었다. 대형 여객선의 설계 · 건조는 유럽의 조선소가 경험이나 기술면에서 우수하며, 극히 일부는 일본 조선소에서도 만들고 있다. 여객선 건조에는 항공모함이나 원자력 잠수함 등의 군함과 같이 매우 높은 기술이 요구된다.

1.3.3 해양석유가스[8)]

2005년 **해양석유**는 세계 석유생산의, 나아가서는 세계 에너지 수요의 중요한 부분이었다. 그러나 해양석유가 본격적으로 생산을 시작한 것은 제2차 세계대전 직후로 그리 오래되지 않았다. 그러나 해양석유산업은 1978년 제2차 석유 위기 이후 크게 증가한 분야이다. 당시는 원유가격이 상승하여 30달러/배럴을 넘는 상황이었다. 원유가격이 해양석유 생산코스트를 넘어서자 해양석유생산이 늘어나게 되었다. 저유층탐사기술, 경사파기굴착기술, 해저생산시스템, 석유시추 생산용 라이저 텐셔너(Riser Tensioner)기술, 플랫폼기술의 진전에 의해 해양석유 생산코스트는 순조롭게 저감되어 2005년 시점에는 4달러/배럴 이하가 되었다. 그러나 이라크전쟁 후인 2005년 원유가격은 70달러/배럴을 넘게 되었고, 허리케인 카트리나가 멕시코만의 해양석유생산 · 정제시설에 막대한 손해를 입힘으로써 석유가격은 더욱 폭등하게 되었다. 해양석유의 생산해역은 1,000m의 수심에서 더욱 더 깊어지게 되었다. 멕시코만, 브라질해, 서아프리카에서는 2,000m~3,000m 수심에서의 개발이 성행하게 되었다.

해양석유 · 가스를 수송하는 해저 파이프라인 부설과 유지관리에도 고도의 기술이 필요하다. 해저케이블과 해저 파이프라인기술이 해양기술 발전에 기여한 공로는 매우 크다고 할 수 있다.

1.3.4 항만 · 해상운송

일본에서 본격적인 외국무역을 위한 **항만**은 에도(江戸) 말기의 요코하마(横浜)에서 시작되었다. 서구를 따라 가기 위해 식산흥업(殖産興業) 정책의 일환으로 항만개발이 행해졌다.[9] 국가주도로 축항(築港)기술이 촉진되었고 제2차 세계대전 후에는 미국의 항만관리청에서 익힌 항만 · 공항을 하나로 한 민주적인 관리 · 운영이 요구되었으나 항만단독으로 정부주도 체제가 지속되었고, 항만기술의 근대화가 진행되면서 세계적인 위치를 차지했다. 그러나 항만소프트라고 할 만한 인력 · 조직의 근대화가 기술에 따라 가지 못하는 상황이 나타났으며, 석유위기, 산업구조의 변화, 디플레이션 스파이럴(Deflation spiral) 불황 등을 거쳐 항만소프트와 항만기술의 밸런스가 이루어졌다.

로지스틱스(물류, logistics)의 **해상 운송**산업은 21세기에 들어 중국무역 증대를 반영하여 점점 증가하고 있다. 미국 – 중국, 일본 – 중국, 유럽 – 중국의 무역량은 그 기록을 계속 갱신하고 있다. 벌크선이나 탱커, 컨테이너선이 부족하여 조선소가 활황을 보이고 있다. 컨테이너 취급량이 많은 순으로 홍콩, 싱가포르, 상해, 심천, 부산, 고웅(대만) 등의 컨테이너 터미널은 꽉 찬 상태이다.[10] 다음으로 유럽, 미국의 허브항으로 이어진다. 컨테이너선은 대형화 추세이며 8000TEU시대에 들어섰으며 계속 대형화되고 있다. 따라서 항만의 수심도 16m가 필요하게 되었고, 일본의 항만은 한신 · 아와지대지진 이후 허브항만으로서의 지위가 떨어졌으며 규모, 수심, 서비스, 이용료가 과제이다. 유럽, 미국에서는 해상수송시스템의 창조적 파괴가 행해지고 있다. 국제항로에서의 고속선화와 국내항로에서의 해상 · 육상 · 철도수송시스템의 융합인 **모달 시프트**[역8]로서의 Short Sea Shipping의 도입이다. 일본에서도 지구온난화방지를 겸한 합리적인 로지

역8) modal shift ; 화물이나 사람의 수송전환을 도모하는 일

스틱스로서 내항해운 · 트럭 · 철도를 연결하는 모달 시프트가 시도되고 있다.

1.3.5 수산[3)]

세계 식량원의 하나인 **수산업**은 각국에서도 역사와 문화의 한 부문을 담당한다. 2004년 세계의 해양수산물 생산량은 약 7,000만 톤/년이다. 그 중에서 일본에서 소비하는 양은 약 1,100만 톤/년으로 세계의 16%를 소비한다. 세계 수산물 생산량의 절반은 중국이 생산하고 있으며 주로 담수에서의 내수면 양식이다. 일본의 생산량은 약 600만 톤/년(양식은 그 중 20%)으로 수입이 500만 톤/년이고, 배타적 경제수역이 시행되어 원양어업이 격감하면서 일본의 수산업 자급률은 농업과 같이 낮은 55%로 선진국 중에서는 예외적으로 자급률이 저하되어왔다. 그러나 수입어의 대부분은 일본업체 등이 동남아시아에서 맹그로브숲[역9]을 베어내고 연안역에 조성한 양식지(養殖池)에서의 생산물이며, 일본의 어장이 세계로 확장된 결과라고도 해석할 수 있다. 또한 자급률 저하는 일반가정이나 음식점에서 나오는 음식물쓰레기에 의한 식품 폐기율 세계 1위라는 현실에서 알 수 있다. 제1차 산업인 수산업과 농업 모두 연간 수입은 어려워지고, 생산뿐만 아니라 유통 · 판매 등의 부가가치가 높은 서비스 부문을 연계하여 고수입화를 실현하고 있는 예가 나타나고 있다.

육상 수렵에서 목축으로 변화한 것처럼 어선어업에서 수산양식으로 변화한 것이다. 어획고가 기상 · 해상조건에 의해 좌우되는 어선어업에 비해 수산양식은 생산 · 출하관리가 가능한 이점이 있다. 일본, 유럽에서는 수산양식이 증가하고 있다. 해면양식은 사료 찌꺼기가 해양환경을 오염시킬 우려가 있으나 이를 피하기 위해 육상양식이나 먼바다 양식이 시작되

역9) Mangrove ; 아열대나 열대의 해변이나 하구의 습지에서 발달하는 숲

고 있다. 수산양식업은 종묘획득, 사료가격 폭등, 어병대책의 문제점 등 전면적으로 어선어업이 바뀌기에는 무리가 있어 수산양식업과 어선어업의 공존은 계속될 것으로 생각된다.

1.3.6 바다를 안다 [11), 12)]

'바다를 안다' 는 것에 관한 역사적 자료로서 가장 우선적으로 들 수 있는 것은 다윈의 비글(Beagle)호에 의한 세계일주 항해이다. 다윈은 이 항해의 경험으로 「종의 기원」을 써서 1859년 진화론을 주창하였다. 과학적으로 '바다를 아는' 해양학에 크게 공헌한 것은 영국의 챌린저(Challenger)호에 의한 1872년 세계일주 항해였다. 이후 각국에서 **해양관측**은 주로 해군 및 해양연구기관에 의해 행해졌다. '바다를 아는' 입장에서 20세기 후반 기술로는 해양과학기술센터(현 해양연구개발기구-JAMSTEC)에서 개발한 6,500m까지 잠수하는 티탄제 압력용기(Pressure-resistant containers)를 가진 유인잠수선 '심해 6500' 과 10,000m까지 잠수하는 유삭식(有索式) 무인잠수기 '해항' 이 특기할 만하다. 또 순수일본산 연료전지를 탑재한 자율형 무인잠수정 AUV '우라시마' 도 세계에 자랑할 만한 일본의 해양기술이다. 이러한 일본 독자적인 기술로 개발한 세 개의 잠수기는 세계 최고이며, 지금까지 타의 추종을 불허하고 있다. 2005년부터 미국, 중국, 한국은 이러한 잠수기의 건조기술에 관해 일본을 앞서기 위해 많은 노력을 하고 있다.

2005년 화제가 된 **지구심부탐사선 '지구'** 가 있다. '지구' 는 세계 최고의 일본 조선기술로 설계 · 건조된 것으로 자랑할 만한 최첨단연구선이라고 할 수 있다. 지구심부조사선 '지구' 는 해저 바닥이 가라앉아 맨틀(mantle)에 녹아 지구 내부에서 한 바퀴 돌아 다시 해저에서 분출하는 새로운 지구감(地球感)을 만들어내는 **플레이트 테크토닉스**의 메커니즘을 설명하기 위해 사용되었다. 현재의 사양은 수심 2,500m까지의 해역에서 해저면에서 7,500m까지 굴착이 가능하나 맨틀까지 정확하게 도달하기 위해서는 수심 4,000m에서의 굴착이 필요하다. 당초 계획에는 수심 2,500m에서의 관측이 숙달되면 수심 4,000m에서 굴착할 수 있도록 개량하려고 하였다.

1.3.7 창조적 실패 [13)]

해양개발 역사에는 지금까지 몇 번의 큰 사고가 기록되어 있고, 사고 원인 규명을 통해 사고방지를 위한 기준과 설계 · 건조법 개량으로 이어졌다. 이러한 사고는 실패를 발전으로 승화시킨 것으로서 **창조적 실패**라고 부를 수 있다.

1912년 빙산에 충돌하여 침몰한 타이타닉호 사고 후에 구명보트를 정원수 만큼 설치하게 되고, 결국 해상인명안전조약(SOLAS) 성립으로까지 이어졌다. 즉 안전성에 대한 사회적 규제의 필요성을 인식하게 되었다고 할 수 있다. 제2차 세계대전 후 미 해군에서 용접으로 건조한 전시표준선인 수송선이 겨울철 안벽(岸壁)에 계류했던 선체가 절단되어 침몰하는 사고가 빈발하였다. 선체절단사고의 원인이 용접부 강재의 취성파괴에 의한 것으로 판명되어 그 후 취성파괴를 일으키지 않은 용접봉 · 강재가 개발됨으로써 용접선의 신뢰성이 향상되었다. 1954에는 태풍을 만나 침몰해 1,155명 이상의 사망자를 낸 토우야마루(洞爺丸) 사고 후에 합리적인 복원성(復原性) 기준이 만들어져 IMO(국제해사기구)의 비손상시 복원성 기준에 들어가게 되었다. 1967년 영불해협에서 좌초한 탱커 트리케니언호의 석유유출사고가 계기가 되어 해양오염방지조약(MARPOL)이 생겼다. 해양석유리그의 알렉산더 키랜드는 1980년 북해에서, 오션레인저는 캐나다 동해안에서 1982년 거친 기상악화로 침몰하여 각각 123명과 84명의 희생자를 냈다. 이 사건을 계기로 IMO에서 MODU Code(이동식 굴착 리그 규칙)가 개정되었다. 또 1988년에 북해 석유생산리그 파리퍼 알파가 화재사고로 167명의 희생자가 발생한 것을 계기로 안전규칙에 리스크 해석 개념이 도입되었다. 1989년에는 알래스카 연안에서 탱커 엑손 발데스호가 좌초되어 기름유출사고를 일으켰는데, 연안의 해양생물에 막대한 피해를 입혔다. 이를 계기로 IMO에서 탱커의 이중피복화를 의무화하게 되었다. 1994년 발트해에서 로로(RoRo)[역10]선 에스토니아호가 황천에서 출항 직후에 제대로 잠기지 않았던 선수(船首)의 문에 침수되어 852명이 희생된 사건을 계기로 IMO에서 확률론적인 손상시 복원성 기준 개정이 논의되었다.

자연재해 사례를 보면, 1959년 이세(伊勢)만 태풍 때 3.5m 고조(高潮)가 발생하여 약 5,000명의 사망자가 생겨 고조대책의 중요성이 인식되었다. 1960년 칠레 지진시 쓰나미 피해에서 쓰나미 대책의 중요성이 인식되어 태평양에서 발생하는 쓰나미 경보를 알리기 위해 태평양 쓰나미 경보조직 국제조정그룹이 생기고 하와이에 센터를 설치하였다. 2004년에 일어난 수마트라해 지진에 의한 인도양 대쓰나미에서도 인도양에 면한 나라에서 23만 명에 이르는 희생자가 발생하면서 다시 한 번 더 쓰나미의 위험성이 인식되었으며 인도양에도 쓰나미 경보센터 설치가 계획되었다. 이러

사진 1.2 허리케인으로 인한 고조(NOAA Hurricane Center)

역10) roll-on roll-off vessel ; 컨테이너선의 일종으로 트레일러나 차대(車臺, chassis)에 실린 컨테이너를 선미 또는 선복에서 램프(경사판)를 통해 선내로 운반하는 방식의 배

한 사례가 교훈이 되어 자연재해에 대한 방재, 감재(減災)대책이 시도되게 되었다. 연안역의 해저드맵(hazard map) 등은 그 일례이다.

1.4 해양을 둘러싼 새로운 움직임[14)]

일본에서는 메이지(明治) 이후 국토는 육역만으로 한정하는 생각이 주류였으나 영해를 포함한 해역은 담당 관청이 책임지고 관리해 왔다. 인접국과 국경선을 마주하고 있는 것과 달리 해면을 매개로 하여 붙어 있기 때문에 인접국과의 관계에 그다지 신경 쓸 필요성을 느끼지 않았다. 그때까지는 전국의 해역을 통합적, 종합적으로 관리하는 법률의 필요성을 느끼지 못했다. 그러나 해양개발 활동이 눈에 띄기 시작함에 따라 국가전략 관점에서 해역을 국토공간의 개념에 넣어야 한다고 의식하고 관련 법률을 정비하게 되었다.

국토종합개발법(1950년 제정)에 근거하여 제3차 전국종합개발계획(1977년 3전총)에 '연안역의 보전과 개발'과 '해양개발'이 포함되었다. 1998년 「5전총」에서는 국제해양질서 확립이 포함되어 있다. 1996년 일본에서도 **유엔해양법조약**을 비준하여 원양어업에서 물러난 일본은 배타적경제수역(EEZ) 내에서 수산자원의 지속적 이용을 표방한 2001년에 **수산기본법**[15)]을 제정하였다. 2005년에는 국토종합개발법을 대신하여 **국토형성계획법**이 제정되었다. 여기에는 인구감소를 염두에 두고, 개발기조의 양적 확대에서 질적 향상 · 안전 · 안심으로 방향전환이 강조되어 지속가능한 개발을 기조로 하게 되었다.

일본에서는 200해리 시대의 **해양 전략**은 관계부처간의 의견을 달리하며, 국가로서 해양의 종합적 관리를 목표로 하는 해양정책은 기대하기 어렵다. 향후 과제로서 해양정책연구재단이 발행하는 「21세기 해양정책으로의 제언」에는 해양기본법(안)도 제안되어 많이 참조할 것이다.[16)]

1.5 해양을 둘러싼 국제정세[17)]

바다는 누구의 것인가? 그것은 모두의 것이다. 바꾸어 말하면 바다는 신의 것이고, 인간을 초월하는 존재로부터 바다의 관리를 위탁받았다고 생각한다. 스튜어드십(집사)이라는 개념이 여기서 나오게 된다. 지구인이 스튜어드십에 따라 바다를 관리해 준다면 세계는 평화를 가져올 것이다. 그러나 바다를 자기의 것이라고 주장하면서 국가간 싸우고 있는 것이 지금의 현실이다.

바다는 **무주물**(無主物)이다. 선취선점의 원칙이 존재하여 바다의 이해관계자가 선취경쟁을 시작하면 여기저기서 충돌이 발생한다. 여기서 스택홀더(Stakeholder, 이해관계자)끼리 **바다의 조화(harmonization)**를 가지도록 노력하게 되었다. 그것이 국제연합이며, 바다에 관해서는 유엔해양법 조약이며, IMO(국제연합 해사기관)라고 할 수 있다. 이해관계자끼리의 **파트너십**을 발휘할 수 있는 장을 마련하게 된 것이다.

지금까지 바다의 용량은 무한대라 생각해 왔고 하천을 통해 생활배수를 흘려보냈으며, 식량으로서의 어류는 요리 기호에 따라 남획을 거듭해 왔다. 이 시점에서 지구차원에서의 성장한계[18)]를 서서히 의식하게 되어 지구차원의 온난화방지를 위해 지속적 발전 외에는 길이 없음을 인식하게 되었다. '바다의 용량은 무한대' 라고 생각한 시대로부터 '지속적인 발전'을 의식하는 시대로 바뀌게 되었다.

유엔해양법 조약은 1982년에 채택되어 1994년에 60개국이 비준함으로써 발효되었고, 1996년에는 일본에서도 비준하였다. 유엔해양법 조약은 12해리 이내의 영해 이외에 200해리 대륙붕의 배타적 경제수역(EEZ)이 설정되었다. EEZ 내의 생물자원, 광물자원은 관할국이 이용권리를 가지는 대신 EEZ내 해역은 관할국이 관리하는 것을 의무로 하였다.

1.6 해양을 둘러싼 사회적 배경[14)]

2005년에는 해양건축을 둘러싼 사회적 배경은 다음과 같다. 지구차원의 온난화방지를 위해 이산화탄소배출을 억제하고 충분한 에너지자원 식량을 공급하면서 그 위에 경제성장을 촉진하는 3가지 과제를 동시에 충족시키는 것은 어려운 일이다. 3E(Environment, Energy, Economy)의 트릴레마(trilemma)라고 불린다. 에너지와 자원이 유한하다는 인식과 성장한계를 의식하게 된 것이다. 폐쇄성 내만(內湾)의 해양환경 악화, 수산자원 감소, 해양 이용자 간의 갈등(conflict, 이해충돌) 등 문제점 외에 자연재해로서의 지구온난화에 따른 이상기상, 해면상승, 쓰나미, 고조나 인위적 위협, 해상테러, 해적, 공작선 문제 등이 대책을 강구해야 할 중요한 과제이다. 일본의 과제로는 베이비붐 세대의 퇴직에 따른 기술계승이나 저출산, 고령화를 들 수 있다.

1.7 해양개발의 장래전망

1.7.1 새로운 '해양감(感)'

지금까지 '해양감(感)'은 육지와도, 지각(地殼)과도, 대기와도 독립된 미래영겁, 형태나 성질도 불변할 것으로 해양의 현재 모습 그대로 영원히 지속된다고 인식되었다. 그러나 해안침식문제가 실제로는 하천으로부터의 토사보급이 끊긴 것이 원인이었다. 그 이유는 하천의 상류에 만들어진 사방(砂防) 혹은 수자원용 댐에 있다고 한다. 또 연안에서 잡히는 어개류가 감소하는 원인은 하천에서 유입되는 플랑크톤에의 영양이 감소하고 있기 때문이다. 하천상류의 삼림관리가 제대로 이루어지지 않아 수림이나 낙엽으로부터의 영양분이 부족하기 때문이라고 한다. 따라서 어업자와 NPO법인이 중심이 되어 산에 나무를 심거나 삼림관리를 하여 지역의 산을 육성하고 연안역의 해산물을 회복시키는 사례가 보고되고 있다.

생활 속에서 육지와 바다가 밀접한 관계가 있음을 느끼게 된다. 몬순, 태풍, 엘리뇨와 같은 현상에서 대기와 바다의 밀접한 관계를 알 수 있다. 지구심부탐사선 '지구' 건조의 배경에는 새로운 '지구감' 을 확립하려는 의도가 있다.[19] 지구 확대설에서 시작하여 판구조론(plate tectonics)에 이르는 가설의 검증, 더욱이 플룸 구조론(plume tectonics) 가설의 검증까지를 시야에 포함한다. 지금까지도 태평양의 해저는 연간 1cm, 대서양에서는 연간 4cm 이동한다는 것을 알게 되었다. 해저는 지구 내부의 맨틀에서 분출된 마그마로 만들어져 해저면을 따라 이동하며 결국에는 해저 플레이트는 침입대에서 지구 내부의 맨틀로 되돌아가는 순환운동을 반복한다고 생각된다.

수억년 단위로 보면 해양의 모습과 육지의 모습도 변화하고 있는 것이다. 이에 따라 해류와 기후도 변하고 있다. 즉 대륙과 해양, 대기와 해저, 지각도 밀접한 관계가 있다. 이것이 새로운 **'지구감'** 이 된다. 이에 따라 해양은 육지, 대기, 해양저, 지각과 밀접한 관계가 있는 새로운 **'해양감(感)'** 이 생겨난다.

새로운 '해양감(感)' 은 공간 스케일로서 지핵, 맨틀에서 대기까지 포함하며, 시간 스케일로서는 지구탄생부터 46억 년을 포함한다. 이 중에는 8만 년의 빙하기와 2만 년의 간빙기도 포함된다.

1.7.2 장래 전망[20]

'바다를 알다', '바다를 이용하다', '바다를 지키다' 입장에서 장래의 전망에 대해 개관하고자 한다.

'바다를 알다' 를 위해 해양의 모니터가 완비되어 대기, 해양, 해저, 지각, 맨틀을 원격탐사(리모트센싱)나 현장에서도 모니터하는 것이다.

MEMS를 사용한 바이오도 포함한 센서로 컴퓨터관리에 의해 정보는 디지털화되고 정보 시큐리티도 완비되어 모든 해양정보는 통합적으로 관리된다. Modelling & Simulation의 불확실성을 배제하여 신뢰할 수 있는 장기적 예측이 가능하게 되었으며, 재해예측 · 예지의 신뢰성이 향상되었다.

'바다를 이용하다' 에서 해상운송은 완전한 무인운항으로 시간단축이나 정시성을 염두에 둔 신항로로서 북극해 익스프레스나 적도 익스프레스를 개척하여, 메가 플로트(mega float) 항만 · 공항에서 근해해운(Short Sea Shipping)과의 협조를 도모한 합리적인 로지스틱 시스템이 구축된다. 수산에서는 수산자원 모니터가 완비되고 다획성 어종의 변동 예측이 가능하여 합리적인 수산자원관리가 가능해진다. 또 무동력 심층수를 끌어올리는 시스템에 의한 대양의 빈영양(貧榮養)해역에 해양목장을 만들 수 있다. 에너지 분야에서는 메가 플로트적 해상도시를 이용하여 바람, 태양광 등 재생가능에너지를 이용해 수소를 제조하여 에너지를 저장할 수 있다. 수심 1,000m 전후의 해저에서 메탄하이드레이트의 경제적 회수기술이 개발되어 메탄하이드레이트가 에너지원으로서 이용된다. 광물자원으로는 심해저의 망간단괴나 코발트리치클러스터를 경제적으로 회수하는 기술이 개발되어 레어메탈이나 동을 안정적으로 채취할 수 있게 되었다. 산업폐기물처리는 해면 매립지를 이용하는 것을 중지하고 해저 플레이트의 침입대를 이용하는 기술이 개발되어 최종적으로는 맨틀에서 녹아 핫플레임 등을 통해 다시 지상이나 해저에 나타나 유용물질로 재이용되기도 하기 때문에 지구차원의 리사이클이 완성되었다.

'바다를 지킨다' 라는 입장에서는 전자파, 음파, 지진파를 사용하여 대기중, 해중, 지중의 리모트센싱이 완비되고, 무인이동체에 의한 공중, 지상, 해중에서의 모니터 시스템이 완비되어, 종합적인 해양정보 시스템이 완성됨으로써 군사적 위험을 사전에 알아차릴 수 있게 되었다. 이로써 해적대책, 테러대책의 신뢰성이 향상되었다. 공중 GPS나 해중 GPS가 정비되어 해상 · 해중교통의 안전성이 확보되었다. '바다를 안다' 에서 서술한 모니터링 시스템이 완비됨으로써 넓은 지역에서 해양환경 모니터가 바로 가능해졌으며, 해양환경이 악화된 경우 신속한 대응이 가능하게 되었다.

이제까지 인류는 온난한 기후를 만들고, 교역을 위한 장소나 해산물의 자원을 준 바다에 대해 감사하는 마음이 부족한 채 살아왔다고 생각한다. 지금부터의 해양개발은 새로운 '해양감'에 서서 해양과의 조화를 유지하는 것을 염두에 두고 스튜어드십을 가지고 해양을 관리하는 것이 중요하다고 할 수 있다.

1.7.3 초장기 장래전망

초장기적인 전망을 시도하면 다음과 같다.

지구온난화 방지를 이루지 못하여 해수면 상승이 90m에 이르게 되면 세계 거주지역의 60%를 상실하게 된다. 이 경우 리스크 대응으로 거대 메가 플로트를 이용한 해상도시를 만드는 것을 생각할 수 있다. 3,000㎞×200㎞의 메가 플로트를 분할하여 태평양, 대서양, 인도양에 띄우면 2005년 시점의 세계 인구 60억 명을 감당할 수 있다. 메가 플로트 데크를 이용한 태양광발전에 의해 전 세계의 전력수요를 감당할 수 있다. 온난화보다 무서운 것은 빙하기가 와서 지구의 한랭화가 진행되는 것이다.

해수면은 지금보다 200m 저하할 것이며 대부분의 대도시는 동결되어 사람이 살 수 없게 되며, 이 때에도 온난화와 마찬가지로 메가 플로트 해상도시를 적도상에 띄워 이용함으로써 인류가 생존할 수 있게 된다. 전력발생으로 해양대순환을 재현시킨다면 빙하기를 간빙기로 바꾸는 것도 꿈은 아니다. 해수면이 최고위 시기의 메가 플로트 해상도시를 '신노아의 방주[3)]'라 하고 빙하기의 메가 플로트 해상도시를 '바다의 만리장성[21)]' 혹은 '기가 플로트[3)]'라고 할 수 있을 것이다.

1.8 새로운 해양건축

제1장에서는 새로운 해양건축을, 해양과 건축 측면에서 관찰하였다. 제2장부터는 좀 더 상세하게, 해양건축으로서의 '바다'와 '건축'의 입장을 보려고 하였다. 그리고 마지막으로 해양건축물을 구체적으로 건설하기 위해 해양건축물을 만드는 방법에 대해 설명하고자 한다. 따라서 2장부터는 다음과 같이 3부로 정리하였다.

제1부 해양건축으로 본 바다
- 제2장 바다란
- 제3장 해양건축을 둘러싼 국제관계
- 제4장 해양건축을 둘러싼 환경

제2부 해양건축으로 본 건축
- 제5장 해양건축이란
- 제6장 해양건축의 일생
- 제7장 오래가는 해양건축
- 제8장 안심하고 살 수 있는 해양건축

제3부 해양건축 만드는 법
- 제9장 해양건축을 설계하자
- 제10장 해양건축 만드는 법
- 제11장 해양건축에 필요한 재료
- 제12장 해양건축의 토대

본 서에서는 '해양건축'을 보는 방법으로 학술 · 기술 · 예술 측면 중에서 주로 기술과 학술적 측면으로 한정한다. 예술적 측면에서의 경관 · 감성 혹은 「미나토 미라이 21 프로젝트」와 같은 도시계획적 측면에서는 극히 일부분 밖에 다룰 수 없었다. '해양건축' 에는 이러한 학술 · 기술 · 예술 전 방위에서 본 조화가 중요하다는 것을 인식해야 한다.

참고문헌

1) 佐久田昌昭 : 해양건축입문(새로운 생활공간을 찾아서), 講談社, 1983.
2) 총무청 : 2000년도판 고령사회백서, 대장성인쇄국, 2000.
3) 前田久明, 嘉田良平 편 : 바다와 인간(21세기의 학제적 연구), 多賀出版, 2004.
4) 과학기술 · 학술심의회 해양개발분과회 장기적 전망에 선 해양개발의 기본적 구상 및 추진방책에 대하여(답신), 문부과학성, 2002.
5) 일본조선공업회 : http://www.sajn.or.jp/
6) 일본조선기술센터 : 메가플로트 소개, http://www.srcj.or.jp/html/megafloat
7) 일본연안역학회 : 2000년 어필(연안역의 지속적인 이용과 환경보전을 위한 제언), http://www.jaczs.com/jacz2000.pdf
8) 일본조선학회 해중시스템부회편 : 해중기술일반(개정판), 成山堂書店, 1999.
9) 小林照夫 : 일본의 항구의 역사 - 현실과 과제 -, 교통북스 212, 成山堂書店, 1999.
10) 국토교통성 해사국편 : 2005년도판 해사레포트, 일본해사 홍보협회, 2005.
11) 佐々木忠義편 : 바다와 인간(주니어를 위한 해양학), 岩波주니어新書 34, 岩波書店, 1981.
12) 일본해양학회편 : 바다와 지구환경 - 해양학의 최전선, 東京大學出版會, 1994.
13) 과학기술진흥기구 : 실패지식 데이터베이스, http://shippai.jst.go.jp/fkd/Search
14) 쉽 · 앤드 · 오션 재단 해양정책연구소 : 해양백서 2005(일본의 동향, 세계의 동향), 재단법인 쉽 · 앤드 · 오션 재단, 2005.
15) 수산청 : 수산기본법, http://www.jfa.maff.go.jp/sinseisaku/kihonhou
16) 해양정책연구재단 : 해양과 일본 - 21세기의 해양정책의 제안, 해양정책연구재단, 2005.
17) 村田良平 : 해양을 둘러싼 세계와 일본, 成山堂書店, 2001.
18) Donella H. Meadows, Dennis L. Meadows, Jorgen Randers : 성장의 한계 · 인간의 선택, 다이아몬드사, 2005.
19) 平朝彦, 徐垣, 末廣潔, 木下肇 : 지구 내부에서 무엇이 일어나고 있는가?, 光文社新書214, 光文社, 2005.
20) 문부과학성 과학기술정책연구소 : 제7회 기술예측조사, 2001.
21) 奈須紀幸 : 해양에 매혹된 반세기(30주년 기념출판), 해양과학기술센터, 2001.

제1부
해양건축으로 본 바다

제2장 바다란?

제3장 해양건축을 둘러싼 국제관계

제4장 해양건축을 둘러싼 환경

| 제2장 | 바다란?

山本和清

2.1 생명을 키우는 바다

2.1.1 바다의 탄생

「바다」. 이 말에서 여러분들은 무엇을 떠올리는가? 많은 사람들은 '어머니와 같은 바다', '광대한 바다' 등과 같이 바다는 장대하고, 신비하다고 느끼고 있다.

지구가 우주에서 탄생된 것은 지금으로부터 약 46억 년 전인 매우 먼 옛날의 일이다. 현재의 지구는 물과 녹지로 가득 차 있지만, 그렇게 되기까지는 다양한 역사가 있었다. 약 48억 년 전에 현 태양계 부근에서 **초신성 폭발**이 일어나 그 파편이 주변 우주공간으로 방출되었다. 그 파편에 성간(星間) 가스 등이 유입되어 밀도를 점차 늘려 스스로 핵융합반응을 일으켜 빛나기 시작하였다. 이것이 원시의 태양이다. 그리고 태양 주위를 회전하고 있던 물질의 충돌이 반복되어 크게 성장한 것이 지구를 비롯한 태양계의 혹성이라고 할 수 있다.

초창기의 지구는 현재처럼 녹지로 뒤덮인 아름다운 별은 아니었다. 운석이 빈번히 충돌하고, 운석의 운동에너지가 열에너지로 변함에 따라 고온의 마그마로 이루어진 불타는 혹성이었다. 그 후 운석 충돌이 줄어들면서 대기 중의 수증기가 차가워져 비로 바뀌어 불타는 대지에 내렸고, 그것이 증발해 구름이 만들어지는 현상의 반복으로 대지의 마그마는 급속히 냉각되어 굳어지게 되었다. 그 후도 비는 계속 내려 대지는 마그마의 냉각에 의해 기복이 심한 지형이 만들어졌다. 뉴스매체 등에서 접했듯이, 하와이 킬라우에아(Kilauea)화산의 분화에 의한 용암류가 대지를 덮을 듯한 형태로 굳어진 풍경을 떠올리면 연상될 것이다. 그렇게 파여진 곳에 빗물이 고여 커다란 물웅덩이가 되었고, 그 물에 대기 중의 이산화탄소가 흡수되어 대기 중의 이산화탄소 농도가 저하되며, 그때까지의 **온실효과**가 약해지게 되었다. 이로써 물의 증발이 줄어들게 되어 보다 커다란 물웅덩이가 만들어지게 되었다. 이것이 바다의 탄생이며, 약 43억 년 전 태양계의 제3번째 혹성인 지구에서 일어난 사건이다. 이것은 커다란 우주에서 본다면 자그마한 사건이지만, 인류를 포함한 생물에게는 중요한 역사라고 할 수 있다.

2.1.2 태고의 바다환경

바다가 탄생되기까지의 과정은 앞에서도 서술하였으나 바다를 둘러싼 환경은 어떠한 모습이었을까? 현재 지구의 대기는 질소 78%, 산소 21%, 나머지 1% 안에 이산화탄소나 수증기, 아르곤(Ar) 등이 포함되어 형성되어 있다. 그러나 원시지구는 대기 조성이 전혀 다른데, 이산화탄소, 질소, 수증기가 대부분이었으며, 생물에 필요불가결한 산소는 전혀 존재하지 않았었다. 일설에 의하면 원시지구에서는 대기 중에 이산화탄소의 양이 현재의 약 20만 배였다고 한다. 즉 원시지구는 산성비가 세차게 쏟아지고 불타는 대지를 가진 별이었다. 그러나 그 **산성비**가 생각지도 못한 효과를 발휘하였다. 그것은 강우에 의한 침식으로 대지의 암석에 포함된 광물(주로 철)이 대량으로 바다로 흘러 녹아내렸다. 그 결과 산성을 가진 바다와 철 등의 광물이 화학반응을 일으켜 대량의 이산화탄소는 석회암으로 바다에 침전되었다. 바다 속에 존재했던 대량의 이산화탄소가 오랜 시간에 걸쳐 감소하고 지금으로부터 약 40억 년 전의 바다에 산소를 필요로 하지 않았던 혐기성 생물이 지구에 처음으로 탄생하였다. 혐기성 생물은 현재의 지구에서도 볼 수 있다.

미국의 옐로스톤(Yellowstone) 국립공원에 있는 열천[역1] 속에 지구상에서 가장 오래된 박테리아가 존재하는 것이 밝혀졌다. 옐로스톤은 화산지대이며, 열천에는 화산성 황화수소나 이산화탄소가 포함되어 있다. 이것은 원시지구의 모습에 가까운 상태라 할 수 있으며, 이렇게 고온이면서 강한 산성이었던 환경에서도 적응할 수 있는 생물이 존재했던 것이다. 그러나 약 38억 년 전에 또 다른 시련이 바다를 맞이할 준비를 하고 있었다. 그것은 커다란 운석의 충돌로 지구는 재차 불타는 대지로 변했다.

충돌부분의 표면온도는 4,000도에서 6,000도에 이르렀다고 한다. 이것은 태양의 표면온도에 필적할 만한 고온이다. 이 충돌에 의해 광물이 용해되었고, 커다란 지각변동의 영향으로 마그마가 유출됨으로써 단시간 내에 지구는 다시 용암이 뒤덮어, 바다는 모두 증발해버렸다. 이것이 **'전해양증발(全海洋蒸發)'** 이라는, 바다에서 일어난 큰 시련이었다. 그러나 자연의 힘은 위대하였다.

시간이 흘러감에 따라 지구표면을 덮고 있던 용암의 온도가 점차 내려갔고 한꺼번에 증발해서 수증기가 되어 대기 중에 포함되어 있던 물이 비가 되어 대지에 내리기 시작하였다. 그 기간은 오늘날 우리들의 감각으로는 생각할 수 없는 2000년이나 걸린 장기간이었다. 이로써 바다는 다시 탄생하게 되었고, 다시 지구에 그 모습을 보여주었다. 그리고 약 35억 년 전에 이산화탄소를 흡수하여 광합성에 의해 산소를 만들어내는 생물이 바다 속에 출현함으로써 현재 지구에 존재하는 생물의 대부분이 필요로 하는 산소가 급격히 증가하여 이후의 생명진화에 커다란 영향을 끼치는 바다환경이 형성되었다.

역1) 熱泉 : 수온이 섭씨 80도 이상인 온천

2.1.3 바다의 자연특성

앞 절까지는 태고의 바다환경에 대하여 서술하였지만 본 절에서는 현재 바다의 자연환경에 대하여 서술하고자 한다.

해수에는 염분이 포함되어 있는데, 어느 정도의 농도로 포함되어 있는 것일까? 일반적으로는 약 3.5%라고 알려져 있으나 해역에 따라 차이가 있다. 그 주된 원인으로는 해역이 폐쇄되어 있는지 개방되어 있는지, **조류**가 빠른지 느린지 등을 들 수 있다. 또한 해수에는 다양한 성분이 녹아 있는데, 구체적으로는 염소 · 나트륨 · 유황 · 마그네슘 · 칼슘 · 칼륨 · 탄소 · 취소(臭素, 브롬) · 스트론튬 · 붕소 · 불소 등을 들 수 있다.

바다의 현상으로 가장 먼저 떠올릴 수 있는 것은 조수의 간만일 것이다. 독자들도 아는 바와 같이, 바다는 하루에 두 번씩 바닷물이 들어오고 나간다. 바닷물이 들어오는 것을 **'만조'**, 바닷물이 빠지는 것을 **'간조'** 라 하고, 이 둘을 합쳐 **'조석'** 이라 부른다. 그러면 왜 하루에 두 번의 조석이 일어나는 것일까? 그것은 지구와 달과 태양의 관계가 영향을 미치고 있기 때문이다. 지구에 인력이 있다는 것은 모두가 알고 있지만, 달에도 똑같이 사물을 끌어당기는 힘인 인력이 존재한다. 달의 인력에 의해 지구상의 해수가 달에 끌어당겨져 해면이 상승하고, 최대의 인력이 작용했을 때 만조로 되는 것이다. 그러면 왜 2회 일어나는 것일까? 그것은 지구가 자전하고 있기 때문이다.

최초에 만조로 되었을 때 달은 우리들의 머리 위에 있었으나, 두 번째 만조(12시간 후) 시에는 반대편으로 이동한다. 이 때 반대편에서도 똑같이 달의 인력이 지구에 작용하여 그 장소의 해수는 상승하여 만조로 되지만, 달의 인력에 대한 반력으로 다시 만조가 되는 것이다. 그리고 간조는 어느 장소가 만조가 되어 해수가 끌어당겨짐에 따라 해면이 하강하는 현상이다. 또한 **대조** · **소조**라고 하는 현상도 달과 지구의 인력관계에 태양의 인력이 더해져 일어나는 현상이다.

예전에는 이러한 내용을 몰랐었지만, 조석현상을 매우 신비한 것으로 파악한 것은 아닐까? 이 현상을 잘 이용한 것이 계승되어 전해져 오고 있다. 카마쿠라시대[역2] 말기에 닛타 요시사다(新田義貞)라는 무장이 카마쿠라 막부를 토벌하기 위해 카마쿠라를 공격했을 때의 일이다.

카마쿠라는 지형적으로 전면이 바다로 경사면으로 둘러싸여 방어는 용이하나 공격은 어려운 도시여서 닛타 요시사다는 쉽게 공격할 수가 없었다. 그래서 닛타 요시사다는 꾀를 내어 신의 가호를 얻어 병사의 사기를 높이고자 스스로 이나무라가사키(稲村ケ崎, 神奈川縣鎌倉市)에 서서 자신의 검을 바다로 던져 넣어 바다의 신에게 바쳤다. 그 직후 바다였던 곳이 모래사장이 되어 닛타 요시사다의 군사들은 카마쿠라를 쉽게 공격할 수 있었다고 전해진다. 이는 신의 힘이 아니라 조석현상을 교묘히 이용한 닛타 요시사다의 전략이었다고 할 수 있을 것이다.

바다의 자연적 특성은 앞서 서술한 것 외에도 수많이 존재하며, 인간의 생활과 밀착된 부분이 많다. 하지만 인간은 문명이나 풍요와 바꾸기 위해 바다를 상대로 과혹한 행위를 해왔다. **수질오염**이나 **부영양화** 등 현재 바다의 환경은 심각한 문제를 안고 있으며, 환경을 고려한 시급한 대응을 통해 21세기에 청정한 바다를 창조하여 다음 세대에 물려주어야 할 것이다.

2.2 바다는 마음의 고향

2.2.1 일본인은 바다의 백성

사방이 바다로 둘러싸인 일본열도는 사람이 생활하는데 적당한 토지라고는 말할 수 없다. 왜냐하면 일본열도의 약 60%는 산지, 약 11%는 구

역2) 1185년경~1333년 : 일본사에서 막부가 카마쿠라(鎌倉)에 있었던 시대를 가리키는 일본 역사 시대구분의 하나

릉지, 그리고 약 4%가 산록이며, 많은 사람들이 생활하는 평지・대지는 겨우 25% 정도 밖에 안 되기 때문이다. 그럼에도 불구하고 일본인의 대부분은 '일본인은 농경민족이다' 라는 고정관념을 가지고 있는 경우가 많다.

여기서 일본의 역사를 잠깐 살펴보도록 하자.

초등학교에서 고등학교까지 사회과목 수업에서 일본인들의 선조인 조몬(縄文)[역3]인들의 주된 식료품은 나무열매 외에 얕은 강에서 많이 잡히는 바지락이나 대합 등의 조개류를 즐겨 먹었다. 이는 일본 각지에서 발굴되는 패총으로 증명되고 있다. 또한 오래 전부터의 관습으로 천황가나 각지의 신사에서 그 해의 첫 초미(初尾)[역4]를 진헌하던 것에서도 일본인이 바다와 밀접한 관계를 가지고 있었던 것을 엿볼 수 있다. 그리고 야요이(弥生)시대[역5], 진시황제의 명령으로 불로장생하는 신비의 약을 찾기 위해 여로에 나선 사람이 서복(徐福)인데, 고생 끝에 도달한 곳이 일본이었고, 이때 일본으로 벼농사가 전해졌다는 전설이 전해지고 있다.

또한 시대가 흘러 고분(古墳)시대[역6]에는 큰 힘을 가진 호족이 일본 각지에서 독립국을 만들어 지배하게 되었다. 그 커다란 힘의 원천은 교역에 의해 얻은 재력이었다고 전해지며, 큐슈(九州) 일대의 고분벽화에 수많은 배가 그려진 것에서도 알 수 있듯이, 당시 중국에서 많은 배가 바다를 건너 일본으로 왔었다. 이후 일본에서도 조선기술의 발달에 따라 수나라나 당나라로 파견되는 사절단을 태운 배를 중국으로 보내게 되었다. 즉 현재까지 지속되고 있는 일본문화의 기초를 구축할 수 있었던 것도 엄밀히 말하자면 바다와의 관계를 가졌던 바다의 백성이었기 때문이라고 할 수 있다.

현재 일본과 기타 외국과의 교역 대부분은 해상운송에 의존하고 있다. 바다의 백성이란 물고기를 잡는 어부만이 아니다. 바다를 매개로 해상교

역3) 일본의 선사시대 중 BC 13000년경부터 BC 300년까지의 기간으로 이 시대의 토기에서 볼 수 있는 새끼줄 문양의 한자어 승문(縄文)에서 조몬[縄文]시대라는 이름이 붙여짐

역4) 그해에 잡은 첫 물고기(은어)를 일컬음

역5) 기원 전 3세기~서기 3세기, 일본에서 벼농사가 시작되고 동이나 철 등의 금속기가 사용된 시기

역6) 3세기 중반~7세기 말, 일본열도에서 고분의 축조가 탁월했던 시대를 의미, 고고학상의 시기 구분

통에 관계하는 사람들이나 물자를 배에 실어 각국의 상인과 교역하는 사람들도 똑같이 '바다의 백성' 인 것이다. 따라서 고대에서 현재에 이르기까지 일본은 훌륭한 해양국가로 일본인들은 '바다의 백성' 이라고 말할 수 있지 않을까?

2.2.2 와가(和歌)에서 읊은 심상풍경으로서의 바다

일본인은 오래 전부터 바다와 밀접하게 관계된 삶을 살아왔다는 것은 앞에서도 서술하였지만, 바다는 일본 각지의 지역문화에도 깊이 침투되어 있다. 그 일례로 고전문학에서 바다에 대해 살펴보도록 하자. 「만엽집(万葉集)」[역7], 「고금와가집(古今和歌集)」[역8], 「신고금와가집(新古今和歌集)」[역9]이나 정월놀이로도 잘 알려진 「오구라백인일수(小倉百人一首)」[역10]를 사용한 카루타[역11] 등 여러 기회에 와가를 접했겠지만 그중에 바다와 관계된 와가도 많이 있다. 이 장에서는 가장 친근한 와가집이라고 할 수 있는 「오구라백인일수」를 예로 서술하고자 한다.

「**오구라 백인일수**」란 카마쿠라시대 교토(京都)의 오구라산에 살고 있었던 시인인 **후지와라 사다이에(藤原定家)**가 텐치(天智)천황으로부터 준토쿠(順德院)천황까지 약 600년간 지어진 뛰어난 와가 중에서 시인 100명으로부터 가장 대표적인 와가를 한 수씩 뽑은 것에서 그 이름이 붙여졌다. 이들 노래는 모두 「고금와가집」, 「신고금와가집」 등 10개의 칙선 와가집에서 선정된 것이다. 백수(百首) 중에 사랑을 노래한 것이 43수이며, 계절은 가을을 노래한 것이 16수로 가장 많이 선정되었다. 또한 100명의 시인 중 여성 시인은 21명, 승려는 15명이었다. 그러면 바다와 관련하여 지어진 시

역7) 현존하는 일본 최고의 시가집. 나라(奈良)시대 말기에 완성되었음.
역8) 다이고 일왕의 칙명에 의해 엮어진 첫 와가집으로 905년에 지어짐.
역9) 카마쿠라(鎌倉)시대 초기 고토바 천황의 칙명으로 만들어진 와가집
역10) 시인 100명의 와가를 한 수씩 뽑아 모은 가집
역11) 일본의 카드놀이

는 어떨까? 필자가 분류해 보았을 때 백수 중 11수가 바다와 관계된 것이었다(물이나 수변에 관한 것을 포함하면 더욱 많다). 「고금와가집」에서는 약 1,100수, 「신고금와가집」에서는 약 2,000수, 기타 와가집을 포함하면 10,000수 이상 가운데서 선정된 우수한 와가가 「오구라백인일수」이며 자연이나 계절을 노래한 것이 많음에도 불구하고, 바다와 관계된 노래가 11/100수나 선정되었다는 것은 오래 전부터 바다가 사람들의 **심상풍경**에 깊이 뿌리내려 있었다는 것을 말하는 것은 아닐까.

그 11수의 노래를 다음에 소개한다.[역12]

① 시인 : 야마베 아카히토(山部赤人) [신고금와가집]

田子の浦に　うち出でて見れば　白妙の　富士の高嶺に　雪は降りつつ

타고 해안에 나가 멀리 바라보니 하얗게 솟은 후지산 봉우리에 눈이 내리고 있네

② 시인 : 오노 타카무라(小野篁) [고금와가집]

わたの原　八十島かけて　こぎ出でぬと　人には告げよ　あまのつり舟

넓은 바다 무수한 섬을 향해 나아간다고 어부의 낚싯배여 님에게 말해다오

③ 시인 : 후지와라 토시유키(藤原敏行) [고금와가집]

住の江の　岸に寄る波　よるさへや　夢の通い路　人目よくらむ

스미노 기슭 파도는 들르는데 꿈길에조차 소문을 꺼리시나 왜 오시지 않나요

역12) 백인일수 중 11편의 노래는 「100명의 시인과 100편의 노래 百人一首」(임찬수저, 2008, 문예원)에서 번역한 글을 인용하였다.

④ 시인 : 미나모토 시게유키(源重之) [사화와가집(詞花和歌集)]
風をいたみ　岩うつ波の　おのれのみ　くだけて物を　思ふ頃かな
매서운 바람 바위에 부딪치는 파도처럼 그대 향한 내 마음 부서지고 있구나

⑤ 시인 : 코시키부 나이시(小式部内侍) [금엽와가집(金葉和歌集)]
大江山 いく野の道の　遠ければ　まだふみも見ず　天の橋立
오에산 넘어 너른 벌판 지나는 먼 길이기에 편지왕래는 물론 가 본 적도 없다오

⑥ 시인 : 유시나이 신노케노키(祐子内親王家紀伊) [금엽와가집]
音の聞く　高師の浜の　あだ波は　かけじや袖の　ぬれもこそすれ
소문 자자한 타카시 바닷가의 변덕스런 파도 공연스레 다가섰단 소매만 젖겠지요

⑦ 시인 : 후지와라 타다미치(藤原忠道) [사화와가집]
わたの原　こぎ出でて見れば　久方の　雲ゐにまがふ　沖つ白波
넓은 바다로 배 저어 나가보니 흰 구름인가 하얗게 일렁이는 저 멀리 흰 파도

⑧ 시인 : 코카몬인 베토우(皇嘉門院別輔) [천재와가집(千載和歌集)]
難波江の　芦のかり寝の　ひと夜ゆ0　みをくくしてや　戀ひわたるべき
나니와 개펄 갈대의 짧은 마디 사이만큼도 당신을 만나지 못한 채 지내란 말씀인가요

⑨ 시인 : 인푸몬인 타이후(殷富門院大輔) [천재와가집]

見せばやな　雄島のあまの　袖だにも　ぬれにぞんれし　色はかはらず

오지마 어부 젖어든 소맷자락 그대로이건만 눈물에 젖고 젖어 색마저 바랜 내 소매

⑩ 시인 : 니조인 사누키(二條院讚岐) [천재와가집]

我が袖は 潮干に見えぬ 沖の石の　人こそ知らね かわく間もなし

눈물 젖은 소매가 간조에도 보이지 않는 해중 돌처럼 여월 새도 없음을 당신은 아십니까

⑪ 시인 : 미나모토 사네토모(源實朝) [신칙찬와가집(新勅撰和歌集)]

世の中は　常にもがもな　渚こぐ　あまの小舟の　綱手かなしも

변치 않기를 바라는 이 세상 해변의 어부 배저어 가는 모습 무상함이 느껴지네

이상이 「오구라백인일수」에서 바다를 다룬 와가이다. 여기서 노래의 의미를 해석하지는 않았다. 가끔은 옛사람들이 바다를 어떻게 느끼고, 노래의 소재로서 활용했는지를 스스로 탐구해보는 것도 좋을 것이다.

2.2.3 우키요에(浮世繪)[역13]에 그려진 경관요소로서의 바다

바다는 오래 전부터 사람들의 생활과 밀착되어 그 문화에 커다란 영향을 미쳤다는 것을 알 수 있었다. 와가는 마음의 정감을 「5 · 7 · 5 · 7 · 7」의 31 문자로 표현해서 독자에게 감동을 주지만, 또 다른 시점에서 보면

역13) 에도시대에 성행한 풍속화

바다를 시각적으로 표현하는 것이 일본에는 존재한다. 그것은 수묵화나 부세화를 시작으로 하는 그림이라는 수법을 이용한 표현방법이다. 여기에서는 세계적으로도 인정받고, 카츠시카 호쿠사이(葛飾北齋)가 그린 「**부악(富嶽)삼십육경**」을 사례로 바다를 살펴보도록 하자.

이 「부악삼십육경」은 글자 그대로 묘사되는 화각 내에 반드시 후지산이 있기 때문에 그렇게 부른다. 또한 제목은 삼십육경으로 되어 있지만 실제로는 전부 46매의 그림이 그려져 있다. 그 이유는 이 「부악삼십육경」이 당시 폭발적인 인기를 얻어 카츠시카 호쿠사이가 추가로 그림을 그렸기 때문에 제목과 실제의 그림수가 다르다는 것 외에 여러 가지 설이 있으나 진상은 정확하지 않다. 그러면 이 「부악삼십육경」에 어떠한 **경관**이 그려져 있는 것일까. 필자는 총 46경치 중 바다가 묘사되어 있는 것이 8경, 강이 묘사되어 있는 것이 15경, 호수가 그려져 있는 것이 6경으로 수변에 관한 것이 모두 29경으로 보았다. 약 63% 정도의 그림이 수변을 경관요소로 다루고 있으며, 그 중의 약 28%가 바다를 경관요소로서 이용한 그림이었다.

다양한 자연경관이 있는 가운데 한 사람의 화가가 46경의 그림을 그리기 위해 바다라는 경관요소를 8경이나 사용했던 것을 보면 바다(수변)가 사람들의 심상풍경에 깊이 새겨져 있으며, 그 아름다움이나 장엄함이 시각적으로도 향수되었음을 나타내는 것은 아닐까?

2.3 경외의 대상 바다

2.3.1 제를 올리는 장소로서의 바다

바다는 오래 전부터 경외의 대상으로서 사람들의 생활 속에 동화되어 있었다. 그리고 바다에는 바다의 신인 '해신'의 존재도 깊이 믿고 있었다. 이를 입증하듯이 일본 각지에는 헤아릴 수 없을 만큼의 지역 고유의 바다

축제가 있으며, 제사를 올리는 장소로서 바다가 존재한다.

예전의 일본은 각 지역마다 호족이 있어 통일된 국가는 아니었지만 그 가운데에서 큰 힘을 가진 나라가 주변의 호족을 지배하게 되어 대국이 되었다. 그것이 여왕 히미코(卑弥呼)로 알려진 야마타이국(邪馬台國)이며, 후에 다이와(大和) 조정의 기반이 되었던 나라였다. 그러나 야마타이국이나 다이와 조정을 능가할 정도의 힘을 가졌던 나라는 이즈모(出雲) 지방에 있었던 이즈모 왕조였다. 현재 시마네현(島根縣) 이즈모 지방을 거점으로 하는 큰 세력이었다. 이즈모 왕조는 동해 문화권의 중심이었다고 해도 과언이 아니며, 유명한 이즈모 대사는 제사가 행해지는 중요한 장소로서 존재하고 있다.

현재 이즈모 대사에도 카미아리츠키(神在月, 타지방에서는 신의 부재에 따라 카미나시즈키(神無月)라고도 함)인 음력 10월에 **국가양도(國譲り)**의 신화로 유명한 이나사해안(稲佐浜)에서 일본 각지에서 모인 팔백만의 신들을 바다에서 환영하기 위한 카미무카에제(神迎祭)가 행해지고 있다(예전에는 같은 지역에 있는 사다(佐太)신사에서 열림). 또한 현재와 같은 **대사조(大社造)**[역14]의 건축양식이 된 것은 1744년(연향원년)으로 그 이전의 건물과는 커다란 차이가 있다. 현재 가장 높은 국보의 본전(本殿)[역15]으로 높이가 약 24m이며, 2000년 발굴조사에서 직경 3m(직경 1.35m의 기둥을 3개 묶은 것)나 되는 심어주(心御柱)[역16]가 발견되었고, 헤이안(平安)시대에는 약 48m(창건 당시는 약 96m라는 설도 있음. 참고문헌 3의 검증으로는 불가능하다는 결과가 있음)의 높이를 자랑하는 목조건물이었다는 것이 밝혀졌다. 인교(引橋)[역17]까지는 109m(1정) 정도 떨어져 있다고 한다.

또한 문헌에 의하면 고대 해안선은 내륙으로 깊숙이 들어와 현재의 이

역14) 일본 신사건축양식의 하나
역15) 신사에서 신령을 모시는 전당
역16) 주로 신사의 정전 중앙 마루 밑에 세워진 특별한 기둥
역17) 본전까지의 계단

그림 2.1 무양전도(武陽佃島)[17)]

그림 2.2 동해도 품천어전산(東海道品川御殿山)의 불이(不二)[17)]

그림 2.3 신내천충랑리(神奈川沖浪裏)[17)]

그림 2.4 상주칠리빈(相州七里浜)[17)]

그림 2.5 상주강(相州江)의 섬(島)[17)]

그림 2.6 동해도강고전자포략도(東海道江尻田子浦略図)[17)]

그림 2.7 등호포(登戸浦)[17)]

그림 2.8 상총(上總)의 해로(海路)[17)]

즈모신사의 바로 앞까지가 바다였던 것에서도 알 수 있듯이 이즈모신사는 바다의 절이었으며, 해신제사의 성역이었으므로 오래 전부터 사람들은 바다에 대한 경외심을 표현하기 위해 팔백만의 신들을 바다에서 환영하는 장대한 건축물을 축조했던 것이다.

2.3.2 치유공간으로서의 바다

오래 전부터 바다는 치유의 장이라는 측면을 갖고 있었다. 해수욕이 그 전형이라고 할 수 있다. 예전부터 '여름에 해수욕을 하면, 그 해 겨울에는 감기에 걸리지 않는다.'는 말이 있는 것처럼, 바다가 가지고 있는 **건강증진 효과**는 오래 전부터 사람들에게 인지되어 있었다. 해수욕이 사람들의 문화로 정착된 것은 **산업혁명**과 시기를 같이 하는 18세기경부터라고 알려져 있다.

구체적으로는 1750년에 영국의 의사였던 **리처드 러셀**에 의해 질병치료를 목적으로 바다에 들어가는 것이 장려되었던 것에서 시작되어 그 이후 질병치료의 목적에 국한되지 않고 비일상적인 것을 체험하고, 치유할 수 있는 해양성 레크리에이션으로서 일반적으로 보급되었던 것이 해수욕의 기원이라고 알려져 있다. 해수욕장 중에서도 역사가 가장 오래되었으며, 해수욕장의 발상지로 알려져 있는 장소가 영국의 **브라이튼**이다.

브라이튼은 영국의 산업혁명기에 출현한 부르주아 사회계급 가운데에서도 상류계급 사람들이 모이는 고급 리조트로 조성되어왔다. 일본에서도 해수욕의 역사는 오래되어 헤이안(平安)시대에는 스마(須磨) · 아카시(明石) 부근의 해안에서 도시의 여성들이 장막을 쳐서 **조탕치(潮湯治)**[역19]를 즐겼다고 전해지고 있다. 이 조탕치는 건강증진이나 질병치료를 목적으로 한 것이며, 바다가 사람들의 생활 속에 깊이 뿌리내렸었다는 것을 나타낸

역19) 치료를 위한 해수욕

다. 이처럼 유럽이나 일본에서는 해수욕이 건강증진이나 질병치료로 이용되어 왔으며, 현대에도 그 효용은 의학적으로 입증되고 있다. **탈라소테라피**라고 하는 치료방법으로 탈라소테라피란 그리스어로 바다를 나타내는 'Thalassa' 가 어원이다. 구미에서는 치료보험이 적용되는 의료행위로 지정되어 있다. 일본어로는 '해양요법' 으로 번역되고 있다. 탈라소테라피는 자연을 이용한 치료의 하나로 해변의 기후나 해수, 해조류 등을 이용하여 건강증진이나 미용, 재활치료에 활용되는 요법으로 일본에서는 주로 천식 · 기관지염 · 고혈압 · 동맥경화 · 피부염 · 류마티즘 등 다양한 증상에 활용되고 있다. 또한 탈라소테라피에 이용되는 수법으로는 '해수를 이용한 수치료법', '해조요법', '해니(海泥)요법' 이 대표적이다. 이처럼 바다는 과거로부터 현재에 이르기까지 사람들의 치유공간으로 존재했으며, 미래에도 그 효용은 끝이 없을 것이다.

2.4 바다 이용의 변천

인간은 예로부터 바다를 이용하고, 바다에서 얻은 자원으로 생활해 왔다. 본 절에서는 과거에서 현재, 그리고 미래에 바다의 이용이나 바다를 이해함으로써 지속적인 발전을 도출하는 것뿐 아니라 중요 요소인 자질이나 자원에 대하여 정리하고자 한다.

2.4.1 바다 이용의 변천

[제1단계 : 18세기 이전]

18세기 이전 인간과 바다와의 근원적인 관계는 다음과 같은 것이었다.

① 고기잡이 바다 : 인간의 생존에 필요한 식량을 확보하기 위한 생산활동의 바다

② 교역의 바다 : 사회시스템의 활성화를 도모하기 위하여 사람이나 문물 교류를 매개로 하는 수송의 바다
③ 방어의 바다 : 적대국이나 침략국으로부터 자국을 방어하기 위한 전략적인 바다

[제2단계 : 18세기에서 20세기 후반]

산업혁명을 계기로 새로운 사회시스템이 구축되면, 사회적 요구와 새로운 사람들의 행동욕구가 융합되어 지금까지와는 다른 바다와의 관계가 출현하게 되었다. 이러한 상황은 바다의 본질적 활용이라는 관점에서 탈피하여 최근까지 바다를 소비의 대상으로 한 시대가 약 2세기에 걸쳐 전개되었다.

① 조성의 바다 : 도시 연안역의 옅은 바다는 확대 · 발전하는 도시용지 확보의 바다
② 산업의 바다 : 새롭게 조성된 연안부에는 광대한 면적을 필요로 하는 시스템 산업으로서 철강업 · 조선업 등의 중공업이 입지하는 바다
③ 여가의 바다 : 산업혁명 이후 사회계급의 다양화에 따라 사람들의 스트레스를 해소하는 휴식, 치유의 공간으로서 바다

[제3단계 : 20세기 후반부터 미래]

향후 장래의 동향으로서 인류가 처음 우주공간으로 진출하여 지구가 작은 구체라는 점이나 인류가 아는 한 유일하게 물이 가득한 혹성이라는 새로운 인식이 싹트기 시작하여 각국의 바다가 아니라 세계 혹은 지구의 바다라고 하는 글로벌적 시점을 인류는 가지게 되었다. 이러한 글로벌 시점에서 지구환경문제(지구온난화, 산성비에 의한 삼림파괴, 열대우림 감소 등)를 인식함으로써 바다 이용에 대해서도 다음과 같은 새로운 전개가 모색되기 시작하였다.

① 환경의 바다 : 바다의 환경보전 · 회복의 장소로서 저감이 주목되어 이와 함께 지구환경을 고려함에 있어 중요한 위상으로서 바다

② 재생의 바다 : 산업구조의 급격한 변화로 연안부의 산업이 공동화하여 바다의 자질을 활용한 워터프런트재개발수법 등에 의한 도시재생 · 도시활성화가 요구되는 바다
③ 정보의 바다 : 사람들을 매료하고 사람들에게 윤택함과 편안함을 주는 해변공간을 어린이의 교육이나 지역활성화를 위한 정보자원으로서 바다

2.4.2 바다의 자질과 자원

바다에는 바다가 가진 고유의 자질이나 자원이 존재한다. 이를 이해하지 않으면 바다의 본질을 이해했다고 할 수 없다. 그러면 바다를 활용한다는 관점에서 자질적 요소와 자원적 요소에 대하여 정리해보자. 여기서 말하는 바다의 자질이란 자원만큼의 밀도나 직접적으로 광범위한 사회시스템 향상에 공헌하고 있지는 않지만 금후의 기술개발 및 이용 방법에 따라 자원적인 활용이 가능한 것을 가리킨다. 그리고 자원이란 일정의 밀도가 있으며, 그것을 생산 · 활용함으로써 사회시스템 향상에 공헌하는 것을 말한다.

[바다의 자질적 요소]
① 에너지적 자질 : 심층수, 파력, 조력, 부력, 위치, 운동, 생물, 온도
② 환경적 자질 : 기후 제어 요소(열에너지 순환), 식물연쇄(수질 · 저질정화), 미네랄이온, 기체이온, 생물생식
③ 지정학적 자질 : 항만, 해협, 반도, 이도, 지역, 국토, 국제, 지구
④ 심상적 자질 : 풍경, 기온, 바람, 파도, 해역생식생물(화훼 · 조류 · 어개(魚介)류)

[바다의 자원적 요소]
① 식량자원 : 어개류

② 광물자원 : 각종 금속, 열수광상, 망간단괴, 자갈 · 모래
③ 에너지자원 : 석유, 천연가스, 석탄, 메탄하이드레이트
④ 공간자원 : 폐기물처리해역 · 용지, 매립용지, 대규모 시설 개발의 가능성

최근 주목받고 있는 도시의 워터프런트재개발계획은 매립지에 조성된 항만이나 공업용도의 공간이 산업 등의 공동화현상에 따라 그레이존이 된 지역을 대상으로 하는 것이라고 할 수 있다. 이들 용지는 토지권리자가 적고 비교적 광대한 면적을 가지고 있기 때문에 재개발이 용이한 장소이다. 더욱이 기존의 **인프라 스트럭처**도 정비되어 있고 해변에 인접해 있기 때문에 바다의 자질적 요소인 심상적 자질을 고도로 활용하는 수법이 도입되었다.

또한 재개발로 계획된 시설기능은 엔터테인먼트형 대규모 소매점의 집합이 많이 보이며, 이들 워터프런트개발 프로젝트에 공통적인 과제는 그야말로 심상적 자질의 자원화라고 할 수 있다. 그리고 이 심상적 자질특성을 고려하여 분류하면 다음과 같이 정리할 수 있다.

[바다의 심상적 자질]
① 친수성(정서적 자질) : 인간의 오감을 통해 수변 풍경이나 물리적 에너지 자질이나 환경적 자질이 심상풍경이 되어 사람들의 마음을 치유하고 활력을 주어 행동욕구를 환기시키는 성질이 있다. 이들의 자질을 **워터매직(물의 마법) 효과**라고 한다.
② 임수(臨水)성(공간적 자질) : 수변공간은 도시의 조밀한 공간과 달리 바다에 면해 개방된 공간이 확보되어 있다. 이 때문에 사람들은 시각적, 정신적으로도 개방감을 획득할 수 있다. 또한 주변의 건축물이나 시설이 수변을 따라 전개되어 있기 때문에 수변의 파사드나 스카이라인이 정연하고 질서있게 보이는 효과가 있다. 이들 자질을 수변의 오픈스페이스 효과라고 하며, 공간에 대하여 질서를 주는 효과

를 가지고 있다.

③ 지수(智水)성(경제적 자질) : ①과 ②의 상승효과에 더하여 인간이 가진 "모여서 군집을 이루는" 성질을 이용한 집객성 높은 시설이나 기능이 전개됨으로써 지역의 소비활동 활성화를 용이하게 유발할 수 있는 자질을 가지고 있다. 이것을 **워터 인센티브(물의 유발) 효과**라고 한다.

2.5 고령사회에서 본 해양성 레크리에이션과 바다

앞 절까지는 '바다' 라고 하는 커다란 개념으로 서술해왔지만 본 절에서는 해양건축공학의 주된 영역 중 하나인 해변공간에 대하여 미래에 일본이 맞이할 고령사회 시점에서 서술하고자 한다.

일본은 21세기에 들어 **초고령사회**로 불리는 본격적인 고령시대를 맞이하게 되었다. 그 대책으로서 **하트빌딩법**[역20]이나 **교통 배리어프리법**[역21] 제정 등 건물 내부 및 공공교통공간 이동의 편리성이나 안전성 향상이 추진되고 있다. 이러한 대책에 따라 고령자 · 장애인 외출이 용이하게 되었고, 해양성 레크리에이션 참가의욕이 향상되었지만 배리어프리로서의 대응에는 한계가 있어 앞으로는 개개의 시설이 원활하게 연결되어 안전하고 자유롭게 행동할 수 있고 모든 사람들을 고려하여 배려하는 **유니버설 디자인 정비**가 필요하다. 2005년 7월에는 국토교통성 종합정책국에서 「유니버설 디자인 정책요강」이 제정되었다.

역20) 일본에서 1994년 9월부터 시행된 '고령자 · 신체장애인 등이 원활히 이용할 수 있는 특정건축물의 건축 촉진에 관한 법률' 의 통칭, heart+building

역21) 고령자 · 신체장애인 등의 공공교통기관을 이용한 이동의 원활화를 위한 촉진에 관한 법률로 일본에서 2000년 11월 15일에 시행

또한 쿠로야나기 아키오(畔柳昭雄)의 저서인 「해양성 레크리에이션시설 – 계획과 디자인」에서는 해양성 레크리에이션에 대하여 다양한 견해가 있었는데, 그 개요는 다음과 같다. '최근 도시화 진전이나 생활공간의 고밀도화에 따라 자연과 친숙한 공간이나 오픈스페이스가 감소되었으며, 이 때문에 친근한 녹지나 물이 있는 장소를 찾는 사람들의 욕구가 나타나고 있다. 이러한 동향 가운데 워터프런트나 수변에 대한 인식이 높아져 '바다'의 존재가 재인식되었으며, 레크리에이션 공간으로서 바다의 가치가 중요시되고 있다. 또한 국제연합에 의한 **유엔해양법 조약**(1996년)' 발효나 1999년에 개정된 **해안법**에 의해 이제까지와 같이 해양을 교통 · 산업 · 자원 확보 장소로서 이용하기만 할 것이 아니라 환경보존이나 적정한 해안 이용 측면에서 레크리에이션 장소로도 적극 이용하는 것이 중요한 과제로 대두되었다.

최근 해양성 레크리에이션에 대한 일반적인 니즈는 크게 5개로 나눌 수 있는데, ① 도시화에 의한 자연환경 고갈이나 스트레스로부터 자연 속에서 자기를 해방시키고자 하는 욕구에 따라 바다의 자연환경 속에서 릴랙스나 리프레쉬를 얻고 싶은 '자연성'에 대한 욕구를 만족할 것, ② 해수욕이나 낚시 등 비교적 가까운 곳에서 싼 값의 레크리에이션 활동에 의해 즐기고자 하는 '친근성'에 대한 욕구를 만족할 것, ③ 스포츠나 레크리에이션을 즐길 때 세련된 복장이나 장비를 몸에 착용하여 활동하고자 하는 패션지향을 가진 '패션성'에 대한 욕구를 만족할 것, ④ 바다의 다양한 환경조건을 다양한 활동방법으로 즐기고자 하는 '다양성'에 대한 욕구를 만족할 것, ⑤ 해변에서의 일광욕이나 해수 · 해풍에 잠기는 해양요법 등을 만끽하고자 하는 '건강성'에 대한 욕구를 만족할 것 등으로 서술하고 있다.

이상과 같이 고령자를 포함한 모든 사람들의 행동을 용이하게 하는 유니버설 디자인 정비나 해양성 레크리에이션 활동을 지원하는 시스템 등의 해변공간정비는 고령자 · 장애인이 해변공간으로의 적극적인 활동의욕을 촉진시키는 것으로 이어져, 현재 일본에서 진행하고 있는 **초저출산, 고령화 사회**에 대한 유익한 사회자본정비로서 인지해야 할 것이다.

2.6 향후의 해변 공간이용

2.6.1 해변공간법 정비

일본의 해변공간에는 질서를 확보하기 위한 법 정비로 「해안법」이 적용되고 있다. 해안법이란 **쓰나미 · 고조 · 파랑**이나 기타 해수 혹은 지반의 변동에 의한 피해로부터 해안을 방호함으로써 국토보전 도모를 목적으로 1956년에 제정된 법률이다. 구체적으로는 방호해야 할 연안에 관한 일정 지역을 **해안보전구역**으로 도도부현의 지사가 지정하고, 그 지정구역은 원칙적으로 육상에서는 만조시의 수제선으로부터 50m 이내, 수면에서는 간조시의 수제선으로부터 50m 이내로 지정되어 있다.

또한 해안보전구역 관리는 지정과 같이 도도부현 지사가 수행하며, 그 구역에서의 시설 · 공작물에 의한 점유나 시설의 신설, 토지 굴착 행위 등은 관리자인 지사의 허가를 필요로 하며, 해안 이용에 대하여 엄격한 규제가 내려져 있다. 따라서 이 해안법의 역할은 매우 중요하다고 할 수 있으며, 제2차 세계대전 후 일본의 해안역에서 국토부흥에 크게 기여하였으며, 사방이 바다로 둘러싸여 해안역이 광대한 생활권으로서 활용되어 온 일본으로서는 이 해안법에 의해 국가재산 · 국민재산의 보호가 실현되었다고 볼 수 있다. 그러나 1956년 당시의 사회상황과 현재의 사회상황에는 커다란 차이가 생겼고, 당초의 제정목적으로는 대응할 수 없는 상황이 생겨났다. 그리하여 1999년 당초의 해안법이 담당해왔던 목적 등을 개정하여 현재의 사회상황에 부응할 수 있는 신시대의 '개정 해안법' 으로 입법화하게 되었다. 구체적으로는 당초의 목적인 쓰나미 · 파랑, 기타 해수 혹은 지반의 변동에 의한 피해로부터 해안을 방호하는 것에 더하여 '해안환경의 정비와 보전 및 공중에 의한 **해안의 적정한 이용**' 이 목적으로 추가된 것이 특징이라 할 수 있다.

또한 구해안법에서는 해안보전구역 지정이나 관리는 도도부현 지사가 관리하는 것으로 되어 있었지만, 개정 해안법은 도도부현 지사의 승인이 있는 경우에는 해당 시읍촌에서도 해안관리가 가능하게 되었으며, 지방분권화나 행정구조개혁 등을 배경으로 국민이나 해안역을 생활권으로 하는 지역시민에 대해서도 그 존재는 친숙해졌다고 할 수 있다.

2.6.2 해변공간에 대응한 각종 시책 사례

주위가 바다로 둘러싸인 일본의 해변공간은 이용 가치가 있다. 해변공간을 단순히 교통 · 산업 · 물자 확보 장소로서 이용할 것이 아니라 환경 등을 키워드로 한 측면에서 레크리에이션 · 학습의 장으로서도 적극 이용하는 것이 중요한 과제이다. 그리고 현재 일본 각 부처에서 진행하고 있는 해변공간에 대응한 대표적인 시책 사례를 소개하고자 한다.

(1) 새로운 해변의 문화창조

국토교통성 항만국 해안 · 방재과에서 진행하고 있는 시책으로 '새로운 해변의 문화창조'를 테마로 한 연구회를 설치하였다. 이 연구회에서는 다양한 생물이 서식하고 사람들의 생활 장소이기도 한 해변이라는 공간을 개정해안법에서 환경보전 및 해안공간의 고도이용 촉진 도모를 목적으로 다양한 주체에 의한 '사토하마(里浜) 만들기'를 키워드로 사람과 해변공간과의 관계에 대한 구체적인 방책 도출을 목표로 검토하고 있다. 여기서 말하는 '사토하마'의 정의로는 ①적절한 인위적인 관리에 의해 인위적인 활동과 자연환경의 지속적인 조화를 이룬 해변, ②사람들의 생활과 밀접한 해변으로 이용하는 것과 자연환경이 공존하여 사람이 관리함으로써 유지되는 해변이라고 할 수 있다. 또한 이 연구회는 세 개의 부서로 나누어져 있으며, '사토하마 만들기 연구회'에서는 '사토하마'의 개념정리를 시작으로, '사토하마 만들기'를 촉진하기 위한 시스템 구축, 모델지구 검토 · 평가, 계획단계에서의 시민참가형 해변정비 · 운영지침 작성, 볼런티어 · 서포트 · 프로그램 등 시민 · NPO를 주체로 하는 해변관리의 진행방법 등, 해변이용의 큰 개념에 대하여 여러 분야에서 검토하고 있다. '해변의 자연학교 연구회' 에서는 사람들의 바다라고 하여 자연을 체험하는 것에서부터 환경에 대하여 학습하고, 환경보전의식을 고양시키기 위한 장소를 만들기 위한 방책, 해변을 체험시키는 자연학교의 존재의식 · 사명 · 활동내용 · 운영형태 · 학습프로그램 제안, 모델지구의 설치 및 평가, 해변의 자연학교 지도자 양성시스템, 해변의 자연학교를 중심으로 한 네트워크 구축, 또한 해변의 학교경영자 지원방책 검토 등 전국 각지에서 실시되고 있는 바다의 환경교육에 대한 기반조직으로서의 위상에 의한 조직구축을 목표로 활동하고 있다.

또한 '비치스포츠 연구회' 에서는 개정해안법의 해안 적정 이용에 초점을 맞추어 비치스포츠 진흥의 의의나 비치스포츠 진흥을 통한 해변이용의 촉진방안, 비치스포츠 진흥에 의한 지역교류 · 경제의 활성화 등을 주된 검토내용으로 하고 있다. 그리고 최종적으로는 각 분야의 관점에서 새로운 해변공간 문화를 창조하기 위한 구체안을 검토하고 있다.

(2) 환경교육 · 환경학습 – 지속가능한 사회를 목표로 –

환경성에서는 1998년 7월에 **환경교육 · 환경학습**의 추진방안에 대하여 중앙환경심의회에 자문을 하였으며, 그 다음해인 1999년 12월에 '이제부터의 환경교육 · 환경학습 – 지속가능한 사회를 목표로 –' 라고 하는 답신으로 정리되었다. 이 답신에는 현재 환경교육 · 환경학습은 각 지역을 기반으로 발전해왔지만 새로운 사회상황에 기초하여 현대의 환경교육 · 학습의 의의를 되짚어봄으로써 '지속가능한 사회실현을 위한 교육 · 학습' 이라고 하는 확대된 시점으로 다루고 있으며, 사회 · 경제 등 또한 대상으로 한 폭넓은 내용으로 이루어져 있다. 실행을 위한 기본적인 시점으로는 ①종합적일 것, ②목적을 명확히 할 것, ③체험을 중시할 것, ④지역에 정착하여 확대할 것이며, 세 번째의 시점인 '체험을 중시할 것' 에서 보아도 알 수 있듯이 자연환경을 무대로 한 환경교육 · 환경학습은 앞으로 해변공간 이용에서도 중요한 시책이라 할 수 있다.

(3) 블루 투어리즘(blue-tourism, 어촌체재형 여가활동)

국토교통성과 수산청에서는 다양한 면에서 피폐된 연안도시의 활성화를 위하여 바다의 자원이나 어촌지역 독자적인 자연환경 · 역사 · 문화를 이용하여 시민의 여가활동인 **체험관광** 제공 시책으로 **블루 투어리즘**을 추진하고 있다. 블루 투어리즘은 **에코 투어리즘**(자연환경체험) 중 하나로 블루 투어리즘(어업체험) 외에 **그린 투어리즘**(농업체험), **헤리테지 투어리즘**(Heritage tourism, 산업유산체험) 등이 있다. 블루 투어리즘의 목표는 해변의 장기체재형 여가활동을 가능하게 하고, 실제 체험할 수 있는 장소 · 공간을 제공하는 것에 있다.

이제까지의 해양성 레크리에이션 이미지는 해수욕이나 **크루징**이라고 하는 '약동형' 활동이었다고 할 수 있으나, 블루 투어리즘은 어촌지역에서의 문화와 접촉함으로써 우리들의 고향이라고 하는 새로운 관점으로 바다를 이해하는 것이 특징이라 할 수 있다. 즉 '약동형+학습형' 혹은 '체험형'의 해양성 레크리에이션이라고 할 수 있을 것이다. 이러한 블루 투어리즘이 추진되어 도시생활인에게 비일상적인 어업활동을 실제로 체험하게 하고, 어촌지역에서 배운 전통 · 전승문화도 향수함으로써 바다의 환경보전활동에 대한 계발로도 이어질 수 있을 것이다.

참고문헌

1) 永留久惠 : 해신과 천신 – 대마의 풍토와 신들 –, 白水社, 1988.
2) 橫内憲久+橫内연구실 : 워터프런트개발의 수법, 鹿島出版會, 1988.
3) (주) 大林組 : 고대 出雲大寺의 복원 – 잃어버린 형태를 찾아서 –, 學生社, 1989.
4) 伊澤岬 : 해양공간의 디자인 – 워터프런트에서 오션 스페이스로 –, 彰國社, 1990.
5) 大林太良 외 : 바다와 열도문화 제10권 바다에서 본 일본문화, 小學館, 1992.
6) 近藤建雄 : 환경창조를 목표로 하는 21세기의 해양개발, 清文社, 1994.
7) 일본해양학회편 : 바다와 지구환경 – 해양학의 최전선 –, 동경대학출판회, 1994.
8) 畔柳昭雄 : 해양성 레크리에이션시설 – 계획과 디자인 –, 技報堂出版, 1997.
9) 網野善彦 : 해민과 일본사회, 新人物往來社, 1998.
10) 佐久田昌昭 · 川西利昌 · 堀田健治 · 增田光一 : 해양환경학 – 해양공간이용과 해양건축물 –, 共立出版, 1999.
11) 川内美彦 : 유니버설 디자인 – 배리어프리에의 의문 –, 學芸出版社, 2001.
12) 田中直人 · 岩田三千子 : 사인환경의 유니버설디자인 – 계획 · 설계를 위한 108의 시점 –, 學芸出版社, 2002.
13) 梶本久夫 : 일본어판 유니버설디자인 핸드북, 丸善, 2003.
14) 白石正明 : 백세시대의 이열, 九龍堂, 2003.
15) 永田豊 외 : 바다의 백과사전, 丸善, 2003.
16) 내각부 : 2004년도판 고령사회백서, ぎょうせい, 2004.
17) (재)아다치전통목판화 재단 홈페이지 : http://www.adachi-hanga.com/index.html
18) 국립사회보장 · 인구문제연구소 홈페이지 : http://www.ipss.go.jp/
19) 국립교통성 항만국 홈페이지 : http://www.mlit.go.jp/kowan/umibe_bunka/satohama.htm
20) 국토교통성 하천국 홈페이지 : http://www.mlit.go.jp/river/index.html
21) 문교과학성 홈페이지 : http://www.mext.go.jp/a_menu/shougai/03082601/03082601.htm
22) 후생노동성 홈페이지 : http://www.hourei.mhlw.go.jp/%Ehourei/html/hourei/contents.html
23) 환경성 홈페이지 : http://www.env.go.jp/council/former/tousin/039912-1.html
24) 국토교통성 도시 · 지역정비국 이도진흥과 홈페이지 : http://www.mlit.go.jp/crd/chirit/index.html

| 제3장 | 해양건축을 둘러싼 국제관계

菅家英朗

3.1 들어가면서

3.1.1 일본에 있어서 바다의 가치

해양건축공학의 주무대는 바다와 육지의 경계인 **연안역**이라 불리는 공간이다. 연안역은 역사적으로 보았을 때 인류사회의 발전에 밀접하게 연관된 존재였고, 일본에서는 특히 연안역이 중요한 국토로 인식되어 그 보전과 이용이 도모되어 왔다. 연안육역은 예부터 염전으로 이용되었고, 연안해역은 어장으로 이용되어 왔다. 그리고 어업생산의 거점으로 어촌이, 교역의 거점으로서 항구도시가 발달되어 왔으나 매립에 의한 축항은 헤이안(平安)시대의 타이라노 키요모리(平清盛)에 의해 시행되었다고 알려졌다.

전국시대에 들어오면 하구역을 농지로 하기 위해 간척이 본격화되었으나 에도시대 이후는 해면의 간척이 계속적으로 행해졌다. 타이쇼(大正)시대[역1] 이후는 연안역의 도시화가 급속하게 진행되고 인구와 산업의 집적이 현저해졌다.

역1) 일본의 시대구분으로 일본왕 타이쇼(大正)의 연호. 일본의 왕정을 복고한 메이지(明治)의 서자. 타이쇼의 재위 시기는 1912년 7월 30일부터 1926년 12월 26일까지임

한편 연안역은 태풍에 의한 고조나 고파, 해저단층지진에 의한 쓰나미 등의 자연재해에 의한 피해를 입기 쉬운 장소이기 때문에 이용과 함께 해안선에 제방을 쌓아 배후지의 안전성을 확보하는 **해안방재**가 행정주도로 진행되어왔다. 그러나 연안역이나 하천유역개발이 진행됨에 따라 **폐쇄성 해역**에서 수질오염이나 생태계 파괴, **해안침식**, **백화현상** 등 각종 환경문제가 현재화되고, 그 영향은 일본인의 생활안전과 안심을 위협하기에 이르렀다. 이를 위해 이전의 풍성하고 아름다운 바다를 회복하고 지속적으로 바다의 자원을 이용하기 위해서는 연안역을 종합적으로 관리하게 되었다.

3.1.2 국제사회에서 본 환경문제와 바다

일본의 연안역에서 일어나고 있는 각종 환경문제는 세계의 바다에서도 똑같이 일어나고 있다. 그리고 숲, 강, 바다, 하늘을 둘러싼 물의 순환을 통해 각종 오염이 바다로 축적되고, 또한 세계의 바다는 연결되어 있어 바다의 환경문제는 내륙국을 포함한 모든 나라가 하나가 되어 해결해야 할 것이다. 1994년에 발효된 **유엔해양법 조약**에서도 바다의 평화적 이용이나 자원의 지속적인 발전과 병행하여 해양환경 보호와 보전이 중요한 사항으로 다루어지게 되었다.

또 1992년에 브라질의 리오데자네이로에서 개최된 「환경과 개발에 관한 국제연합회의」 이른바 지구서미트에서는 「**지속가능한 개발**」 개념에 기인한 「환경과 개발에 관한 리오데자네이로 선언」이 채택되었으며, 리오선언을 구체화하기 위한 실행계획인 「**아젠더 21**」을 비롯한 기후변동 조약, 생물다양성 조약, 삼림 원칙 선언 등 오늘날 지구환경문제 해결의 기본적인 틀이 된 중요한 조약과 선언이 채택되었다.

아젠더 21은 총 40장으로 된 지속가능한 개발을 위한 행동계획인데 제17장은 「해양과 폐쇄성 및 준폐쇄성 해역을 포함한 모든 해역 및 연안역 보호 및 이러한 생물자원 보호, 합리적 이용과 개발」이라는 제목으로 바다를 종합적으로 관리하기 위한 행동목표나 실행수단 등을 제시하고 있다.

각국 정부는 유엔해양법 조약의 규정이나 아젠더 21에 나타난 행동목표 등을 포함하여 종합적인 해양정책이나 법령 정비를 시작하고 있으나 일본 정부의 대응은 다른 나라에 비해 늦어지고 있는 실정이다.

본 장에서는 해양건축의 세계를 떠나 인류의 생존을 지탱하는 바다의 각종 자원, 가까이에 있는 바다인 연안역 관리의 틀, 그리고 국제사회의 바다 헌법이라는 유엔해양법 조약에 대해 논하고자 한다.

3.2 인류의 생존을 지탱하는 바다의 자원

3.2.1 수산자원

(1) 일본 수산자원의 현황

일본인은 동물성 단백질 섭취의 40%를 수산물에 의존하고 있다. 세계 각국의 수산물 공급량으로 비교해 보면 국민일인당 소비하는 어개류의 양은 아이슬란드에 이어 2번째로 많은 연간 67.4kg이다. 그러나 1960년대에는 칼로리 기준으로 113%인 식용 어개류 자급률이 2004년에는 55%까지 저하하였다. 이는 예전에 수산물 수출국이었던 일본이 수입국으로 변했다는 것을 나타낸다. 그 원인은 일본 주변의 자원상태가 악화된 것과 다른 나라의 **배타적 경제수역** 및 **공해**에서 어업의 규제 강화 등으로 생산량이 감소한 것에 이어, 냉장 · 냉동기술과 가공기술 발달, 외식산업의 급속한 발전, 일본인의 기호변화 등을 배경으로 세계 각국에서 각종 어개류를 수입하게 되었기 때문이다.

일본의 어업생산량은 그림 3.1에서 보는 것과 같이 1980년경 이후 급격하게 감소하고 2003년은 생산량을 기준으로 최고점보다 반 이하가 되었다. 이는 원양어업 쇠퇴와 함께 1988년에 449만 톤이었던 정어리어획량이 크게 감소한 것이 주요인이다.

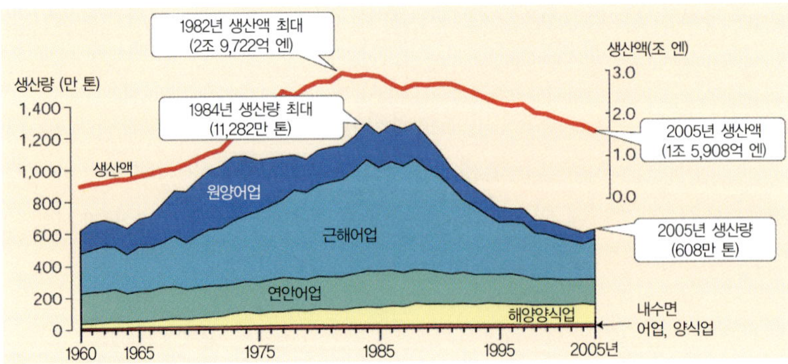

그림 3.1 일본의 어업생산량과 생산액 추이[4)]

(2) 증식과 양식

일본인에게 수산자원은 중요한 동물성 단백질원이었으나, 전술한 어업생산량이 대폭 감소함으로써 정부는 종래의 '잡는 어업'에서 **'기르는 어업'**으로 정책 전환을 도모하였다. 기르는 어업은 앞으로도 지속적인 수산자원을 이용하기 위해 적극적으로 수산자원을 늘리는 시책을 총칭한 것으로, 그 내용은 **'증식'**과 **'양식'**으로 나눌 수 있다.

바다에 존재하는 수산자원을 늘리는 것을 증식이라 하며, 종묘의 생산, 방류를 수행하는 재배어업, 어초설치나 조장조성 등 어장정비 등이 여기에 해당한다. 재배어업이란 어개류가 알에서 부화한 후 일정한 크기가 될 때까지 사람이 관리하여 사육하여 사망률이 어느 정도 낮아질 때까지 성장시킨 후 방류하는 방법이다.

한편 증식은 수산동식물의 번식에서 성장까지를 집약적으로 관리하는 생산방법으로 생산자가 영리목적으로 행하는 어업이다. 일반적으로는 성장이 빠르고 부가가치가 높은 어개류가 대상종으로 선택된다. 인공사육한 성어에서 채란하여 부화시키는 방법과 바다에서 치어를 채집하여 양식하는 방법이 있다.

증식과 양식의 가장 큰 차이는, 양식으로 생산된 어개류는 생산자의 소유물이지만, 증식으로 방류된 어개류는 **무주물(無主物)**이라는 점이다. 일본에서는 야생의 조수나 어개류 등은 소유자가 없는 동산으로 간주하여 민법 제239조의 '소유자가 없는 동산은 소유의 의사를 갖고 점유함으로써 그 소유권을 취득한다' 라는 규정에 의해 채포(採捕)하면 소유권이 발생한다. 또한 어류의 재생산과 어획의 밸런스를 생각하여 지속가능한 어업을 실현하기 위한 시책을 **'자원관리형 어업'** 이라고 부르고, 어종별로 연간어획량의 상한을 설정하는 TAC(**어획가능량**)제도, 조업일수 등 어획노력량의 상한을 설정하는 TAE(**어획노력가능량**)제도 등이 도입되어 있다. '기르는 어업' 과 '자원관리형 어업' 은 지속가능한 어업을 실현하기 위한 수레의 양륜이라 할 수 있다.

3.2.2 해저자원

(1) 석유 천연가스자원

2005년에 생산된 석유의 약 20%가 해양유전에서 나온 것이라 한다. 바다에서 석유나 천연가스개발은 당초 육지에서 가까운 수심 100m보다 얕은 바다에서 시작되었으나 해저지층 탐사기술, 경사파기 굴착기술, 해저생산시설의 발달에 따라 그 대상 해역은 점차 먼바다로 확대되어 나갔다. 그 후 수심 2,000m를 넘는 해역에서의 개발도 행해지고 북극권과 같은 혹독한 해상조건의 해역에서 개발도 진행되었다.

일본은 이용하는 석유나 천연가스의 거의 대부분을 수입에 의존하고 있으나, 소량이지만 일본 내에서도 해양석유가스전이 존재한다. 니가타(新潟)현의 이와후네해(岩船沖)유전, 아가해(阿賀沖)북유전, 아가해(阿賀沖)가스유전, 후쿠시마(福島)현 이와키해(磐城沖)가스전, 토키와해(常磐沖)가스전 등인데, 이 중 아가해북유전, 아가해가스유전은 폐쇄되었다.

(2) 새로운 해저자원

해저에는 석유나 천연가스 외에 각종 자원이 존재하지만 그 대표적인 것이 망간단괴나 코발트리치 망간클러스터 등의 **해저광물자원**, **해저열수광상**, **메탄하이드레이트**이다. 그 중에서도 최근 주목을 받고 있는 것이 메탄하이드레이트이다. 메탄하이드레이트란 저온, 고압 환경하에서 생성된 샤베트상의 메탄수화물로 '타는 얼음'으로 불리기도 한다. 일본 주변 해저에는 메탄가스 환산으로 10조 m³라고 하는 일본의 천연가스소비량의 약 100년 분량에 이르는 메탄하이드레이트가 존재하는 것으로 추정된다.

그림 3.2 타는 합성 메탄하이드레이트
(제공 : 산업기술종합연구소)

이러한 해저자원은 2005년을 기점으로 생산코스트나 생산기술 등의 문제로 상업적으로 이용되지 않고 있으나 가까운 미래에 육상자원이 고갈되면 상업적인 이용도 실현될 가능성이 높은 것으로 생각된다.

3.2.3 해수자원

지구상에 존재하는 물 중의 97.5%가 해수이며, 바다는 무진장한 자원의 보고였으나, 해수를 음료수나 농업, 공업용수 등으로 이용하기 위해서는 **해수담수화**기술이 필요하다. 일본에서는 오키나와현이나 후쿠오카(福岡)현에 4~5만 톤/일의 처리능력을 가진 대규모 담수화플랜트가 있고 세토(瀨戶)내해에 떠있는 많은 섬에서는 소규모 플랜트가 가동되고 있다.

한편 해수에는 주기율표에 표시된 원소의 대부분이 용존되어 있다. 이러한 용존물질은 우리 생활에 빠질 수 없는 중요한 자원이며, 대표적인 것이 NaCl, 즉 소금이다. 해수 1kg 중에 용존하는 무기염류는 약 35g으로 마그네슘이온이나 칼슘이온 등의 형태로도 용존되어 있다. 또 농도 1mg 이하의 원소를 미량원소라고 하는데 그 중에서도 비교적 농도가 높아 자원으로서 가치가 높은 우라늄이나 리튬 등은 해수에서 채집하여 상업적으로 이용하는 기술개발이 진행되고 있다.

그 외에도 21세기의 순환형 에너지 자원으로 기대되는 수소를 해수에서 상업적으로 추출하려는 구상이 있다. 현재 진행중인 이 프로젝트는 다음 항에서 서술하는 **해양온도차 발전**과 **양상(洋上)풍력발전** 등 자연에너지에서 얻은 전력을 이용하는 계획으로 환경친화적 자원개발이라 할 수 있다.

3.2.4 에너지자원

20세기에는 해양이 가진 파나 흐름 등의 에너지를 전기에너지로 전환하는 기술이 개발되어 여러 가지 실험이 행해졌다. 주요한 것으로 **조류발전**, **조석발전**, **파랑발전**, **해수양수발전**, 해양온도차발전 등을 들 수 있다. 이러한 발전방식은 수력, 화력, 원자력발전과 비교하여 에너지 밀도가 낮아 20세기 후반에 그 기술개발은 약화될 것이다. 그러나 온실효과 가스의 삭감 목표를 규정한 **교토의정서**가 발효되어 자연에너지 도입이 각국에서 중요한 정책과제가 되어 현재는 이러한 에너지자원이 다시 주목을 받고 있다.

한편 해양에너지를 직접 이용하는 것은 아니지만 근래에 양상(洋上)풍력발전이 주목받고 있다. 자연에너지 중에서도 풍력발전은 에너지효율이 가장 좋아 전 세계에서 적극적 도입을 꾀하고 있으나 바다 위에는 바람을 막는 장애물이 없어 발전용 풍차를 설치하는 Offshore Wind Farm 정비가 진행되고 있다.

그림 3.3 세타나정의 해상풍력발전
(제공 : 세타나정)

일본에서도 2003년에 홋카이도(北海道) 세타나정(瀬棚町)에서 처음으로 해상풍차가 설치되었으나 유럽에서와 같은 대규모 Wind Farm 도입은 진행되지 않고 있다. 풍차설치에 적합한 멀고 얕은 바다가 한정되어 있는 것이 이유이며, 그 외에 일본의 연안해역 대부분이 **어업권**이 설정되어 있어 어업자와의 조정에 의한 공기(工期) 증대나 **어업보상**에 의한 건설코스트 증대 등도 영향을 미치는 것으로 생각된다. 그러나 일본 정부는 2010년까지는 풍력발전의 도입목표를 3,000MW로 정해 그 목표달성을 위해서는 해상입지 촉진이 불가결하여, 앞으로 양상(洋上)풍력발전의 도입이 진행되기를 기대한다.

3.3 연안역의 종합적 관리

3.3.1 종합적 관리의 필요성

(1) 연안역의 다양한 문제와 그 대응

일본은 사면이 바다에 둘러싸이고 플레이트의 침강대에 위치하기 때문에 오래 전부터 해저단층지진에 의한 쓰나미의 피해를 받아왔다. 또한 태풍이 지나가는 길이기도 하여 고조나 고파에 의한 피해도 많으며, 최근에는 지구온난화가 원인인 해수면 상승에 의한 피해 확대 우려가 높아지고 있다. 한편, 동경만이나 세토 내해 등 폐쇄성 해역에는 고도성장기의 급속한 경제활동 확대와 연안역 및 유역의 인구급증 등이 주요 원인이 되어 연안생태계를 유지하는 **갯벌**이나 **조장(藻場)**이 대폭 소실되거나 수질오염으로 인한 **적조** 및 **청조** 발생이 잦아지는 등 자연환경이 크게 훼손되고 있다. 또한 어업이나 해운업 등 전통적인 산업이용과 함께 유어선과 플레이저 보트(pleasure boat) 등의 이용이 증가하여 혼잡과 경쟁이 현저해지고 있다.

이상과 같이 연안역에서는 자연환경뿐만 아니라 사회적 환경에 관해서도 각종 문제가 일어나고 있으나, 그 해결은 종래의 개별 법률에 의한 관리체계로는 충분히 대응하지 못한다. 따라서 연안역을 육지와 바다로 이루어진 공간으로 보고, 국토의 정확한 보전과 자연환경을 보호 · 보전하면서 다양한 요구를 조정하기 위해 모든 이해관계자의 합의에 근거한 연안역을 관리하는 「**통합연안역관리**」 방식이 확대되고 있다.

(2) 일본의 연안역 행정문제

현재 일본의 연안역관리는 부문별 관리형태를 취해왔다. 여기서는 연안관리를 예로 설명하고자 한다.

일본의 해안은 극히 일부를 제외하고는 국가나 지방자치체가 소유하고 국민이 자유롭게 사용할 수 있는 '공공용물'로 취급해왔으나 이를 종합적으로 관리하기 위한 고유의 이용계획법이나 규제법은 존재하지 않으며 해안법, 항만법, 어항어장조정법 등의 법률에 의해 개별적으로 관리되고 있다. 해안관리에 있어서 이러한 법률에 근거한 해안보전구역, 항만구역, 어항구역 등이 지정되어 각 구역에서 각각 법의 목적에 맞게 관리되고 있으나 그것이 각종 문제를 일으키고 있다.

예를 들면 모래사장에 어항이 건설되는 경우, 정온해역을 만드는 것을 목적으로 설치된 방파제에 의해 **연안표사(漂砂)**가 가로막혀 방파제 주변에서 퇴사와 침식이 발생하는 현상이 적지 않게 발생되고 있다. 이러한 현상이 어항구역 외측에 미치는 경우 외측부분의 대책은 어항관리자가 아닌 해안관리자가 해야 한다. 본래 하나로 행해야 할 필요가 있는 해안보전대책이 다른 재원과 관리자에 의해 개별적으로 행해지고 있는 것이다.

또 해안법에서는 모래사장이 해안방호 역할을 하는 중요한 요소로 작용하고 있으나 한편으로는 삼림법에 근거하여 지정된 보안림 조성과 이를 보전하기 위한 토제(土提) 및 호안 정비에 의해 모래사장이 손실되는 경우가 있어 동일한 해안을 대상으로 한 법률 집행이 어긋나는 경우가 생긴다.

(3) 통합연안역관리

현재와 같은 부문별 관리에 있어서도, 예를 들면 1999년 해안법이 개정되어 법의 목적에 해안방호뿐만 아니라 자연환경과 공중이용을 위한 배려가 명시된 것처럼 각 부문에서 종합적인 시책 전개를 위한 이유는 서서히 나타나고 있으나, 부문간의 종합화나 통합화는 진전되지 않고 있다. 이러한 연안역관리에 관한 과제는 2000년에 국토청이 작성한 「연안역권 종합관리계획책정을 위한 지침」과 일본 연안역학회의 「연안역의 지속적 이용과 환경보전을 위한 제언」, 2003년의 「연안역종합관리연구회 제언」 등에서 자세히 지적하고 있다.

이러한 상황에서 2005년 12월 현재, 지금까지의 「**전국종합개발계획**」을 대신하는 국토계획으로 「**국토형성계획**」 정책이 진행되고 있다. 이 새로운 국토계획에는 그 계획항목에 배타적 경제수역과 **대륙붕**을 포함한 해역의 이용과 보전에 관한 사항이 명기되었다. 향후 연안역뿐만 아니라 바다를 국토의 일부로 보고 종합적인 이용계획 정책이 진행되고 있으나, 연안역관리의 틀과 이를 실행하기 위한 구체적인 법제정비가 나타나야 할 것으로 기대된다.

3.3.2 연안역을 관리하는 구조와 그 현상

(1) 연안역에 관련된 주요한 법제도

앞 항에서는 일본의 해안관리에 관한 법률로서 해안법, 항만법, 어항어장정비법 등을 언급했지만 일본의 연안역과 그 외의 바다에 관한 법률 및 조약은 228개에 이른다. 그 중에 주요한 법률을 나타낸 것이 그림 3.4이다.우선 가장 중요한 법률로서 「**영해** 및 **접속수역**에 관한 법률」, 「배타적 경제수역 및 대륙붕에 관한 법률」을 들 수 있다. 이러한 법률은 일본의 **주권**과 **주권적 권리**를 행사할 수 있는 해역을 규정하는 것으로 다음 항에서 상술하는 유엔해양법 조약 비준과 함께 정비된 것이다.

다음으로 바다를 이용할 때 반드시 관련된 「**공유수면매립법**」과 「어업법」이 중요한 법률이다. 해면을 일정 기간 혹은 영속적으로 점용하거나 특정 해면에서 배타적으로 어업을 영위하기 위해서는 이러한 법률이 규정하는 요건을 만족해야 한다.

(2) 공유수면매립과 어업권

공유수면은 타이쇼(大正) 10년에 규정된 공유수면매립법에 의해 「강, 바다, 호소, 그 외 공공으로 제공되는 수역 또는 수면으로 국가소유에 속하는 것」으로 정의되어 있다. 공유수면인 바다를 매립하는 경우 사업자는 도도부현 지사로부터 면허를 받을 필요가 있으나, 공유수면매립법은 면허의 조건으로 공유수면에 관한 권리를 가진 이의 동의가 필요하다고 정하고 있기 때문에 대부분 매립사업에서 어업권자의 동의를 받는 것이 필요하다.

어업권은 어업법 규정에 근거하여 도도부현 지사로부터 면허되는 권리로 공동어업권, 구역어업권, 정치어업권의 3종류가 있다. 그 권리는 일정 범위 내에서 배타적으로 어업을 영위하는 권리로 민법상의 물건으로 취급된다. 한편 도도부현은 어업권 변경이나 취소 등에 의해 생긴 손실을 보상하는 것이 어업법에 의무화되어 있어 매립에 의한 어업권 변경이나 취소에는 금전적인 보상, 즉 어업보상금을 어업권자에게 지불할 필요가 있다. 따라서 공유수면매립법과 어업법 규정에 의해 매립을 하는 사업자는 어업권자가 동의하는 금액의 어업보상금을 지불해야 한다. 이러한 어업보상의 실태는 매립사업의 공기나 공사비가 증대하는 요인이 되는데 어업권 취득은 무료이므로 불공평하다는 비판도 많다. 그러나 어업은 국민에게 식료를 공급하는 중요한 제1차 산업이며 어장정비를 통하여 바다의 자연환경보전에 기여하기도 한다. 그리고 어업권자는 어업법 규정에 근거하여 어업보상을 받을 당연한 권리를 갖고 있어 어업권자를 일방적으로 비난하는 것은 문제가 있다.

지금까지의 어업권 제도를 고쳐야 한다는 의견이 강하고 수산자원 감소, 어업자의 고령화, 후계자 부족 등 어업을 둘러싼 사회적 환경은 크게 변화하고 있어 향후 행정과 어업자뿐만 아니라 일반국민도 포함된 열린

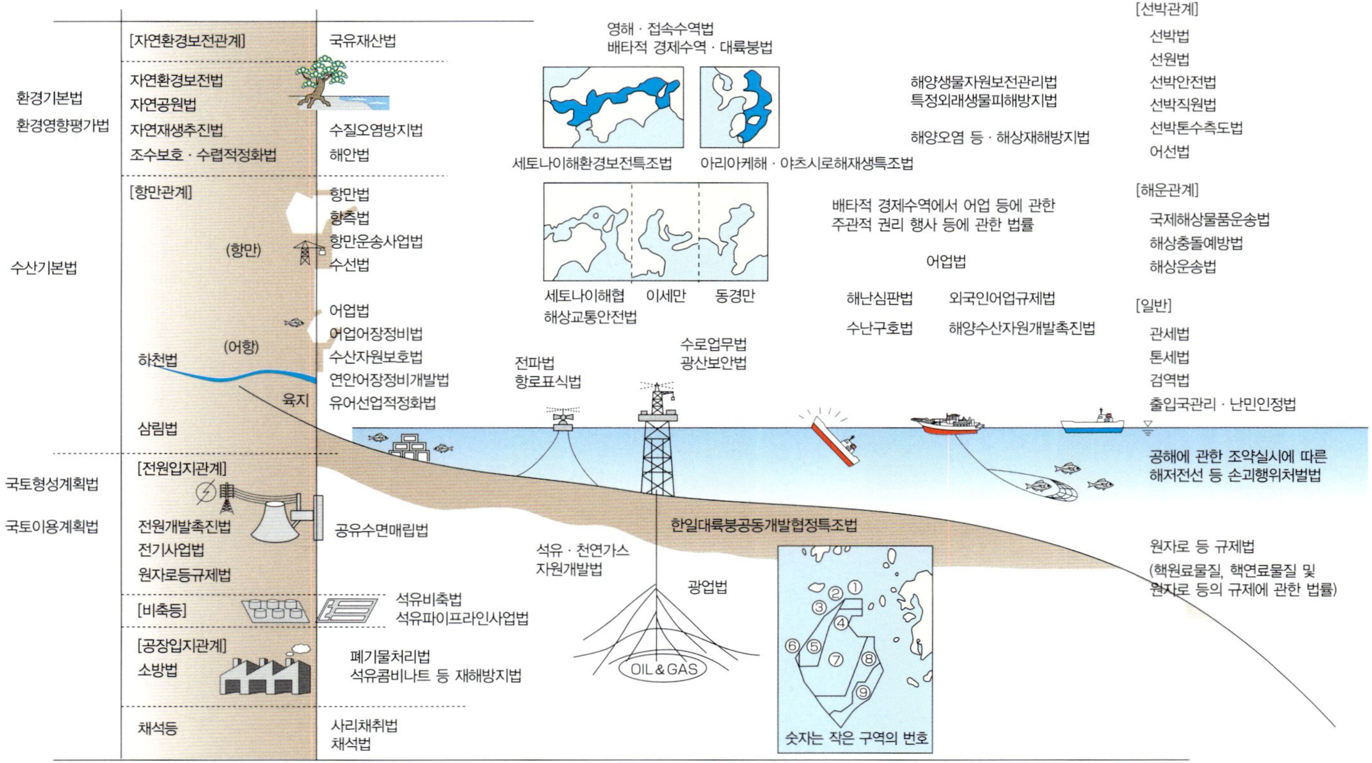

그림 3.4 현행 해양관계법령(출처 : 해양산업연구회 자료를 참고로 작성)

상태에서 어업제도 개혁의 논의가 기대된다.

(3) 연안역을 무대로 하는 리조트개발

토지신화를 배경으로 한 일본의 버블경제는 1980년대 후반에 절정이었으나, 그 당시 증대하는 국민의 여가시간 활용 대응책으로 전국 각지에서 대규모 리조트개발이 전개되었다.

1987년에는 종합보양지역정비법(總合保養地域整備法), 즉 리조트법이 제정되어 이러한 리조트개발을 지원하는 정책을 취하였다. 리조트법에 근거하여 실시된 리조트시설 정비는 세제우대조치나 저금리융자를 받는 것 외에 도로나 하수도 등의 인프라정비가 중점적으로 행해지는 등의 메리트가 있다. 또한 리조트법 규정에 의해 대폭의 규제완화조치가 시행되어 종래는 농지법이나 삼림법, 자연공원법 등에 의해 개발이 엄하게 규제되었던 지역에도 리조트개발이 전개되었다. 그리고 전국에 지정된 42건의 기본구상 중 27건이 바다와 접하고 있어 이러한 지역에서는 연안역에서도 호텔과 골프장, 테마파크 등의 정비가 진행되었다. 그러나 1990년대에 들어 버블경제가 붕괴되면서 전국 리조트개발도 대부분이 좌절되고 규모도 축소되거나 중지되었다. 그리고 **제3섹터**방식으로 시설운영에 관여했던 많은 지자체에서 재정상황이 크게 악화되고 연안역에서 자연환경이나 경관이 손상되는 결과를 초래하였다.

(4) 자연재생을 향한 움직임

고도경제성장기의 매립이나 버블경제기의 리조트개발 등에 의해 일본 연안역에 존재하던 자연환경이 손상되었으나 20세기말이 되면서 이러한 자연환경을 재생하려는 활동이 활발해졌다. 그 본보기가 된 것이 미국의 환경정책이다.

미국에서는 1960년대부터 환경어세스먼트를 중심으로 한 선진적인 환경정책이 전개되었다. 1972년에는 연안역관리법이 제정되고 연안역에서 자연환경보전과 개발을 양립시키는 정책이 시행되었는데 그 중요한 역할을 담당한 것이 **미티게이션(Mitigation)**이라는 정책이다. 미티게이션은 개발에 의한 자연환경에의 영향을 회피, 완화하는 조치로 연안역에서는 주로 습지 보전에 적용되었으며, 특히 샌프란시스코만에서의 습지재생이 유명하다.

일본에서는 1993년에 환경기본법이 제정되어 자연환경을 보호 · 보전하는 정책의 방향성이 겨우 명확해졌다. 그후 1997년에 **환경영향평가법**, 2002년에 자연재생추진법이 제정되어 개발에 의한 자연환경 훼손을 억제하고 개발에 의해 훼손된 자연환경을 재생하는 정책이 추진되었다. 2003년 바다의 재생을 지향하는 모델로서 「동경만 재생을 위한 행동계획」도 정리되었다. 향후 행정, 연구기관, 민간기업, NPO, 시민 등 다양한 주체가 연계하여 연안역의 자연재생을 위한 시대가 도래할 것으로 기대한다.

3.4 새로운 해양질서

3.4.1 바다의 종합적 관리 - 오션 거버넌스 -

오션 거버넌스라는 말의 엄밀한 정의는 존재하지 않는다. 거버넌스란 말은 지배나 통치, 관리 등을 의미한다. 국경을 초월하여 발생한 각종 문제에 대해 국제기관, 국가, 다국적 기업, NGO 등 다양한 주체가 협동하여 「글로벌 거버넌스」라는 개념이 20세기 후반에 등장했다고 한다. 앞 절에서 서술한 것처럼 일본의 바다나 연안역에서 발생하는 각종 문제는 세계의 바다나 연안역에서도 일어나는 현상이며, 세계의 바다는 연결되어 있어 전 세계적으로 종합적인 대응이 필요하다는 것은 말할 필요도 없다. 이를 위해 오션 거버넌스는 다음 항에서 서술하는 유엔해양법 조약이나 리오지구서미트에서 채택된 '아젠더 21' 제17장을 중심으로 한 새로운 해양질서 구축 프로세스에서 나온 개념으로 생각할 수 있다.

21세기에 들어 일본을 보면 동지나해를 무대로 한 자원개발에 관련한 중국과의 긴장과 독도영유권을 주장함으로써 실효지배하는 우리나라와의 관계 등 바다를 둘러싼 국가 간 대립이 강조되어 자칫하면 바다문제를 국익 확보에까지 중점을 두어야 한다는 생각인 것 같다. 그러나 앞서 언급했듯이 세계의 바다는 연결되어 있으며, 인류의 생존을 유지해 온 바다가 안고 있는 각종 문제에 대처하기 위해서는 동조하는 국가나 지역이 협력하여 바다의 종합적 관리를 실현하기 위한 오션 거버넌스 개념을 보급시킬 필요가 있다. 이후 본 절에서는 오션 거버넌스의 중심이 되는 유엔해양법 조약에 대해 설명한다.

3.4.2 해양에 있어서 새로운 질서 - 유엔해양법 조약 -

(1) 유엔해양법 조약이란

정식으로는 '해양법에 관한 국제연합조약' 이라고 한다. 그 뿌리는 국제법의 아버지라 불리는 그로티우스의 책 「자유해론(自由海論)」까지 거슬러 올라간다. 15세기부터 17세기 대항해시대, 스페인과 포르투갈이 해양의 영유를 주장한데 대해 영국이나 네덜란드가 해양자유를 주장하고 점차 공해(公海) 자유의 원칙이라는 생각이 정착되어 갔다. 그후 세계의 바다는 연안국의 주권이 미치는 연해와 주권이 미치지 않는 공해(公海)라는 2개의 구분으로 이용되어 왔다.

제2차 세계대전 후 국제사회는 새로운 국제질서 아래 전후 부흥기에 들어갔으나, 해양의 평화적 이용, 생물자원 보존, 해양환경 보호보전 촉진 등을 추진하기 위하여 유엔에서 해양의 새로운 국제질서를 정하는 해양법의 법전화(法典化) 작업이 시작되었다. 1958년에 처음 개최된 제1차 해양법회의 이후 세계 각국의 여러 의도로 그 작업은 난항을 겪었으나, 1973년부터 1982년까지의 10년간에 걸친 제3차 해양법회의를 거쳐 전문 320개조, 9개의 부속서와 최종 협정서로 구성된 조약안이 어렵게 채택되었다.

국제조약은 조약안이 채택된 뒤 일정수의 국가가 비준한 후에 발효되지만 유엔해양법 조약은 규정수인 60개 국의 비준을 얻기까지 10년 이상 걸렸고, 1994년 11월 16일에 발효되었다. 일본에서는 1996년 제136회 통상 국회에서 동 조약의 비준이 승인되어 같은 해 7월 20일 발효되었다.

(2) 유엔해양법 조약에 근거한 해양 구분

유엔해양법 조약에서는 지금까지의 영해와 공해라는 해양 구분을 수정하여 새로운 연안국이 천연자원의 조사, 개발, 보존 및 관리를 위한 주권적 권리를 가지는 배타적 경제수역을 설정하여 영해와 배타적 경제수역 폭을 기선(基線)에서 측정하여 각각 12해리, 200해리를 넘지 않는 범위에서 설정할 수 있다고 정했다.

기선(基線)이란 영해와 배타적 경제수역 폭을 결정하기 위한 기준이 되는 선으로 통상은 연안국이 공인하는 해역에 기재되어 있는 해안의 저조선(低潮線)이 된다. 단, 해안선이 크게 꾸불꾸불한 경우나 해안에서 매우 가까운 거리에 섬이 있는 경우 적당한 선으로 곶이나 섬을 연결하는 **직선 기선**을 이용할 수 있다. 일본은 그림 3.5에서처럼 직선 기선을 사용하고 있다. 또한 기선의 육지측 수역(그림의 진한 부분)은 **내수**라고 불린다.

한편 세계는 작은 섬이 모여서 된 도서국이 존재하는데 일정의 조건이 충족되면 가장 외측에 있는 섬이나 암초를 잇는 군도 기선을 이용할 수 있다. 군도 기선으로 둘러싸인 바다는 **군도 수역**이라 불리고 영해와 거의 같은 연안국의 주권이 미친다.

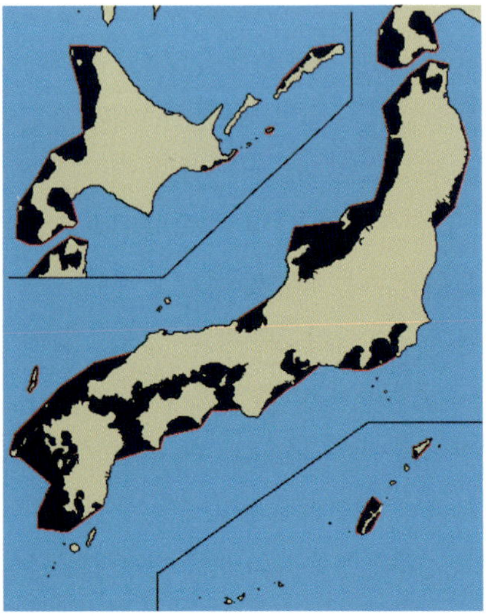

그림 3.5 일본의 직선 기선[24)]

이상의 내수, 영해, 배타적 경제수역, 군도 수역 이외의 모든 바다는 공해가 된다. 전

해양의 약 64%를 점하는 공해는 내륙국을 포함한 모든 국가에 개방되어 있으나 주권을 주장할 수는 없다. 유엔해양법 조약에서는 공해에서의 자유로 항해의 자유, 어획의 자유, 과학적 조사의 자유 등 6항목을 규정하고 있으나 이외의 활동도 유엔해양법 조약이나 다른 국제법에 반하지 않는 한 인정된다고 해석된다. 군사훈련이 그 일례이다.

또 1961년에 발효된 남극조약에 의해 평화적으로 이용되는 남극대륙은 어떤 국가의 영해도 아니기 때문에 그 주변의 바다도 공해로 간주되었다. 그러나 호주정부는 동 조약의 체약국이면서 아직도 남극대륙의 영유를 주장하고 있어 먼바다 200해리에 배타적 경제수역을 설정하고 있다. 이에 대해서는 국제법상 호주의 주장을 인정하지 않는 것이 국제사회의 일반적인 인식이다.

(3) 대륙붕과 심해저

지형학적으로 대륙붕은 대륙의 주변에 퍼지는 수심 200m까지의 평탄한 해저를 가리키지만 유엔해양법 조약에서는 영해의 외측에 있는 기선에서 200해리까지의 해역을 대륙붕으로 정의하고 있다. 단, 대륙붕 가장자리가 기선에서 200해리를 넘어 뻗어 있는 일정 조건을 충족하는 경우에 연안국은 기선에서 350해리 혹은 2,500m의 등심선에서 100해리를 넘지 않는 범위에서 자국의 대륙붕을 설정할 수 있다.

또 200해리를 넘는 대륙붕을 설정하는 경우에는 그 조건을 만족하는 과학적 데이터를 유엔의 「**대륙붕 한계에 관한 위원회**」에 제출하여 승인을 받을 필요가 있다. 제출기한은 2009년 5월이나 일본에서는 신청에 필요한 지형과 지질데이터 수집, 평가가 충분하지 않아 정부가 2004년 8월에 「대륙붕조사 · 해양자원 등에 관한 관계부처 연락회의」를 설치하여 대륙붕 조사에 거국적으로 준비하고 있다.

한편 **심해저**는 연안국의 주권이 미치지 않는 해저라는 의미에서 공해와 비슷한 성격이지만, 크게 다른 점은 천연자원개발에 관련한 구조이다. 수심 1만m를 넘는 바다를 포함하는 심해저개발에는 고도의 기술이 필요하여 기술선진국에 의해 해저자원이 독점될 우려가 있다. 1967년에 개최된 유엔회의 제1회위원회에서 몰타대표인 팔트대사가 대륙붕의 범위를 명확히 하고 그 외측의 해저와 자원을 '인류공동재산'으로 국제적인 관리제도하에 둘 것을 제안하였다.

그후 심해저자원을 독점하려는 구미선진국과 이를 저지하려는 발전도상국과 동유럽국가 사이에 거친 공방이 계속되었으나, 1982년 어느 정도 합의에 도달하고 1994년에 심해자원개발의 국제적인 관리기관으로 **국제해저기구**가 설치되었다.

(4) 일본의 배타적 경제수역과 대륙붕

일본은 유엔해양법 조약의 규정에 따라 그림 3.6에 나타난 영해, 배타적 경제수역을 설정하였다. 일본의 국토면적은 약 37만 8천㎢이며 영해의 면적은 43만㎢, 배타적 경제수역 면적은 405만㎢에 이른다. 영해와 배타적 경제수역을 합한 200해리 관할수역 면적 477만㎢는 세계 6위에 랭크된다. 국토면적(세계 60위)과 육상자원으로 보면 일본은 작은 나라에 불과하지만 광대한 관할수역 내에 존재하는 각종 자원을 생각하면 자원대국이라 해도 과언이 아니다.

또 대륙붕은 일정조건을 충족하면 200해리를 넘어서 설정할 수 있다고 서술하였으나 2005년 현재 국토면적의 1.7배에 이르는 약 65만㎢의 해저에서 대륙붕을 연장할 가능성이 있음이 밝혀졌다. 더욱이 일본 최동단의 국토인 미나미토리(南鳥)섬이 가진 200해리 수역의 면적은 약 40만㎢에 이른다. 전술한대로 연안국은 배타적 경제수역과 대륙붕의 천연자원을 개발할 권리를 갖고 있기 때문에 1.5㎢의 절해고도가 국토면적보다 넓은 배타적 경제수역을 가지는 것이 무엇보다 중요하다.

(5) 경계획정문제

일본은 러시아, 북한, 한국, 중국, 대만, 필리핀, 미국의 7개국 사이에 기선간 거리가 400해리보다 짧은 장소가 있기 때문에 이러한 국가와의 배타적 경제수역 및 대륙붕 경계를 획정할 필요가 있다. **경계획정**에는 기선에서의 등거리 직선을 양국 간의 경계선으로 하는 「등거리원칙」과 거리만으로 하지 않는 「형평원칙」의 2개가 존재한다. 「형평원칙」은 예를 들면 해안선 길이의 비율과 대륙붕 면적비율이 현저하게 다르지 않도록 경계선을 그어 형평을 담보하는 것으로 명확한 양적 기준은 설정되어 있지 않다. 경계획정은 당사국간의 교섭에 의해 해결되나 그것이 불가능할 경우에는 국제재판에 의해 해결하게 된다. 지금까지 획정경계에 관한 재판으로는 최초의 대륙붕 경계획정 판례가 된 1969년 북해대륙붕사건을 필두로 1977년 영불대륙붕사건, 1982년 튜니지아 · 리비아대륙붕사건, 1985년 리비아 · 몰타대륙붕사건 등의 판례가 있다.

일본은 「등거리 원칙」에 근거하여 7개국 사이에 등거리 중간선에 의한 경계선을 설정하였으나 일본 영토라 주장하는 북방4도, 독도, 센카쿠(尖閣)제도는 각각 러시아, 한국, 중국, 대만 등과 영유권 다툼이 있어 이러한 국가와의 경계는 아직 획정하고 있지 않다.

또 중국과 한국은 일본과 마주보는 해역에 대해 대륙붕 자연연장설을 근거로 한 중간선을 넘는 경계선을 주장하고 있다. 2004년경부터 크게 문제가 된 동지나해 해저자원개발 문제는 일본 중간의 대륙붕경계가 획정되어 있지 않았다. 중국이 주장하는 대륙붕에서 자원개발을 적극적으로 전개하고 있는데 대해 일본 정부는 스스로 주장하는 대륙붕에서의 자원조사나 개발을 적극적으로 실시하지 않았던 것에 커다란 문제가 있다고 지적할 수 있다.

(6) 해양환경 보호와 보전

유엔해양법 조약에서는 제12부 「해양환경의 보호 및 보전」의 제192조에서 모든 국가가 해양환경을 보호하고 보전할 의무가 있다고 규정하고 있다. 바다에 있어서 환경오염의 원인은 선박, 해양투기, 해저자원개발, 육상활동의 4가지로 나눌 수 있으며, 각 특성에 따른 최적의 대책을 강구할 필요가 있다. 이를 위해 유엔해양법 조약에는 오염원별로 해양환경오

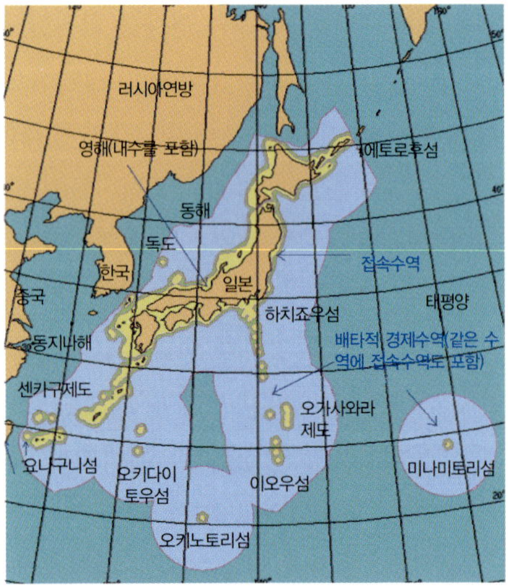

그림 3.6 일본의 관할해역[24)]

염 방지를 위한 일본내 법령을 제어할 의무와 각 분야에 걸쳐 국제조약이나 협약 등에 근거하여 환경기준 책정에 노력할 의무를 규정하고 있다. 그 중에서도 선박에서 발생하는 오염에 대해 특별한 규제조치를 규정하고 있다. 유엔해양법 조약 제정 이전은 해양환경 촉진에 관한 관할권은 **기국**(선박을 두는 국가)**주의**를 기준으로 하였다. 그러나 기국만의 규제로 심각해지는 해양오염에 충분히 대응하지 못한다고 보고 기항국(외국선이 입항하는 항을 가진 국가)과 연안국에도 외국선박에 의한 오염을 규제하는 일정의 관할권을 인정한다. 그 외에 국가 간의 경제적, 기술적 격차에 대한 배려나 특별한 해역 확보 등이 규정되어 있다.

지금까지 언급한 사항 외에도 유엔해양법 조약에는 어업자원 확보와 관리, 과학적 조사와 기술협력, 해양에 관련된 분쟁해결 등 해양의 종합적 관리에 필요한 관련 사항이 규정되어 있으며, 상세한 것에 대해서는 참고문헌을 참조하기 바란다.

3.5 마치면서

본 장에서 다룬 바다와 연안역에 관한 각종 문제나 과제는 해양건축에 있어 일부분에 불과하다. 해양건축공학의 연구대상은 연안역이 중심이고,

건축학이나 공학이라는 학문체계 속에서 자리매김하는 것은 당연하지만 세계의 바다는 연결되어 있으며 더욱이 숲, 강, 바다, 하늘을 둘러싼 물의 순환을 통해 내륙이나 외양과의 밀접한 관계에 의해 연안역 환경이 성립된다는 것을 인식해야 한다.

세계 여러 나라와 비교하면 일본에서 바다에 대한 종합적인 관리 대처가 떨어지는 것은 현실이나 향후에는 국가, 지방자치체, 민간기업, NGO, NPO, 시민 등이 협동하여 이의 실현을 목표로 할 필요가 있다. 해양건축공학은 그 일익을 담당하는 중요한 학문으로서 목적 달성을 위해 다른 학문영역도 충분히 이해하고, 학문영역 상호연계와 협력을 추진해야 할 것이다. 21세기에 들어 지구환경문제를 비롯한 심각한 문제를 안고 있으나 우리들은 차세대에 악영향을 미치지 않고 인류의 생존이 유지되는 풍성한 바다를 계승해야 할 의무를 가지고 있다.

참고문헌

1) 해양백서 2004 창간호, 쉽 · 앤드 · 오션 재단 해양정책연구소, 2004.
2) 해양백서 2005, 쉽 · 앤드 · 오션 재단 해양정책연구소, 2005.
3) 어젠더 21 실시계획('97) – 어젠더 21의 더 나은 실시를 위한 계획 –, 에너지 저널사, 1997.
4) 그림으로 본 일본의 수산, 수산청 팸플릿: http://www.maff.go.jp/panf/index.html
5) 수산청 TAC 홈페이지 : http://www.jfa.go.jp/
6) 일본연안역학회편 : 연안역 환경사전, 2004.
7) 석유개발의 역사, 석유기술협회 홈페이지 : http://www.japt.org/abc/a/rekishi/index.html
8) 佐賀대학 해양에너지연구센터 : http://www.ioes.saga-u.ac.jp/index_j.html
9) 신에너지 도입의 현상과 목표, 자원에너지청 홈페이지 : http://www.enecho.meti.go.jp/policy/newenergy/newene8.htm
10) 瀨棚町 洋上풍력발전소, 신에너지재단 홈페이지 : http://www.nef.or.jp/award/kako/h16/p05.html
11) 해양산업연구회 : 신해양시대에 대응하는 해양개발 관련법제에 관한 연구, 종합연구개발기구, 1981.
12) 2003~2004 해안 핸드북, 전국해안협회, 2005.
13) 연안역권 종합관리계획책정을 위한 지침 : http://www.mlit.go.jp/kokudokeikaku/enganiki/shishin.html
14) 일본연안역학회 : 2000년 어필 – 연안역의 지속적인 이용과 환경보전을 위한 제언 –, http://www.jaczs.com/jacz2000.pdf
15) 연안역 종합관리연구회 제언, 2003.
16) 金鍾憲 : 연안역 이용관리의 이해관계자의 협력체제에 관한 연구, 해양정책연구 제1호, 2005.
17) 中原裕幸 : 미티게이션, 해안, Vol.33, No.1, pp.91~101, 전국해안협회, 1993.
18) 秋田周 : 리조트법의 문제점, Jurist No.973, pp.19~25, 有斐閣, 1991.
19) 인간과 바다의 공생을 위한 150인의 제언, 쉽 · 앤드 · 오션 재단 해양정책연구소, 2004.
20) 일본해운진흥회 국제해운문제연구회편 : 해양법과 선박의 운항, 成山書店, 2002.
21) 島田征夫 · 林司宣 : 해양법 텍스트북, 有信, 2005.
22) 일본해양협회 : 英和對譯 유엔해양법조약, 成山書店, 2004.
23) 廣部和也臼杵知史편 : 해설 국제환경조약집, 三省, 2003.
24) 일본의 영해, 해상보안청 홈페이지 : http://www1.kaiho.mlit.go.jp/JODC/ryokai/roykaihtml
25) 대륙붕의 한계획정을 위한 조사, 해상보안청 홈페이지 : http://www1.kaiho.mlit.go.jp/KAIYO/tairiku/tairiku.text.html
26) 西井正弘편 : 지구환경조약 – 생성 · 전개와 국내실시 –, 有斐閣, 2005.

| 제4장 | 해양건축을 둘러싼 환경

近藤典夫, 岡本强一

이 장에서는 건축물의 실내환경, 자연환경, 해양환경 등에 대하여 서술함과 동시에 오염된 환경을 개선하기 위한 방안에 대하여 서술하고자 한다.

4.1 환경과 환경공학

인간은 농사를 짓고, 공업사회를 만들어냈고, 풍부한 생활 향상을 목표로 해왔지만, 그 과정에서 **대기오염**, **해양오염** 등 자연계나 생태계에 악영향을 끼쳐왔다. 환경은 인간과 자연, 동식물의 생태계 속에서 유지되어야 하는 것이지 인간만을 위한 것은 아니다. 자연파괴가 진행되어 생태계가 붕괴된다면 이를 되돌리기 위해서는 파괴된 기간이나 무너진 기간보다 몇 배에서 수십 배의 긴 시간을 필요로 한다. 때로는 회복 불가능한 것조차 있다. 인간이 현재까지 이루어낸 풍부한 사회생활을 앞으로도 유지·발전시키는 것뿐만 아니라 마음의 안정을 바라는 장소로서 자연 및 동식물은 빠뜨릴 수 없는 존재이다. 인간생활의 장소로서 내륙이나 해안선변 등 가는 곳마다 도시기능을 쌓아올려 다양한 편리성을 찾아 쾌적한 도시·건물환경을 추구해왔는데, 이와 동시에 자연환경과의 조화를 적극적으로 다루는 것이 중요하다.

바다로 눈을 돌리면 현재까지 해중 전망탑, 석유굴착시설, 매립에 의한 해상공항 등 여러 가지 시설이 만들어져 있다. 이후에는 더욱 해양개발 · 해양건축에 주목할 것이다.

환경공학[1), 2)]은 이러한 인간과 자연과의 관계 속에서 자연환경을 이용 · 제어하여 안전하고 쾌적한 생활환경 등을 확보하는 것을 목표로 하는 기술체계이다. 일반적으로 환경공학은 폭넓은 의미에서 사용되었지만, 건축물에 한정하여 건축물을 둘러싼 환경 및 건축물의 물리적 · 심리적인 쾌적성을 추구하는 경우가 **건축환경공학**이다. 한편 해양건축물, 해양개발을 고려하는 가운데 해양환경과 해양생물의 생태계 또한 의식하지 않으면 안 된다. 바다와 관련있는 환경기술체계가 **해양환경공학**이다.

또한 지상에 만들어진 건축물에 작용하는 외력은 건축물 자체의 중량 이외에 지진력, 풍력 등이 있으나 해양건축물에서는 이들 이외에 파도에 의한 힘, 해수의 흐름에 의한 힘, 정수압 등도 함께 고려할 필요가 있으며 복잡한 환경외력 등도 있다.

4.2 실내환경

4.2.1 쾌적함

사람들은 건물 안에 거주하면서 쾌적함을 기대한다. 실내환경에서의 쾌적성에는 미적 요인, 심리적 요인, 생리적 요인, 기능적 요인 등 다양한 요인이 있는데, 이것들이 복합적으로 작용하여 쾌적함을 느끼게 되는 것이다. 이들 가운데에는 구체적으로 보면 실내의 아름다움, 예술성, 음향효과, 채광, 색채, 진동, 온도, 습도, 기류, 악취, 실내에서의 움직임(동선) 등 많은 요인이 혼재한다. 이들이 균형을 이룬다면 쾌적함을 충분히 느낄 수 있다. 그러나 이들 중 하나라도 과도하게 되면 쾌적함은 소실되고 불쾌감이 음습하게 된다. 그러나 쾌적함, 불쾌감이라는 감각의 정도는 인간이 처한 환경, 상황에 따라 다를 뿐만 아니라 개인차도 있다. 이 때문에 쾌적함의 정도를 나타내는 지표를 수치화함으로써 공통의 기준을 나타낼 수 있다.

4.2.2 실내기후

인체는 작업 정도에 따라 열에너지를 발생하고 있으나 이를 음식물의 섭취에 의해 얻고 있는데, 이를 에너지 대사라고 한다. 공복 시나 수면 자세의 안정된 상태의 에너지 대사를 기초대사라고 하며, 나이와 성별에 따라 다르다. 성인남자의 1일 평균 기초대사량은 1,300~1,600Kcal이며, 여자는 1,100~1,200Kcal 정도이다. 기초대사량에 대한 작업 시의 에너지 대사량 비를 에너지 대사율 Met라고 한다.

인체는 36도~37도를 유지하고 있으며 열방산이 생겨난다. 따라서 에너지 대사량은 열방산과 조화를 이루고 있다. 열방산은 수분증발, 방사, 대류에 의해 일어나며 피부면에서의 방산이 약 90%를 점하고 있으며, 열방산은 환경의 기온, 습도, 대류, 주위 벽의 온도, 의복의 상황에 따라 다르다. 사람의 차고 더운 감각은 기온, 습도, 기류, 그리고 방사와 관련 있으며 이를 온열요소라고 한다. 겨울철 주위의 기온이 낮을 때 인체로부터 대류나 방사 등에 따라 열을 빼앗기는데 그 속도가 빠르면 춥게 느껴지며, 늦을 때에는 그 차이만큼 추위를 덜 느낀다.

또한 여름철 온도가 높을 때에는 인체로부터의 열방산이 적기 때문에 덥게 느껴지며, 실내에서 덥다거나 춥다고 느끼거나 혹은 어떠한 실내조건이라면 쾌적하다고 느낄 것인지는 몇 가지 요소가 더해져 결정된다. 이러한 실내에서의 온열환경지수에 **유효온도** ET가 있다. 이것은 1923년 미국의 Yaglou와 Houghton에 의해 제안되어 피험자의 실험에 의해 통계적으로 구해진 쾌적지수로 온도, 습도, 기류 3가지 요소를 사용하여 열환경을 평가하는 것으로 온도의 척도로 표시된다.

이후 1946년에 수정유효온도 CET가 발표되었으며, 2005년에는 1971년 Gagge가 발한을 포함한 열평형식에 기초한 온열지수 제안을 계승하여 그 다음해 미국냉난방공조학회 ASHARE가 실내의 쾌적온열환경 설정을 위해 기준으로 채용한 **신유효온도** ET*가 사용되었으며, 온열환경의 기온, 습도, 기류, 방사에 인체의 착의량과 대사량을 더한 6가지 요소를 변수로 하고 있다. ET*는 착석상태에서 착의량 0.6 clo[주), 역1], 온건한 기류상태를 기준으로 공기선도[1), 2)]의 상대습도 50%의 기온으로 표시된다. ET*가 22~25.5도, 절대습도 0.0042~0.012kg/kg', 즉 대략의 실온이 22.9~25.2도, 상대습도가 20~60%의 범위를 쾌적범위라고 한다. 겨울철 단열성이 현저하게 나쁜 건물, 여름철 큰 열선흡수유리를 사용하는 건물 등에서 실온과 평균방사온도가 현저하게 다를 때는 실온 대신에 작용온도를 사용하여 ET*를 파악한다. 그리고 **불쾌지수** DI가 있다. 기온과 습구온도를 사용해서 나타내는 것으로 DI가 70 이하는 쾌적하고, 70 이상으로 되면 조금 불쾌감을 느끼게 되며, 75 이상으로 되면 반 이상의 사람이 불쾌감을 호소하며, 80 이상에서는 대부분의 사람들이 불쾌감을 느낀다.

예측평균온냉감신고 PMV는 4개의 온열요소(기온, 습도, 기류, 방사)에 착의와 대사량을 더한 6개 요소의 관수로서 구해지는 온열지표이다. PMV는 덴마크의 Fanger가 제안하였으며, 1984년 ISO 7730로 되었다. PMV는 인간이 따뜻하다고 느끼는지 춥다고 느끼는지를 7단계 평가척도에 의해 수치로 나타낸 것인데 온열환경평가에는 PMV가 +2(덥다)에서 −2(춥다)의 범위로 사용되고 있다. 어느 PMV에 대해 몇 %의 사람이 불만을 느끼는가를 나타낸 것이 예측불만족률 PPD이다. $-0.5<PMV<0.5$로 PPD가 10% 이하로 되며, 쾌적추천역으로 하고 있다.

역1) 주) 'clo'란 의복의 열저항을 나타내는 단위이다. 1clo의 의복이란 기온 21.2도, 상대습도 50%, 기류속도 0.1m/s의 조건에서 의자에 앉아 안정을 취하고 있는 사람(체표면적당의 열생산량이 50Kcal/h/㎡)이 평균 피부온도 33도의 쾌적한 상태를 유지할 수 있는 피복의 열저항치를 말한다.

4.2.3 실내공기오염

실내에서는 건물이 바깥 대기나 물 등에 영향을 받는 것과 상황이 다르다. 바깥의 대기오염, 수질오염 등에 의한 인체의 피해가 아니라 실내에 있으면서 저절로 건강피해가 발생하는 일이 있다. 환기가 나쁜 건물에 있는 사람이 걸리는 병을 **새집증후군**이라고 부르며 나른함, 눈 · 코 · 목의 통증, 구토, 두통, 현기증, 점막이나 피부 건조, 헐떡임, 갈증 등 다양한 증상이 나타난다.

새집증후군은 주택의 기밀성이 높거나 환기가 부족할 때 실내먼지 및 진드기, 주택에서 사용하고 있는 건축자재나 가구 등에서 나오는 포름알데히드 등의 화학물질을 사람이 흡입함으로써 야기된다. 또한 미량의 화학물질에 반응하여 나타나는 건강피해에 화학물질과민증이 있다. 이것은 최초에 화학물질의 노출로 일단 과민상태로 되면 그 후 미량의 동일 계통의 화학물질에 대해서도 과민증을 일으킨다.

실내공기는 인체에서 나오는 이산화탄소, 부엌 등의 연소에 의해 발생하는 이산화탄소, 질소산화물, 황화산화물, 의복이나 담배 등으로부터 나오는 분진에 의해 오염된다. 따라서 건축물의 위생적 환경 확보에 관한 법률(가칭 : 건축물 위생법)에서 특정건축물의 공기환경 유지관리기준[8]을 정하고 있으며, 생활장소인 건물 안에서 건강하고 위생적인 환경 유지가 요구된다. 내장재로 사용되고 있는 건축자재에는 포름알데히드를 비롯한 휘발성 있는 화학물질이 사용된다. 이 포름알데히드는 1997년 6월에 최초로 실내농도의 지침수치가 표시된 화학물질인데, 이러한 화학물질을 총칭하여 **휘발성 유기화합물** VOC라고 하며 후생노동성이 다양한 휘발성 유기화합물 농도 지침값[9]을 정하였다. 휘발성 유기화합물의 총량을 총휘발성 유기화합물 TVOC라고 하는데 잠정 목표치가 400㎍/m³로 정해져 있다.

예를 들면, 포름알데히드의 인체에 미치는 영향은 「실내공기 중 화학물질에 대한 상담매뉴얼작성 지침서」에 의하면 0.08ppm 정도에서 악취의 검지역치가, 0.4ppm에서는 눈의 자극역치가 있다고 하며, 3ppm에서는 눈이나 코에 자극이 일어난다고 한다. 따라서 후생노동성 지침값은 0.08ppm으로 되어 있다. 또한 각국의 포름알데히드 지침값[10)]은 각국이나 기관에서 기준값을 설정하거나 권고하고 있는데, 세계보건기구에서는 0.08ppm으로 하고 있다.

4.3 자연환경

4.3.1 대기오염

인간과 동물, 식물이 지구의 생태계에서 공존하기 위해 자연환경을 파괴하는 일 없이 자연환경을 유지하거나 더 좋게 할 필요가 있다. 자연환경을 파괴하는 요인에는 대기오염, 수질오염, 도시개발에서 기인한 것, 자연재해 등 다양한 원인이 있으나, 자연파괴는 인간사회의 더 나은 향상의 결과로 생겨난 것이 대부분이기 때문에 이들 원인을 어떻게 제어할 것인가에 따라 파괴 정도가 달라지는 것은 당연하다.

먼저 대기오염문제를 생각해보자. 대기오염물질[11)]에는 유황산화물, 질소산화물, 휘발성 유기화합물 등 다수가 있다.

1960년대에 공장에서 배출된 매연에 포함되었던 유황산화물, 질소산화물 등의 영향으로 공장 주변 주민의 건강피해가 문제화되었다. 이 때문에 대기보전을 위해 대기오염방지법이 1968년에 제정되었고, 그 후 규제가 강화되어 왔다. 공장에서 나오는 매연과 함께 대기오염원으로 주목된 것이 자동차의 배기가스이다. 배기가스 대책으로 배기가스의 저감장치개발이 진행되었으며, 저공해차의 개발에 힘을 쏟고 있다.

오염물질이 대기 중으로 배출되면 바람의 영향으로 광범위하게 확산되는데 그 결과로 인간, 동물, 식물에 영향을 미칠 가능성이 있다. 인체 건강에 영향을 미치는 것은 자극물질에서 독물까지 다종다양하며, 호흡기

질환, 호흡부전, 그리고 장기간에 걸친 치료가 필요한 경우도 있다.

대기오염물질은 삼림파괴의 원인으로도 알려져 있다. 통상적으로 삼림파괴라고 하면, 가뭄이나 엄동설한, 삼림병 등이 있으나 대기 중에 방출된 물질이 나뭇잎이나 토양에 침적된 결과 삼림파괴로 이어진다. 오염물질에 따라 환경파괴가 진행되면 이를 저지하고 재생하기 위해서는 오랜 시간이 걸리기 때문에 그 대책이 중요하다.

4.3.2 수질오염

지구의 약 70%를 덮고 있는 물은 순환 프로세스 내에 있다. 이 순환 프로세스 과정에서 물은 정화되는 구조를 갖고 있으나 이 프로세스 속으로 유해물질이 들어가면 생태계에 악영향을 끼치게 된다. 수질오염이라고 하면 공장이나 사업소에서의 배수뿐만 아니라 산이나 산맥에서의 표층수는 하천이나 호수를 경유하여 바다로 흘러 들어가는데 그 사이에 다양한 오염경로를 가진다.

우선, 산성비 문제가 있다. 산성비에 의해 토양의 산성이 강해져 식물, 삼림의 성장에 악영향을 미친다. 이것이 호수 · 하천으로 흘러가면 산성이 강하게 되어 많은 어류는 생식불가능하게 된다. 또한 삼림벌채가 행해지고 그대로 방치되면 대량의 비에 의해 토양이 흘러 하천을 오염시킨다. 그리고 생활배수, 농업이나 임업에서 사용되는 농약 등의 오염원이 있다. 이러한 생활배수가 수질오염의 대부분을 차지한다. 이러한 수질오염방지를 위하여 「공장 및 사업장에서의 공공용수역으로 배출되는 물의 배출 및 지하로 침투하는 물의 침투를 규제」하고, 「생활배수대책을 실시하여 공공용수역 및 지하수의 수질오염의 방지」를 도모하여 「국민의 건강을 보호함과 동시에 생활환경을 보전」하기 위한 수질오염방지법이 1970년에 제정되었다. 이 법률에 의해 공장, 사업소에서의 배수는 개선되고 있으며, 생활배수의 경우는 하수처리장 정비를 시행함과 동시에 시민의식 고양을 위한 노력이 이루어지고 있다.

이 오염된 물이 가는 곳은 바다이다. 그 결과 해양오염 원인 중 하나이다.

4.3.3 자연계의 흐름 -바람 · 파도 · 조류 · 해류-

(1) 바람

바람이란 공기의 흐름을 말한다. 공기는 무색투명한 것으로 바람이 흐르는 모양을 직접 눈으로 볼 수는 없다. 바람을 피부로 느끼고, 나무가 흔들리는 것을 보면서 바람이 불고 있음을 알게 된다(풍동실험에서는 유색의 무해한 연기를 내는 장치를 연결하여 그 연기의 흐름을 보고 간접적으로 공기의 흐름을 볼 수도 있다).

밖에서 걷고 있을 때 느끼는 기분 좋은 상쾌한 산들바람뿐만 아니라 불쾌감이나 공포를 느끼는 강풍까지 다양한 바람을 체험한다. 바람이 강풍이 되면 사회기반이나 건물에 커다란 피해, 예를 들면 가옥 · 건물의 손상, 철탑이나 수목의 전도, 광고전시물 비산, 자동차나 전철의 교통마비 등을 일으키는 것은 폭풍우나 태풍으로 종종 경험하였다.

일상생활에서는 지상 부근의 바람만 체험하고 있으나 바람은 지상에서 상공으로 갈수록 강해져 강약이 있는 흐름으로 된다. 이를 **평균유속**과 **변동성분**으로 나누어 사용한다. 불규칙하게 움직이는 바람으로 건축물은 풍력을 받기 때문에 고층 건축물은 그 형태에 맞게 복잡한 진동성상을 나타낸다. 따라서 지형에 맞게, 그리고 지표 부근의 상황에 맞는 풍속의 특성을 파악하는 것이 필요하며, 내풍공학 · 내풍설계가 중요하다.

바람은 지상에 있는 건축물이나 인간, 동식물에 영향을 미치는 것은 아니다. 바다 위를 태풍이 통과할 때에는 강풍이나 대기압의 변동 때문에 커다란 파도 · 너울이 생긴다. 그리고 때로는 가까이 있는 배가 전도되는 사고가 일어나기도 한다.

(2) 파도

바람이 불면 해면에 파도가 생기고 주위로 퍼져나간다. 이 때 파도의 산(골)에서 산(골)까지의 수평거리를 **파장**, 파도의 산에서 골까지의 수직거리를 **파고**, 정수면에서 물밑까지의 수직거리를 수심, 파도의 산(골)이 다음 산(골)의 위치까지 이동하는데 필요한 시간을 **주기**라고 한다.

파도는 바람이 불어 그 장소에 발생하는 '풍랑'과 다른 장소에서 발생한 풍랑이 전해지거나 바람이 조용해진 후에 남겨진 '너울' 두 가지로 분류되며, 풍랑과 너울을 합쳐 '파랑'이라고 한다. 쓰나미는 해저의 대지진에 의해 해저지반이 상하로 변동하여 그 움직임에 따라 바닷물이 장파(중력파)로 전해지는 것이다. 쓰나미는 해안의 지형에 따라 파고가 10m에 이르는 경우도 있다. 태평양에서 평균수심 4,000m에서의 쓰나미 속도는 시속 약 710㎞나 된다.

해안가에 서서 파도를 보면 물가 가까이로 오는 것을 알 수 있는데, 이 때의 파도 속도를 파속이라 하고, 주기가 길수록 빠르고, 수심이 얕을수록 늦어진다. 또한 바다에는 높은 파도나 낮은 파도가 혼재하기 때문에 다양한 파도상태를 간단히 나타내는 방법으로 통계량을 사용한다. 어느 지점에서 연속되는 파도를 관측하였을 때 파고가 높은 것에서 순차적으로 전체의 1/3개의 파도(예를 들면 100개의 파도가 관측되었다고 하면 큰 쪽의 33개 파도)를 선택하여 이들의 파고 및 주기를 평균한 것을 각각 유의파고, 유의파 주기라고 하며 파도의 대표적인 표시방법으로 사용한다. 다양한 크기의 파도가 혼재하는 실제 해면에서 눈으로 관측되는 파고는 유의파고에 가깝기 때문에 일반적으로 파고라고 하는 경우는 유의파고를 일컫는다.

(3) 조류

달과 태양의 인력에 의해 해수 표면이 규칙적으로 오르내리는 현상을 **조석**이라고 하는데, 이 조석현상에 의해 생기는 해수의 수평방향의 흐름을 조류라고 한다. 해면이 최고위에 달했을 때를 만조, 최저위에 달했을 때를 간조라고 한다. 조석의 주기는 24시간 50분으로 만조(간조)에서 만조(간조)까지의 시간은 그 반인 12시간 25분이다. 따라서 만조 – 간조 – 만조 – 간조와 같이 약 6시간(12시간 25분의 반)마다 변화하기 때문에 조류는 약 6시간마다 그 흐름의 방향이 변한다.

나루토(鳴門)해협이나 칸몬(關門)해협은 조류가 심한 곳으로 유명한데, 그 속도는 5~8노트(1노트는 1.852㎞/h)나 된다.

(4) 해류

해류란 일정한 방향으로 이동하는 해수의 흐름을 말한다. 만조와 간조에 따라 흐름의 방향을 알 수 있는 조류와는 다르다. 해류의 원인은 열분포나 바람의 분포, 지구의 자전 등 다양한 조건이 복잡하게 결합되어 있다.

일본열도 주변을 흐르는 해류로 대만 남동쪽에서 시작되어 가고시마(鹿兒島), 코우치(高知), 이즈(伊豆) 앞바다 등 일본열도의 남쪽을 따라 흐르고, 킨카산(金華山) 앞바다에서 동측을 향하는 해류를 흑조 혹은 일본해류라고 말하며, 그 일부는 규슈(九州) 남서부에서 나누어져 쓰시마(對馬)해류로 된다. 또한 치시마(千島)열도를 따라 남하해 산리쿠(三陸)해안까지 이르는 해류를 오야시오(親潮) 또는 치시마(千島)해류라고 한다.

4.4 해양환경

해양환경은 육역의 영향을 받기 때문에 육역과 분리하여 생각할 수 없다. 육역과 해역 경계에 있는 해안선과 접하는 지역을 연안역이라고 한다. 연안역은 해안선을 감싸는 육역과 해역이 일체로 된 공간이라고 할 수 있다. 또한 연안역은 변화가 심한 장소이기도 하다. 육역지형의 영향이나 해저지형의 영향 등으로 해수의 흐름은 급변한다. 또한 하천의 유입, 해면에의 열 유입 · 방출, 수분 증발, 강우 등 다양한 영향을 받아 해수의 염분농

도도 그 변화가 심하다고 할 수 있다. 그리고 연안역은 생물이 매우 많은 공간이기도 하다. 얕은 수심과 풍부한 태양광으로 육역에서의 영양공급이 이루어져 해수의 흐름에 따라 영양분이 혼합·확산되기 때문이다. 특히 얕은 곳에서는 해조군락이 있고, 해조를 직접 먹는 고동·성게 등이 모이고, 미소생물도 풍부하여 이들을 찾아 다양한 종류의 물고기도 모여든다.

이처럼 연안역은 생물의 종류나 수도 많아 생물활동이 활발하다고 할 수 있다. 또한 상호관계가 밀접하고 물질교환이 큰 장소라고 할 수 있다. 일반적으로 생물(식물연쇄)과 물질(교환)에 관한 관계를 모식적으로 나타낸 것이 그림 4.1이다.

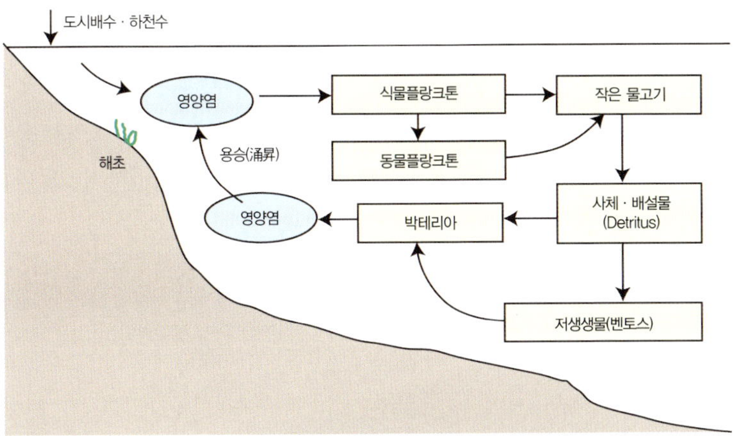

그림 4.1 생물(식물연쇄)과 물질(교환)의 모식도

연안역에서 가장 중요한 장소는 **갯벌**이다. 갯벌은 조석의 간만에 의해 드러나거나 물에 잠기는 모래와 진흙이 섞인 토질의 평탄한 장소를 말한다. 그곳에는 다양한 생물이 생식한다는 것, 조석작용이나 서식하는 생물에 의해 해역의 수질정화에 유효한 존재라는 것이 알려져 있다. 특히 바지락 등의 쌍각류 조개나 갯지렁이 등의 **저생생물**(벤토스, benthos)에 의해 수중의 현탁물을 제거하는 등의 여과기능을 가지고 있다. 더욱이 갯벌역은 조석의 간만에 의해 일정시간 공기와 접함으로써 갯벌로서의 수질정화에 공헌하고 있다.

갯벌뿐만 아니라 연안역은 해수욕이나 조개를 캐는 등 우리 인간에게 중요한 공간으로 존재하고 있다. 20세기 후반 매립공사에 의해 대부분은 공장용지로 바뀌어 해안선 감소와 함께 공장에서의 배수가 초과되었다. 연안역에 영양성분이 많아지면 생태계가 균형을 이루지못해 여러 가지 폐해를 일으킨다.

4.4.1 적조와 부영양화

적조란 사진 4.1과 같이 식물 플랑크톤(미소한 조류)이 현저하게 증식하여 물이 적갈색 등으로 변하는 현상을 말한다. 적조가 발생하면 어류와 조개류가 대량으로 패사하여 어업을 비롯한 산업에 많은 피해를 주게 된다. 그 이유 중 하나는 대량의 식물 플랑크톤이 (적조조류 등) 죽어서 분해될 때 산소를 소비하기 때문에 어류가 산소결핍상태로 패사하며, 또 다른

사진 4.1 적조현상

이유는 대량으로 죽은 식물 플랑크톤(조류)이 어류와 조개류의 아가미에 부착되어 호흡장해를 일으켜 패사하는 것이다. 더욱이 독을 가지고 있는 식물 플랑크톤도 있어 적조상태로 되었을 때 어류 및 조개류가 폐사를 일으켜 조개류를 먹은 사람의 건강에도 피해를 준다.

식물 플랑크톤의 대량발생, 즉 적조현상의 원인은 질소, 인 등의 유입에 의해 **영양분**(영양염이라고 한다)이 풍부해지기 때문이다. 영양염이 풍부한 상태로 되는 것을 **부영양화**라고 한다. 적조는 일본의 태평양측 대부분의 내항에서 여름에 발생하고 있다.

4.4.2 토픽(적조를 먹이로 하는 원생동물 · 발견)

2002년 9월 적조 플랑크톤을 먹는 원생동물이 발견되었다.[12] 적조가 발생했을 때 이 원생동물을 대량으로 살포하면 적조에 의한 피해를 막을 수 있고, '적조' 는 해수를 대상으로 할 때의 호칭이며, 담수를 대상으로 하는 경우에는 '청분(靑粉)' 이라고 한다. 이 청분을 먹는 원생동물은 이미 발견되었고, 이번에는 해수에 해당되는 발견이다. 그리고 2005년 9월 청분을 사멸시킨 바이러스가 세계에서 처음으로 발견되었다.[13] 아직 연구단계이지만 앞으로 수질정화에 기대할만하다. 그리고 앞으로는 적조 플랑크톤을 사멸시키는 바이러스 발견이 있기를 기대한다.

4.4.3 청조와 저산소화

인간의 활동으로 생기는 배출물에 있는 인, 질소 등의 영양염류가 해양으로 유입되어 그 정화능력을 넘어 해수가 부영양화하여 플랑크톤이 대량으로 발생하는 경우가 있다. 이 플랑크톤의 대량발생에 의해 저층에 저산소수괴가 생겨, 그것이 바람 등에 의해 물가 표면으로 이동하여 청색이나 백탁색을 드러내는 현상을 청조라고 한다.

동경만에서는 연안 매립공사시 만 안쪽의 해저에서 토사를 얻기 위해 해저 10m 정도의 깊이를 가진 해구가 몇 군데 있다. 적조 등에 의해 대량 발생한 플랑크톤이 죽어 이 해구에 쌓인다. 죽은 플랑크톤은 수중 산소를 사용해서 물과 이산화탄소로 분해된다. 그러면 해저나 이 해구에는 산소가 줄어드는 상태, 저산소 혹은 무산소상태로 된다.

특히 여름에는 수온이 높은 상층과 수온이 낮은 하층으로 나뉘는 **성층**이 생기며, 상층과 하층의 해수는 분리된 성질을 가진다. 상층의 해수는 일사에 의해 수온이 더욱 높아지고, 하층 해수와의 온도차는 점점 커진다. 상층과 하층의 혼합은 없기 때문에 하층에서는 빈산소의 해수(**빈산소수**) 범위가 증대된다. 이때 육지에서 바다를 향해 바람이 불면 상층의 해수가 앞바다쪽으로 밀리고 이를 메우기 위해 하층의 해수가 해면으로 올라온다. 이 해수는 산소가 없는 무산소수이기 때문에 이 해역에 있는 물고기나 조개류는 패사한다. 이처럼 동경만에서 발생하는 청조는 특이한 현상이다.

사진 4.2 청조[16] (2002년 8월 20일 이나게(稻毛)해안 부근)

4.5 환경기준

환경기준으로 사람의 건강을 보호하는 기준[14)], 생활환경 보전에 관한 기준[14)], 수산용수기준[15)]이 있다. 각 기준에 대해 부연설명을 하면 다음과 같다.

① **수소이온농도**(pH) : 액체의 산성(낮은 pH), 알칼리성(높은 pH)은 수소이온의 농도가 어느 정도의 비율로 포함되어 있는가에 의해 결정된다. 해수의 pH는 8전후이다. pH7은 중성이다.

② **화학적 산소요구량**(COD) : 수중의 유기물을 산화하기 위해 필요로 하는 산소의 양을 말한다. 수질의 지표이기도 하다. 단위는 mg/ℓ로, COD의 값이 높을수록 수질이 나쁘다고 할 수 있다. 또한 COD가 높아지면 용존산소가 감소·고갈되어 수중에서 서식하는 생물에게 악영향을 미치게 된다.

③ **용존산소**(DO) : 수중에 녹아 있는 산소의 양을 말한다. 수온, 염분, 기압 등의 영향을 받는다. 수질오염에 관여한 환경기준이 정해져 있는데 수치가 낮을수록 수질이 나쁘다는 것을 의미한다. 어류 및 조개류가 생존하기 위해서는 3mg/ℓ 이상 필요하다.

④ **현탁물질**(SS) : **부유물질**이라고도 한다. 물이 탁한 원인이 되는 물질을 말한다. SS의 값이 높으면 물이 탁해지기 때문에 투명도가 나빠 외관이 좋지 않다. 또한 빛의 투과를 방해해 식물의 광합성에 나쁜 영향을 미치기도 한다.

⑤ **염분** : 1kg의 해수에 녹아 있는 염류의 그램수를 말한다. 단위는 PSU를 사용한다. 최근까지는 천분율(‰)을 사용하였지만, 그 후 단위를 사용하지 않게 되어 현재의 PSU로 되었다. 측정기에는 기존의 표기가 되어 있는 경우도 있다.

⑥ **영양염** : 해수의 영양상태를 나타내는 염류로 해수 중에 존재하는 질소, 인을 말한다. 해조의 생장이나 적조나 청분의 발생 등에 깊이

관계한다. 지표로서 나타내는 경우는 **전질소**(TN), **전인**(TP)을 사용한다.

4.6 환경재생

수질오염이 악화된 상태에서 해양환경을 원래의 상태 혹은 그에 가까운 상태로 돌리는, 즉 환경을 「재생」하기 위해서는 어떻게 하면 좋을까?

4.6.1 조장조성

우선 메마른 산에 나무를 심는 것처럼 식물을 심는 것을 생각할 수 있다. 연안역의 수심이 얕은 곳에서는 태양빛이 도달하여 해조나 해초가 우거진 장소가 있다. 이러한 군락을 **조장**이라고 한다. 조장에는 암초역에 서식하는 다시마, 감태, 바닷말 등의 조장과 모래와 진흙이 섞인 곳에 서식하는 거머리말 조장으로 나누어져 있으며, 조엽 형성에는 수온 등의 환경 조건에 좌우된다.

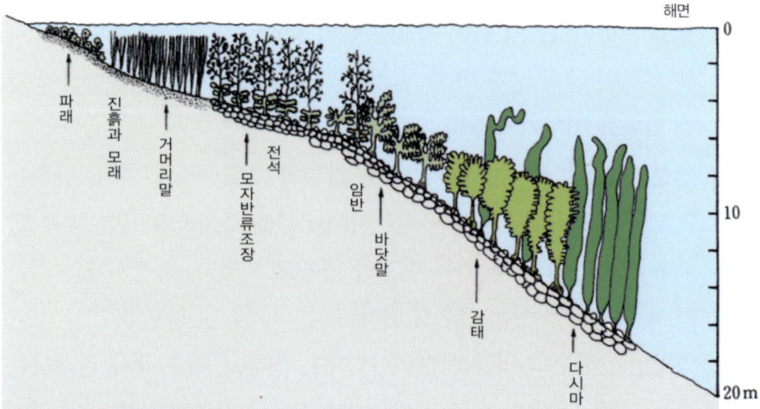

그림 4.2 조장의 분포와 종류[17)]

한편 조장이 갖고 있는 기능에는 다음과 같은 것이 있다.

(1) 수질정화기능

① 광합성에 의해 이산화탄소를 흡수하여 산소를 배출한다. 해수 중의 용존산소가 증가하게 된다.

② 부영양화물질의 질소나 인을 흡수 · 제거한다.

(2) 생물서식기능

① 조장 내는 파랑이나 유동이 평온한 상태이므로 생물의 착상란의 착상기반이 되기 때문에 좋은 산란 장소가 된다.

② 음지나 은신처가 되어 외부의 적으로부터 피난처 · 안식처가 된다.

③ 해조 · 해초의 표면이나 뿌리부에 존재하고 있는 미소생물이 먹이가 되어 어초로서의 효과도 있다.

이처럼 조장은 수질정화기능과 함께 어장 역할을 하기도 한다. 이 기능을 이용하여 조장을 더욱 증가시키면 해수 중의 산소가 풍부하게 되어 부영양이었던 해역도 수질이 좋아지게 된다. 그러나 최근 해조가 자라지 않고 산호조(석회조) 등이 증가하여 물가 전체가 하얗게 보이는 현상이 일어난다. 갯녹음 현상이라고 한다. 그 원인은 생태계의 환경변화 외에도 가설이 있어 특정지을 수는 없으며, 수산자원에 피해가 미치기 때문에 심각한 문제로 되고 있다.

4.6.2 정화공법

해역환경을 재생시키기 위해 정화공법을 이용한 여러 공법이 있다. 해역을 대상으로 한 주요 정화공법은 다음과 같다.

① 부하를 줄일 것 ; 예를 들면 공장배수가 하천을 통해 해역으로 유입되는데, 이 오염성분, 즉 부하를 줄이는 것이다. 공장 측에서 2차처리, 3차처리를 하면 효과적이다.

② 용출량을 줄일 것 ; 해저 토질에서 오염성분이 녹아나오는 양을 줄이는 것이다. 먼저 들 수 있는 것은 해저에 퇴적된 질퍽질퍽한 침전물의 준설이다. 오염성분을 직접 제거하기 때문에 효과는 크다고 할 수 있으나 제거된 침전물을 어디에서 처리할 것인지가 문제이다.

③ 에어레이션(aeration) ; 인공적으로 공기를 보내는 방법이다. 공기를 주입하는 것을 폭기라고 하는데 폭기장치를 필요로 하며 이 장치를 움직이기 위한 전력이 필요하다.

이 외에도 해수교환을 촉진하기 위하여 항만을 대상으로 항구부 단면적 등을 변화시켜 흐름을 제어하는 공법도 있다. 또한 해변이나 구조물에 생물을 더하는 것으로 부착생물의 여과기능을 응용하여 정화하는 공법도 있다.

4.6.3 토픽(청조대책)

청조로 고민하는 치바(千葉)현 선교협회가 청조유입방지 긴급대책으로 시행한 에어레이션에 대해 알아보자. 2002년 7월 22일 선교 앞바다의 해역 작업선에서 강관(공기토출관)을 심도 2m~3m의 위치까지 내려보내고 공기(인공적으로 발생시킨 기포)를 분출시켰다.[18)]

이 기포를 얕은 곳으로 들어간 저산소수수괴에 산소가 녹아들도록 하였다. 당시는 에어레이션을 시행한 장소에 폴리에틸렌제품의 오염 방지막을 붙이려 하였으나 기상악화 때문에 단념할 수밖에 없었다고 한다. 그래서 생각한 만큼의 효과가 나타나지 않았다고 한다. 그러나 실제로는 공기를 분출시켜도 해수에 녹아드는 비율이 작기 때문에 커다란 효과가 나타나지 않았다고 한다.

4.7 환경영향평가와 지구환경문제

4.7.1 환경영향평가

해양건축물을 건축할 때 주변 해역에 미치는 영향을 검토하기 위해 환경영향평가법에 의한 **환경영향평가**를 시행하지 않으면 안 된다.

환경영향평가란 주로 대규모개발사업 등에 의한 환경에 미치는 영향에 대하여 사전조사를 실시하여 예측, 평가를 수행하는 절차를 말한다. 일본에서는 1997년에 환경영향평가법이 제정되었고, 각 지방자치체에서도 조례에 의한 독자적 환경영향평가제도가 시행되고 있다.

환경영향평가법은 지속가능한 개발을 기본이념으로 초기 단계에 절차나 새로운 평가방안을 도입하고 있다. 다양한 생물로 이루어진 생태계를 확보함과 동시에 자연환경을 체계적으로 보전하는 것이 중요하다고 생각한다. 생태계는 생물과 인간을 포함한 비생물적 환경이 서로 영향을 미친다고 파악하고 있다. 따라서 생태계 전반의 구조 · 기능에 대한 조사가 필요하다고 할 수 있다. 이 때문에 지역 · 해역을 대표하는 주종을 복수선택한 조사로 생태계에 대한 영향을 예측 · 평가하는 것이다. 특히 해역생태계에 대해서 물질순환의 변화를 예측하는 것이 중요하다. 그리고 해양건축물을 건축할 때 공사의 특징과 지역 · 해역이 가진 생태계의 특징에 따라 환경보전을 적절하게 수행해야 한다. 환경영향평가 실시의 전단계로 사업이 환경에 미치는 영향은 사업의 내용이나 지역의 환경특성에 따라 달라지기 때문에 환경영향평가 항목이나 수법을 연구하는 작업(스코핑, scoping)을 실시한다.

4.7.2 ISO 14000

오랜 세월에 걸친 환경파괴가 진행되는 동안 세계 각국은 지구환경보전에 눈을 돌리게 되었다. 1992년 리오데자네이로에서의 국제연합 환경개발회의가 있었던 다음해(1993년)에 ISO/TC207(전문위원회로 207번째)이 설립되어 ISO 14000 시리즈 검토가 이루어졌다.

ISO란 International Organization for Standardization의 머릿글자로 **국제표준화기구**로 번역된다. ISO란 제품 혹은 사물의 품질에 대한 표준화만이 아니라 관리구조도 표준화하고 있다. 그 가운데 1996년에 발행된 ISO 14001은 회사나 사업장의 '질'을 관리대상으로 하고 있으며, 회사나 사업장의 환경에 미치는 영향을 평가하여 그 악영향을 없애거나 저감하기 위해 시정할 의도로 환경에 대한 국제적인 표준규격(환경관리시스템규격)이다. 이것은 5년마다 재검토하는 것을 원칙으로 하고 있으며 2004년 12월에 ISO 14001 : 2004가 제정되었다.

회사나 사업장이 ISO 14001을 인증취득하기 위해서는 환경에의 배려를 충분히 인식하는 것이 중요하다. 회사나 사업장이 미치는 환경영향을 평가하여 목적 · 목표를 설정해서 이를 위하여 실행하도록 하고 있다. 목적 · 목표가 달성되어 있는가를 검토하고, 때로는 재검토를 수반하면서 목적 · 목표달성을 지향해간다. 따라서 이러한 구조(환경관리시스템)를 구축할 필요가 있다. 회사나 사업장의 환경관리시스템이 그 규격을 정한 ISO 14001에 적합한지 어떤지를 제3기관에서 심사하여 적합하면 회사나 사업장이 등록되고 공표된다. 일본에서 ISO 14001의 인증취득은 전자전기업계를 중심으로 시작하였지만, 현재까지 지자체나 산업계에서 인증취득이 일어나고 있다. 그리고 세계적으로 국가에서 인증등록[19]이 행해지고 있는데, 일본의 인증등록건수는 세계 최대이며, 그 배경에는 지구환경 개선 의식이 있음이 당연하고, 회사나 사업장에서 환경에 대한 기업 윤리의식이 크다고 생각한다.

4.7.3 지구환경문제

연안역의 해양오염은 외해로 확대되어 외해의 생태계에 영향을 끼치므로 지구환경문제를 생각해야만 한다. 현재 생태계 영향만이 아니라 지구온난화, 이상기후 등 지구차원의 환경문제가 나타나고 있다.

1992년 리오데자네이로에서 국제연합환경개발회의가 개최되었다. 지구온난화 문제를 최대의 과제로 생각해 「지속가능한 개발」을 목표로 「아젠다 21」에 따라 행동할 것이 정해졌다. 그리고 1997년 교토에서 「기후변화협약 제3회 체결국회의」가 개최되었다. 여기에서 채택된 의정서를 '교토의정서' 라고 한다. 내용은 이산화탄소나 메탄 등의 지구온난화가스 총배출량을 삭감하는 것으로 1990년을 기준으로 각국에서 일정 수치(일본 6%, 미국 7%, EU 8%)를 삭감하는 것을 의무화하고 있다. 그러나 미국에서는 수용을 거부하고, 러시아도 수용을 보류하고 있기 때문에 교토의정서는 발효되지 않은 상태이다. 그런데 2004년 러시아가 비준을 결정하여 교토의정서는 2005년 2월 16일에 발효되었다.

교토의정서에서는 각국의 수치목표를 삭감하기 위하여 국제적으로 협조하여 달성하기 위한 구조를 계획하고 있다. 이를 교토 메커니즘이라고 하며, 조림활동을 한다던가, 각국의 배출권을 구입한다던가, 보다 삭감비용이 낮은 국가에 자금제공이나 투자를 시행하여 그 배출삭감량을 자국의 삭감량으로 할 수 있는 장치가 있다. 앞으로도 국가적인 대응이나 기업의 환경기술개발 등 시민활동을 포함하여 다양한 지구규모의 환경문제가 크게 주목받을 것이다.

참고문헌

1) 田中俊六, 武田仁, 足立哲夫, 土屋喬雄 : 최근 건축환경공학, pp.13~68, 井上書院, 2004.
2) 〈건축의 텍스트〉 편집위원회편 : 최초의 건축환경, pp.6~77, 學芸出版社, 2003.
3) (사) 일본강구조협회편 : 구조물의 내풍공학, pp.1~122, 동경전기대학출판국, 1997.
4) (사) 일본해양개발건설협회 : http://www.kaiyokyo.or.jp
5) 기상청 : http://www.jma.go.jp/jma/index.html
6) 국토교통성 : http://www.mlit.go.jp
7) 환경성 : http://www.env.go.jp/
8) 국토교통성 : 건축물 위생법관련 정성령개정의 개요, http://www.mhlw.go.jp/topics/2002/12/tp1218-2a.html
9) 국토교통성 : 새집증후군(실내공기오염) 문제에 관한 검토회 중간보고서 – 제8회~제9회의 정리, http://www.mhlw.go.jp/houdou/2002/02/h0208-3.html
10) 국토교통성 : 실내공기중 화학물질에 대한 상담 매뉴얼 작성 길잡이, http://www.mhlw.go.jp/houdou/0107/h0724-1d.html
11) 환경성 : 대기오염에 관한 환경기준, http://www.env.go.jp/kijun/taiki.html
12) 産経신문기사 : 적조를 먹는 원생동물 · 발견, 2002년 9월 26일
13) 産経신문기사 : 청분(青粉, 아오코)사멸 바이러스 발견 · 세계최초, 2005년 9월 10일
14) 국토교통성 : 사람의 건강을 보호하는 기준, 생활환경의 보전에 관한 기준, http://www.env.go.jp/kijun/
15) 일본수산자원보호협회 : 수산용수기준(2000년판), 2000
16) 해상보안청 해양정보부 : 稻毛해안 부근의 청조, http://www1.kaiho.mlit.go.jp/KANKYO/SAISEI/saisei/pictures/aosio5.jpg
17) 栗原康편 : 하구 · 연안역의 생태학과 에코테크놀러지, pp.161, 동해대학출판회, 1988.
18) 신문기사 : 청조대책, 2002년 7월 22일
19) (주) 아이소 · 월드 : http://www.ecology.or.jp/isoworld/
20) 생물다양성 분야의 환경영향평가기술검토회편 : 환경영향평가 기술가이드 생태계, 재단법인 자연환경센터, 2002.
21) 佐久田昌昭, 川西利昌, 堀田健治, 增田光一 : 해양환경학 – 해양공간이용과 해양건축물 –, 共立出版, 1999.
22) 바다의 자연재생 워킹그룹 : 바다의 자연재생 핸드북, 제2권 갯벌편, ぎょうせい, 2003.
23) 小倉雄紀편 : 동경만 – 100년의 환경변천 –, 恒星社厚生閣, 1993
24) 西條八束편 : 내만 (内彎)의 환경과학 = 미카와만(三河彎) · 이세만(伊勢彎)의 연구를 중심으로 =, 培風館, 1984.
25) 柳哲雄 : 연안해양학 – 바다속에서 사물은 어떻게 움직일까 –, 恒星社厚生閣, 1989.
26) 長尾義三, 横内憲久 : mitigation과 제3의 국토공간만들기, 共立出版, 1997.

제2부

해양건축으로 본 건축

제5장 해양건축이란

제6장 해양건축의 일생

제7장 오래가는 해양건축

제8장 안심하고 살 수 있는 해양건축

| 제5장 | 해양건축이란

江上和也

5.1 해양건축이란 어떤 것인가

5.1.1 사람은 바다에서 태어나 바다에서 살아간다

인간의 조상은 지구탄생에서부터 수 십 억년을 거쳐 바다의 미생물에서 폐호흡을 하는 양생류 등으로 진화해 왔다. 그 진화과정에서 바다 속에서 안심하고 살 수 있는 '둥지'를 본능적으로 얻어 나갔다. 조상들은 해변이나 수변에서 육상으로 새롭게 거주지를 찾아 진화를 계속해 왔다. 그리고 원시인이 나타난 때에는 지혜라는 무기를 갖게 되었고, 불이나 도구를 다룰 줄 알고, 눈과 비를 피할 수 있는 방법으로 라스코의 동굴 등에 살게 되었다. 대부분은 수림이나 초원 및 수변 등 식량을 얻기 쉬운 장소를 거주지로 하였다. 결국 수변을 중심으로 4대 문명이 발상하여 지구규모로 전파되었고, 수변에서의 문명은 배라는 이동수단을 얻게 되었으며, 배의 발명은 해양이라는 거대한 공간을 무대로 민족의 대이동을 쉽게 하면서 바다를 생활의 장으로 삼았다.

5.1.2 사람은 물에 의존하여 살아간다

(1) 연안 · 해상도시 탄생

일본은 국토에서 충적평야의 비율이 적고, 인구와 자산의 대부분이 충적평야인 연안역에 집중되어 있다. 일본은 사방이 바다로 둘러싸여 육상에서는 하천이 그물망처럼 흐르고 그 안에서 살아가고 있는 것이다. 인간의 문명은 대항해의 희망을 실현할 수 있게 되었다. 연안의 취락지역은 해양과 내륙의 조건에 따라 주거 기능 외에 생활에 필요한 기술이나 산업 및 교통발전 등 도시로서의 기능을 갖게 되었다. 대표적인 도시가 매립에 의해 발전한 「에도」이다.

에도는 에도 중기에 10만 명이 살았던 세계 유수의 도시였다. 또 장래의 해양거주 파일럿으로서 1980년 오키나와(沖縄)해양박람회의 아크로폴리스나 수 백만 명 단위의 도시로는 북해유전 등의 해양석유굴착리그도 도시가 되었다.

(2) 연안 수상생활

연안역과 이어지는 습지대나 저평지, 조위차가 큰 연안역에서는 취락지역 단위로 연안 수상생활이 지금도 이어지고 있다. 특히 아시아몬순지대의 메콩강 유역이나 인도양 주변 국가의 도시, 페루의 티티카카호 등 호소에서 볼 수 있다. 이는 그 지역의 자연조건과 지역소재를 활용하여 물이 주는 이점과 위험을 받아들임으로써 도시가 성립하였다.

사진 5.1 메콩강 수상생활군[1)]

(3) 선인에게 배우는 선박기술

해양으로의 진출은 조선기술, 항해술, 천문학 발전과 함께 한다. 고대의 갈대배는 연안항로개발, 대항해시대나 산업혁명의 증기발명은 외양항로개발을 진전시켰다. 더욱이 물류혁명이나 수산자원권역 확대 및 조선기술 발전을 촉진시켜 광물자원의 해양조사나 대심도의 해양기술 및 석유굴착기술 분야에도 공헌하고 있다. 일본에서는 무라카미(村上) 수군을 비롯하여 스미노쿠라 료이(角倉了以, 일본 전국기교토 거상)나 카와무라 즈켄(河村瑞賢, 에도시대 초기의 거상) 등에 의한 연안항로개척이나 아시아 각국과 교역에 의한 국내기술 발전, 그리고 해외로부터의 기술영입에 따른 연안과 해양을 연결하는 수단으로 시대의 요청에 따라 지속해 왔다.

(4) 해양 인프라 필요성

연안역을 포함한 해양공간(이후 : 해양공간)은 각종 해상조건 등을 극복하고 융화시키는 기술 등을 응용하면 자유도가 높은 인프라정비를 기대할 수 있다. 인간의 생활은 물에 의존하고 있으며, 해양인프라구축에 중점을 두는 것이 중요해지게 되었다. 아랍에미레이트의 수도 두바이 근교에는 원유고갈에 대비하여 미래에는 관광입국으로 전환하기 위해 위성사진으로도 알 수 있을 정도의 거대한 인공섬을 건설하고 있다.

5.1.3 물과 지구환경

(1) 지구온난화대책

일본은 **지구온난화방지 교토회의**에서 1990년을 기준으로 2010년까지 CO_2를 포함한 6종류의 온실효과가스 총배출량을 6% 삭감하게 되었다. 지구온난화에 따른 해면상승은 도서국가인 투발루 등에서는 수몰위기를 가져오고, 메콩델타 등 낮은 평지에서는 경제활동에 대한 지장이 우려되었다.

「기후변동에 관한 정부간 패널(IPCC) 제3차 평가보고서」에서는 21세기 말에 해면상승이 약 65cm(최대 약 1m)로 예측되고 일본에서는 해면이 1m 상승하면 해면(만조수위) 이하 지역은 2.7배, 고조 · 쓰나미의 범람위기지역은 약 4배로 늘어날 것이라고 한다.

(2) 에너지

해양은 풍파나 조류 등 자연무공해 에너지원의 보고이며, 미이용광물의 부존량도 많아 에너지원 등의 유효이용이 기대된다. 화석연료의 대체에너지로서 풍력 등 에너지개발이 진행되고 있으나 코스트 등의 문제를 안고 있다. 해양의 자연에너지는 이용가치가 높은 에너지이며, 산업을 전환시킬 수도 있다. 지구차원의 환경문제를 해결하기 위해서는 **라이프사이클 코스트**를 고려한 **자연에너지**로의 전환까지도 도모할 필요가 있다.

(3) 지구차원의 수자원문제

지구상의 전 수자원은 약 14억kℓ로 추정된다. 담수는 연안에서 해수와 섞여 해류에 의해 크게 순환하여 다이내믹한 지구차원의 순환계를 구축하고 있다. 하천 등의 담수는 지구에 있는 물의 2.5% 밖에 되지 않으며, 인간의 생존에 이용되는 것은 0.001%로 추정된다. 이렇듯 인간의 생존을 좌우하는 아주 적은 담수는 한계상태에 이르렀으며, 이에 따라서 해수의 역할은 지구차원의 **물순환계** 중에서 가장 중요한 수자원인 셈이다.

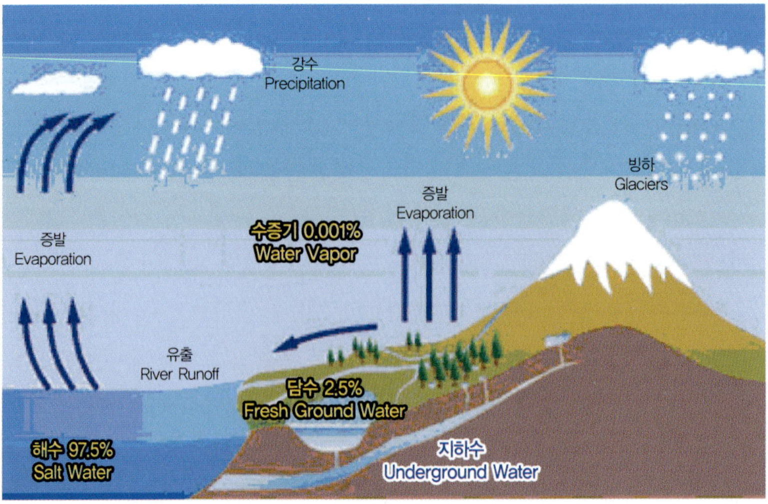

그림 5.1 물순환의 개념[2)]

(4) 해수의 수자원관리

지구상에서 해수는 전체 수자원의 약 97.5%이며 지구 표면적의 71%을 차지하여 그 유효이용과 보전은 과제이다. 엘리뇨나 라니냐, 청조와 적조의 발생은 연안어업과 수산자원에 미치는 영향이 크고 연안경제에 지장을 준다. 이러한 현상은 인간의 생활행동에서 기인하는 것이 많고, 직 · 간접적 가해가 되어 영향이 광범위하게 미친다. 해수는 지구를 순환하는 자원으로서의 유효성이 매우 높고 **담수화자원**과 수산자원 및 에너지원이 되어 차세대의료나 신소재개발을 위한 응용도 기대되고 관리측면에서 그 중요성에 대해 평가할 필요가 있다.

5.1.4 해양공간에서의 리스크관리

(1) 방재는 사람부터

고대 율령국가 변방의 병사들은 방위를 위해 바다를 관찰하였고, 조그만 기상변화도 민감하게 느꼈을 것이다. 평소 바다를 관찰하는 것은 바다의 변화를 이해하는 것으로 이어져 스스로 재해에 대한 대비가 가능하게 되었다. 또 **재해교육**은 해양교육이나 레크리에이션을 통해 손쉽게 재해에 대응할 수 있게 해준다. 해상보안청 등에서는 '바다를 지킨다' 라는 볼런티어조직을 발족시켜 청소나 감시 등을 지역민에게 위임하여 매일 연안역을 관리하고 있다. 재해를 막는 것은 매우 어렵지만 평소부터 지역커뮤니티 유대를 강화함으로써 지역의 **자주방재의식**을 높여 협동에 의한 방재대책을 가능하게 하였다.

(2) 지구촌 국토디자인

지진에 수반되는 쓰나미는 연안국가에는 위협적이며 그 대책이 필요하다. 이를 위해서는 다국간의 연계가 더욱 중요하고, 연안국가에 대해 재정적, 기술적 지원이나 인재육성 등이 필요하게 되었다. 일본은 수마트라 지진으로 재난국에 대한 지원뿐 아니라 국제간의 협력체제를 구축해 가고 있다. 자연재해에 의한 피해는 광범위하기 때문에 그 피해를 최소한으로 줄이기 위해서 개개 연안의 개별적 대응이 아니라 종합적인 대책을 지구 차원에서 강구해야 할 필요가 있다.

(3) 재해를 미연에 막는 시스템

해양공간에서 재해는 2가지로 구분된다. 자연재해는 지진에 의한 쓰나미이나 태풍 등에 의한 고조 및 이상파랑, 인위적 재해는 선박의 충돌이나 좌초, 전복 및 파이프라인 파손에 의한 기름유출, 해양건축물 파손이나 화재 및 유출 등이 있다. 1997년 후쿠이(福井)현 미쿠니정(三國町)에서 발생한 나호드카호의 선수표착(船首漂着)에 의한 기름유출은 연안역의 어류나 조류 등 생식환경에 영향을 미쳤다. 2004년 수마트라 지진시 쓰나미는 수많은 인명피해와 도시기능을 마비시키는 등 자연재해는 2차 재해를 불러 일으킨다. 따라서 재해를 미연에 막는 시스템이 필요하다. 수마트라 지진을 계기로 환인도양제국에서는 **글로벌 네트워크**를 구축하려는 움직임이 일어나고 통보체제나 지진관측망 정비, 쓰나미발생부터 연안역으로의 내습예보 등 위성을 이용한 네트워크화가 진행되고 있다.

5.1.5 미래를 향한 자연과 인간의 공생

(1) 수산자원 확보

인류가 지속가능한 발전을 하기 위해서는 생존영역을 확대할 필요가 있으며, 해양은 큰 영역이 된다. 이 영역에는 풍부한 수산자원이 무한하며, 인체에 필요한 중요한 단백원이며, 식량으로서 필요한 양의 자원이 존재하고 있다. 이 생산영역을 유지하는 해수가 인위적으로 오염되면 수산자원 감소나 이용가치 저하가 우려된다. 육상에서의 생산활동 결과가 해양생물로 귀착되고 돌고돌아 우리에게 영향을 미치는 사이클이 되기도 한다. 따라서 생산영역 확대와 병행하여 해양환경에 부하가 적은 기술이나 생산활동에 의해 자원을 확보할 필요가 있다.

(2) 해양생태계 보전

해양공간에서는 연안해변이나 갯바위지역, 연안 리프(reef)지역 및 암초 등에도 **해양생태계**가 존재하고 있다. 기름 등의 유해물질 유출이나 인위적인 생식장의 변화는 해양생물들의 생존기반을 빼앗고 종의 보존에도 영향을 미친다. 해양공간은 해양생물을 보고 즐기는 장이기도 하지만, 생물이 생존하는 공간으로서 중요하다는 것을 인식해야 한다. 그리고 그 생식장이 오염된 것은 인간의 생존기반도 흔들리게 된다. 따라서 육역과 해역의 생태계보전은 인간의 생존공간을 보전하는 것과도 관련된다.

(3) 감성 고양

해양공간을 포함한 수변은 인간에게 귀중한 공간이며, 특히 사람의 감성을 키우고 살아가기 위한 지침이 되기도 한다. 그 감성은 일상생활 속에서 길러지는 것이지만, 비일상 공간에서는 **오감**을 자극하여 보다 풍부한 감성을 갖게 된다. 한편 몸을 움직이거나 오감을 구사하는 체험이 적은 현대사회에서 감성을 갖지 않는 현대인의 문명은 결국 망한다는 것을 암시한다.[3] 김광익 씨(전 대한토목학회장)는 서울의 **청계천**복원에서 '사람의 마음을 움직이는 장소가 되기 위해서는 어떤 소프트가 필요한가' 라고 질문하고 있다.[3] 해양공간에서도 사람의 감성에 맞춰 공간을 인식하는 환경장치가 필요하다. 그 다양성을 이해하는 공학적인 수단으로서 **감성공학**을 많이 이용하고 경관과 공간인식 등의 중요성을 나타내는 것이 된다.

(4) 백사청송(白沙青松)[역1]

백사청송은 바다와 육지를 연결하는 자연계의 신성한 장소이며, 그 점경(点景)으로 바다를 오가는 배가 있고, 풍경으로서의 자연이 그곳에 있다. 그러나 오감을 자극시켜 사람의 의식을 높이는 우리의 생활과 가까운

역1) 하얀 모래와 푸른 소나무로 이루어진 아름다운 해안풍경을 일컫는 말

자연이 점점 적어지고 있다. 자연 회복력에 대해 모래사장 상실은 급속히 진행되고 있는 것이 현실이다. 따라서 모래사장의 회복에는 밟으면 독특한 소리가 나는 모래와 같이 사람의 마음에 호소하는 **사운드 스케이프**[4] 개념이나 **해양경관보전** 도입도 중요하다. 물에 의존하는 우리의 생활에는 해양공간에서의 풍경이 원풍경으로 각인되어 있다.

사진 5.2 모래사장과 바다[5]

(5) 문화 발전

연안역에 뿌리를 내린 문화는 지역의 자연이나 풍토의 근본이 되며, 취락이나 커뮤니티단위로 성장해간다. 그 문화는 우리들의 생활과 밀접한 것으로 사회의 요청이나 변혁 등에 의해 달라진다. 해양문화의 대표적인 것은 어로(漁勞)문화이다. 어로문화는 주운[역2]문화이기도 하다. 일본에도 어업을 생활의 근원으로 영위하는 어촌이나 어항이 무수히 많으며, 해양공간과의 접점이 된다.

어로문화는 지역고유의 문화를 구축하는 수단으로 다양한 요소가 가미되어 부모로부터 자손에게 계승된다. 또 조선기술의 발달은 연안역 산업이나 문화교류를 보다 발전시키는 힘이 되고, 다양한 민속문화를 양성하는 근원이 되었다. 이러한 문화는 연안 어촌취락을 형성하는 요인이 됨과 동시에 일본의 민속풍습을 계승해 나가게 되고, 시대에 따른 라이프스타일을 구축하여 풍부한 해양문화를 창출해가게 된다.

역2) 舟運 ; 배를 이용한 교통, 운송

5.2 해양이라는 새로운 패러다임

5.2.1 육지에서 바다로

(1) 해양공간에의 욕구

사람은 만족함으로써 충족감을 얻는다. 사람의 욕구는 흥미나 관심 있는 현상에 대해 예민하며, 해양공간은 그 전형으로서 선조들의 다양한 도전이 있었다. 사람의 의식도 집단적인 욕구에서 개인적 욕구로 변화하고 있으며, 해양의 자질은 사람의 욕구를 만족시키기 위한 것으로 생각된다. 이 욕구를 충족시키기 위해서는 해양공간의 자질을 활용한 기술개발에 따라 쾌적한 해양공간으로 바뀌야 한다.

(2) 자연공생형 유역권[6)]

자연공생형 유역권이란 「**도시재생 프로젝트**」로 국가적 계획(initiative) 하에서 이루어지며, 자연생태계나 수물질순환, 도시공간 등에 관계된 것을 복합화, 통합화한 것으로 볼 수 있는 개념이다. 즉 산지에서부터 연안역의 상부공간인 토지와 그 하부공간인 지하를 포함한 공간개념을 가리키며, 우리의 생활공간 전체를 나타낸다. 따라서 이 개념은 연안역까지도 포함한 개념이며, **연안역관리**에도 중요한 측면이라고 할 수 있다.

(3) 해양의 순환계

물순환이란 육역과 수역을 포함한 순환기능을 가리키고, 물이나 물질, 생물의 순환까지 포함하며 해양까지도 포함한 순환계에서는 지구의 물리적인 순환계가 된다. 이 순환계를 연구하는 것은 지구차원에서의 자연환경 동태를 설명하고, 해양공간의 고도이용이나 보전 등을 도모함에 있어 중요하다. 또 이 순환을 포함한 것은 그 구조를 파악하기 위한 조사기술을 발전시켜 재해나 자원량 예측, 해양건축물 계획이나 해양환경연구에 일조를 한다.

(4) 인구문제의 실마리

세계의 인구는 발전도상국을 중심으로 2050년에 약 90억 명으로 추정되고 있다. 발전도상국에서는 급격한 인구증가에 대한 인프라나 거주환경 확보가 어려운 것으로 추정된다. 국제화가 진행되는 가운데 세계 속에서 일본의 역할이 요구되고 있다. 해양에서는 기가 플로트나 메가 플로트[역3] 등을 활용한 해양도시건설, 식량의 질 전환에 의한 자급력 향상, **모달시프트**(modal shift) 추진과 클린 에너지 자원 활용으로 도시기능을 구축하는 지원이 필요하다. 일본의 기술을 활용한 다른 국가와의 파트너십은 새로운 협력구축을 통해 발전도상국에 대한 공헌이 요구되고 있다.

(5) 풍토공학

사진 5.3 메가 플로트 공항모형[7]

풍토란 그 토지의 기후 · 지형 · 지세 등과 인간의 문화형성 등에 영향을 미치는 정신적인 환경(大辭泉에서)이라고 정의하고 있다. 타케바야시 세이조(竹林征三)는 **풍토공학**을 '풍토와 조화하고 풍토를 살려 지역을 빛내는 개성이 풍부한 지역만들기의 테크놀로지'[8]라고 정의한다. 해양은 자연순환 그 자체이며, 우리들은 해양과의 공생을 통해 문화가 계승됨을 알고 있다. 즉 해양을 구성하는 자연환경이나 물질의 중요성을 인식하여 사람들의 커뮤니케

역3) giga-float, mega-float : 초대형 부체식 구조물을 가리키며, 거대 인공부도(人工浮島)라고도 불림

이션에 입각한 사회를 형성하는 것이 문화의 발전으로도 이어지게 되는 것이다. 풍토를 활용한 건축은 우리들의 생활공간을 쾌적하고 풍부하게 하는 수단이 되고 미래로 계승되어야 하는 것이다.

(6) 건축개념의 다양화

건축이란 행위와 대상을 가리키는 용어이며, 디자인이란 건축 등에 의한 실용적인 조형작품 계획과 의장이다. 건축이란 토지 위에 쌓아올리는 개념으로 해양에서는 해면을 토지로 보는 것은 불가능하다. 또한 해양은 육지와 달리 건축물을 건축하기 위한 수송은 선박에 의존하므로 그 중요도는 매우 높다. 지금까지의 건축은 상부건물이 중시되는 경향이 있었으나 해양공간에서는 하부구조의 기초가 중요시되어 그 안전도에 따른 디자인을 포함한 상부건물이 필요하다. 즉 학문에서는 기초를 중시한 건축이 요구된다. 건축의 개념을 좁은 영역이 아닌 토목과 조선, 자연의 개념 등을 도입한 다양한 시점에 의한 개념 구축이 필요하다.

5.2.2 지구환경에의 공헌

(1) 해양의 자연재생[9), 10)]

자연재생추진법이 2003년에 시행되었다. 자연재생이란 생활 속에서 인위적으로 파괴되거나 데미지를 받은 자연을 회복하여 자연과 윤택하게 공생해가는 것을 말한다. 이미 해양공간에서는 수변을 다공질의 완만경사를 가진 호안 등으로 개량함으로써 수변으로의 접근 개선, 서식공간 창출이나 해역정화

사진 5.4 재생된 갯벌(미카와(三河 湾)[11])

또는 인공간석과 조장, 산호초 조성 등으로 양호한 해양공간으로 재생하는 움직임이 일어나고 있다. 보다 가까운 곳에서 자연을 즐기는 것은 인간의 생명을 유지해가기 위한 중요한 출발점이라고 할 수 있다.

(2) 다양한 신에너지

도시에는 이미 태양전지나 풍력발전 등의 **클린하고 재생가능한 에너지** 도입이 시행되고 있다. 그러나 도시생활을 만족시키는 에너지를 육상에서만 획득하는 것보다 해양공간을 활용한 태양전지나 풍력, 파랑, 온도차발전 등에 의한 클린한 에너지가 중요해졌다. 또한 해수 내의 미량광물을 활용한 에너지개발, 대륙붕과 해저에 매장된 메탄하이드레이트 등의 에너지활용이나 해양생물에 의한 **바이오매스에너지** 연구도 필요하다. 따라서 지금까지 사용해온 에너지와는 다른 자연계의 다양한 에너지 유효활용을 도모할 필요가 있다.

그림 5.2 해양에너지랜드 구상[12)]

(3) 슬로 공간

슬로 라이프란 효율과 스피드를 중시하는 것이 아니라 자연과 조화된 여유있게 살아가는 인간회복의 라이프스타일을 총칭하며, 해양은 이를 실현하는 공간이 된다. 이 공간에서는 현대사회를 누리고 있는 사람들

그림 5.3 해중목장 구상[13)]

에게는 불편하겠지만, 라이프스타일을 전환한다면 보다 친환경적인 사회 구현으로 이어질 것이다. 사람과의 관계를 통해 환경과 사회적인 문제 등을 해결하는 개념이 되는 '슬로 비즈니스'가 주목받고 있으며, 해양공간에서도 새로운 비즈니스 모델이 되기도 한다.

(4) 해양자원 활용

해수 중의 미네랄은 인체에 중요한 영양소로 식품산업이나 의료 및 건강산업 등에서 주목받고 있다. 해양심층수는 지방자치체가 지역산업으로 힘을 쏟고 있을 뿐 아니라 건설산업 측면에서도 건설기술의 유효활용으로 개발이 이루어지고 있다. 건강산업은 탈라소테라피(thalasso therapy) 등에의 활용도 주목받고 있으며, 환경과 자연에 친근한 소재로 다양하게 이용되고 있다. 한편, 식량생산의 장으로서 **해양 비옥화**를 위한 대응도 이루어지고 있으며, 어초 등을 이용한 해초부착기술이나 어류를 위한 생식장 확보 및 산란기술, 해양심층수를 표층에서 혼합하여 자연양식을 도모하는 「탁해(拓海)」 등이 있다. 이것은 해양공간에서 다양한 활동을 전개해 나가는데 귀중하고 안전한 식량자원이 되면서 쾌적한 환경을 얻기 위해 필요한 자원이기도 하다.

5.2.3 지속가능한 해양 창출

(1) 자연공물(公物) 관리

일본의 연안영해는 원칙적으로 12해리, 배타적 경제수역은 200해리이며, 일본의 법과 관리를 우선시 하고 있다. 해양공간은 지구의 자연이 만든 인류 공유재산이라는 견지에서 **자연공물**(自然公物)이라 하고, 그 관리를 우리가 위탁받은 것이라 할 수 있다. 최근 오키노도리시마(沖ノ鳥島)나, 남사(南沙)제도 등이 문제가 되고 있으나, 이것은 일본의 경제수역과 영토문제가 얽힌 경제문제에 기인하고 있다. 이 해양공간을 적절하고 공평하게 국제협조하에 관리해가는 것이 지속가능한 발전으로 이어질 것이다.

(2) 재생가능한 물질공간

해양공간은 육상과 비교하여 광물자원 매장량이 많고 그 양에 대해서는 해명되지 않은 부분도 있어서 각국이 탐사선을 투입하여 조사가 진행되고 있다. 이 조사가 분쟁의 불씨가 되기도 한다. 이들 자원을 어떻게 이용하느냐에 따라 재생가능하며 무해한 환경 부담이 적은 자원이 되기도 하며, 유해한 물질이 되기도 한다. 또 이들 자원을 바다 위에서 정제하여 건축자재 등으로 전환하여 건축물을 건조할 경우 건축부하가 적어 폐쇄회로계 속에서의 건설행위로도 부를 수 있다.

사진 5.5 지구심부 탐사선 「지구」[14] 제공 : IODP/JAMSTEC

(3) 제로 에미션

해양공간에서 해양건축물의 건축에 수반되는 배출물이나 폐기물 투기가 해양환경의 직접오염 원인이 되어 선박에서 배출되는 기름을 포함한 **해양오염방지법** 등으로 엄중하게 규제하고 있다. **건설자재 리사이클법**에서는 일정규모 이상의 건설에 수반되는 4종의 폐기물을 대상으로 규제하고 있다. 또 해양도시에서 폐기물처리도 중요한 과제이며, 적절한 처리에 의한 **제로 에미션** 공간으로 할 필요가 있다. 해양공간에서의 새로운 리사이클방법을 연구할 필요가 있다. 한편, 일본에서 발생하는 폐기물처리도 중요한 과제이며, 내륙수운을 활용한 **정맥물류**에 의한 수송이 주목받고 있다. 산업시설인 「**리사이클 포트**」를 항만시설로 정비하여 일본을 네트워크화하여 효율적인 폐기물처리를 목표로 하고 있다.

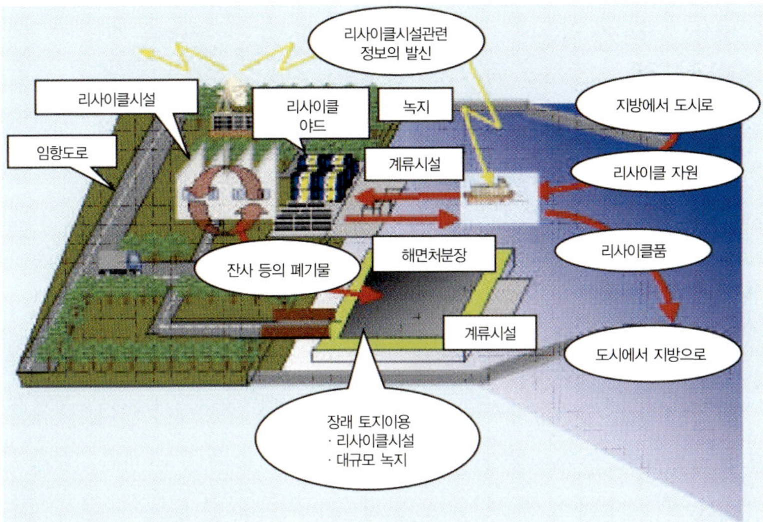

그림 5-4 리사이클 포트 개념[15)]

(4) 유니버설 디자인

1994년에 **하트빌딩법**[역4]이 제정되었다. 2000년에 제정된 **교통배리어프리법**[역5]은 하루 이용자 5,000명 이상 시설을 대상으로 장애인도 이용할 수 있도록 시설정비를 의무로 하고 있다. 일본에서는 교통배리어프리법에 근거한 정비 외에 **유니버설 디자인**이 항만이나 하천, 운하 등의 정비에 도입되고 있다. 일본의 저출산, 고령화가 진행되어 도서지역 등에서는 의료나 복지 분야에도 대응할 수 있는 다기능선(多機能船)에 의한 데이 서비스[역6]와 의료활동도 시행되고 있다. 지금부터 해양공간을 디자인할 때에는 유니버설 디자인 등의 개념도 적극 도입하여 치료나 복지 분야에서 누구라도 이용가능한 공간 창출을 목표로 해야 한다.

역4) 정식명칭 : 고령자, 신체장애인 등이 원활하게 이용할 수 있는 특정 건축물의 건축촉진에 관한 법률
역5) 정식명칭 : 고령자, 신체장애인 등의 공공교통기관을 이용한 이동의 원활화 촉진에 관한 법률
역6) day+service로 몸이 허약하거나 정신적인 장애가 있는 노인과 그 부양가족에게 행하는 다양한 서비스 사업

(5) 재해심리와 공간이용

자연재해를 입은 사람들은 심적 외상 후 스트레스 장애 등의 후유증이 발병하는 경우가 있는데, 이를 해소할 필요가 있다. 우리들은 재해에 대해 개인만으로는 힘들어도 개인들이 협력함으로써 재해를 이겨낼 수 있다. 즉 **자조**(自助)[역7] · **공조**(共助)[역8] · **공조**(公助)[역9]의 균형이 중요하다. 해양공간은 쓰나미나 고조의 자연재해를 입는 공간임을 인식하여 평상시의 준비로 재해를 입어도 심리적으로 안심할 수 있는 공간이 될 수 있도록 하는 것이 중요하다.

(6) 수재해의 면적(面的)방어

자연재해를 방지하기 위해서는 자연에너지를 제어해야 한다. 재해를 미연에 방지하는 것은 불가능에 가깝지만 해양건축물 등의 계획 · 설계 · 시공 등 각 단계에서 충분한 검토와 검증에 의한 안전대책을 강구함으로써 어느 정도 대응이 가능하게 되었다. 재해방어는 해양건축의 적절한 **성능설계**로 재해를 최소화하는 기능 확보나 도시구조 강화의 하드한 면과 시뮬레이션 활용에 의한 **쓰나미 · 고조 해저드 맵** 등 소프트면에서의 대책이 필요해졌다. 또 직하형 지진[역10]에 의한 도시구조 파괴는 도시기능을 마비시킨다. 한신 · 아와지 대지진 당시에 내륙수운이 물자운송을 맡았던 점에서 보면 선박에 의한 재해초기의 응급물자나 귀택 곤란자[역11] 수송을 기대할 수 있다. 항만시설 등에서는 면적인 방어와 아울러 **광역방재거점** 등의 정비가 필요하다.

역7) 자신의 책임 하에 자신이 시행하는 것
역8) 혼자서는 해결하기 어려운 일에 대해 주위 사람들이나 지역이 협력해서 시행하는 것
역9) 개인이나 주위사람들, 지역 혹은 민간의 힘으로 해결할 수 없는 일에 대해 공적 기관이 행하는 것
역10) 直下型地震, 내륙부에 있는 활단층에서 발생하는 진원이 얕은 지진으로 사람이 생활하는 토지 바로 밑에서 발생하는 지진을 말한다. 한신 · 아와지(阪神 · 淡路) 대지진이 대표적 사례임
역11) 지진, 태풍, 집중 호우 등의 재해 발생 시 모든 교통기관이 마비되어 자택으로 귀가할 수 없는 사람들을 일컬음

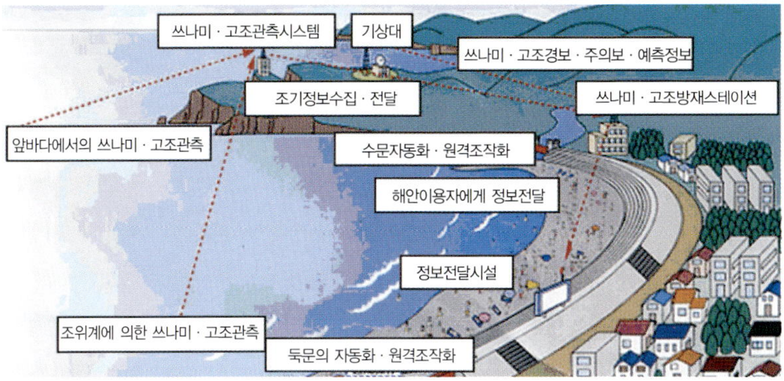

그림 5.5 쓰나미 · 고조방재 스테이션 이미지[16)]

그림 5.6 광역방재거점 이미지[17)]

(7) 해양관광 전개

일본은 국토교통성을 중심으로 관광입국을 목표로 각종 시책을 준비하고 있다. 해양관광은 자극과 치유를 얻을 수 있는 공간이기 때문에 환경을 고려한 지역자원을 유효하게 활용하고자 하는 움직임이 일고 있다. 해양리조트나 마린스포츠는 환경을 키워드로 하는 기능도 다양화하고 누구라도 이용할 수 있는 유니버설 디자인에 의한 스포츠와 새로운 사업이나 창업의 기회이기도 하다. 한편, 배를 활용한 관광도 중요한 자원으로 주목받고 있다. **에코투어리즘**이나 **그린투어리즘**과 같이 자연이나 치유를 즐기는 것으로서 나로우 보트[역12]와 같은 소형선과 씨카약(sea kayak) 등이 주류를 이루고 있다. 크루징은 대형 크루저로 장기간 즐길 수 있는데 지중해나 카리브해, 알래스카나 동남아시아 등에서 행해지며 배 안에 카지노와 쇼, 식도락 등에 의한 비일상 공간을 체험할 수 있다. 동력을 필요로 하는 배라면 기름의 연료를 확보해야 하는 점과 관광자원을 순회하는 투어에서 관광객 욕구를 만족시킬 수 있는 장치가 지역에 존재하는 점은 지역경제를 활성화시켜 지역산업을 육성하는 원동력 또는 해양관광이 새로운 산업을 일으키는 요인이 된다.

그림 5.7 트로피칼 아일랜드 구상[18), 역13]

사진 5.6 스노클링(snorkeling)에 의한 조장의 수중관찰[19)]

(8) 해양환경교육

해양공간을 다음 세대에 전해주기 위해서는 어릴 때부터 교육이 필요하다. 미국에서는 **'프로젝트 와일드'** 라는 환경교육에 관한 뛰어난 프로그램이 개발되었다. 일본에서는 '종합적인 학습시간' 등에서 환경교육이 도

역12) Narrowboat ; 영국의 좁은 운하에 맞도록 설계한 배

역13) 일본해양개발건설협회에서 계획한 해양개발구상의 하나로 일본의 남서제도에 21세기 마린 라이프 요구에 부응하기 위한 국제적인 리조트 구상

입되어 항만의 역사와 시설의 역할, 생물환경 학습과 감성을 일깨우는 활발한 활동도 행해지고 있다. 그러나 다이빙이나 보트에서는 룰을 지키지 않는 행동이 사고를 발생시키는 위험성을 포함한다. **해양환경교육**의 특징은 스스로 참가 · 체험하고 해양환경의 모습을 생각해가는 것과 동시에 사람의 감성이 풍부해지는 수단이기도 하여 사회규범이나 룰을 배우는 수단이 되며 그 밑바탕에는 **자기 책임**이 있음이 전제되어야 한다.

(9) 내륙수운 재흥

사진 5.7 스미다천(隅田川)을 오가는 수상버스[20]

내륙수운이라는 말은 제3회 **세계 물 포럼**「물과 교통」에 사용된 하천주운(舟運)과 내항해운을 통합한 것이다. 일본의 하천주운은 CO_2 배출량이 적고 환경부하가 적은 점, 그리고 도시재생 및 지역진흥 수단으로 부활하는 움직임에 따라 새로운 산업으로서 가치가 높아지고 있다. 그러나 하천에 적합한 소형선이 적고, 조선기술자의 노령화 문제를 안고 있다. 도시의 수변은 쓸쓸하고 폐쇄적인 수변공간을 드러내고, 공공선착장은 정비되어 있으나 잠겨 있어서 시민들이 자유롭게 이용하지 못하고 있다. 따라서 시민에 의한 수변개방 촉구활동도 시작되고 있다. 한편, 내항해운에서 근대화에 의한 효율화는 취업자 감소와 고령화, 새로운 선박 수요에 대한 대응책 등의 문제를 가지고 있으나, '내항해운의 차세대 비전'을 책정하여 내항해운 활성화를 도모하고 있다.

내륙수운의 역할은 강기슭이나 항구를 중심으로 거리를 형성하여 집객과 물류거점으로서 활력을 창출하는 공간이며, 워터프런트를 부활시키는 수단이기도 하다. 수변공간과 배후공간을 하나로 이용함으로써 새로운 산업형태가 창출되는 장치가 나타나 도시가 활성화될 것이다.

5.3 해양건축공학 탄생

5.3.1 인문사회과학적 건축학

건축의 기본은 사람이 거주하는 공간을 확보하는 것이다. 고대부터 기술 발전에 따라 건축공간 확대는 크게 변모해 왔으나, 그 바탕은 사람이 살고, 휴식하고, 일하는 공간이라는 점이 보편적이다. 건축은 인간의 생활공간을 확보하고 사람의 활동영역을 넓힌다. 생활공간 확보는 크게 국가, 작게는 개인의 생활을 문화적으로 구축하고, 지역정치와 경제, 산업과 문화 등의 성장에도 기여한다. 해양건축을 지향하는 사람들은 구조나 디자인만을 지향할 것이 아니라 인문이나 사회적 사상을 이해하고 지역을 주시하여 지역에 맞는 건축을 지향하는 것이 중요하다. '수자원' 에 지배되는 해양공간에서는 건축이 가진 의의가 중요하다. 즉 자연조건이나 입지조건이 매우 가혹한 해양공간에서 사람이 거주하거나 활동하기 위한 건축물을 만드는 것은 건축학으로서의 미개척 분야이며, 엄숙한 사명이기도 하다.

5.3.2 자연과학적 토목학

건축이 중규모의 스케일이라면, 토목은 대규모의 스케일이라고 볼 수 있다. 토목의 기본은 자연과 조화를 이루어 시민을 위한 공간정비로서의 civil-engineering(시민을 위한 공학)으로 해석된다. 건축과 다른 점은 항만, 하천, 해양 등 토목의 영역이 넓고 분야가 매우 다양하다는 점이다. 건축이 개인적이라면 토목은 국토형성을 위한 사회기반이라는 점이 다르다. 토목은 항상 자연과 관련 있으며, 자연과 공생하거나 역사적으로 정교하게 활용하거나 관찰함으로써 발전해 왔다. 건축을 한다하여 토목 분야를 소홀히 할 수는 없다. 해양공간에 있어서 건축물 시공은 토목 분야이기도 하다. 따라서 자연을 이해하고, 자연과 조화를 이루는 토목 분야의 기본소양을 익히는 것은 건축과 토목의 의미를 충분히 이해하여 지역 사람들에게 중요한 사회기반을 정비하는 것이 된다. 해양공간에서는 토목 분야의 식견과 기술 활용을 통해 해양건축공간이 유효하게 될 것이다.

5.3.3 지구물리와 해양생태계

건축, 지구물리, 해양생태계는 언뜻 보면 관계가 없다고 생각할 수 있으나, 지구물리와 해양생태계는 지구환경면에서 중요한 의미를 가진다. 지구물리에서 취급하는 해류 등의 해상현상과 지각변동도 해양건축에서는 중요한 정보가 된다. 해상현상을 이해하는 것은 에너지 확보와 장기간의 거주환경 확보, 건축물의 계획과 설계 보완으로 **라이프사이클 어세스먼트**를 행할 때에는 중요한 관점이 된다. 해저지형 변동 등을 이해하는 것은 건축물의 기초설계에도 유효하며, 광물조사에 의한 차세대의 자원활용도 가능하게 한다. 해양생태계는 해양생물환경을 이해하여 해양건축에 유익한 지견이 되며, 해양건축물에서 장기간 체류할 때 식량을 확보할 수 있으며, 건축물 설치에 수반된 생태계의 영향이나 생태계에 도움이 되는 건축물 설계 및 시공, 그리고 **환경부하경감** 등의 기초기술을 습득할 수 있는 대상이다. 해양건축은 해양이라는 자원을 유효하게 활용하여 자연을 고려한 건축이며 지구물리와 생태계 분야에 조예가 깊지 않으면 성립되기 어렵다.

5.3.4 해양을 둘러싼 조선공학

일반적으로 육상의 교통기관을 이용하면 편리하지만 해양공간에는 물이 흐르는 길만이 있을 뿐이다. 이 물의 길을 이용하기 위해서는 선박이 유일한 수단이었다. 선박은 물류나 여객운송을 위해 활용되어 일본과 같이 사방이 바다로 둘러싸인 나라에서는 경제활동에 중요한 위치를 점하고, 낙도에서는 생활의 중요한 교통수단이 된다. 조선기술은 선박을 건조하는 기술이지만, 해양건축물이 받는 파랑의 영향을 어떻게 경감시킬 것인지도 조선기술에 의존한다고 할 수 있다. 조선기술은 부체 건축물의 설계, 디자인과 동요 등에 대한 거주공간 확보, 심해에의 대응 등 폭넓게 활용된다. 또한 친환경적인 선박을 건조하는 기술개발은 해양공간으로의 진출도 가능하게 하여 슈퍼 에코 십[역14]에서 그 사례를 볼 수 있다. 건축에서의 조선기술은 건축물을 안전하고 안심할 수 있게 계획 · 설계 · 시공하는 것을 용이하게 하며, 사람이 거주하고 활동하는 공간을 유지 · 창출해 나갈 수 있게 한다.

그림 5.8 슈퍼 에코십 이미지[21]

5.3.5 학제(學際)적인 해양건축공학 탄생

해양건축공학이란 물과 사람과의 관계를 축으로 한 공간에서의 건축공학이며, 그 물에는 담수와 해수가 있다. 순수한 건축학, 토목공학, 지구물리와 해양생태계, 조선공학은 해양건축과 관련된 중요한 학문이다. 즉 공학이나 이학 분야와 공간이 유지해 온 역사나 문화가 밀접하게 중첩되는 학문으로 매우 학제적인 분야이다. 우리들의 주무대는 해양공간을 활동의 장으로, 바다의 문화나 산업을 창조하는 공간을 대상으로 한다. 해양건축공학은 해양이 가지는 시너지를 기본으로 건축의 가능성을 높여가는 것이다. 거기에는 휴머니즘과 과학이 조화되는 사회 실현을 지향하는 마

역14) 일본 해상기술안전연구소가 국토교통성으로부터 「차세대 내항선(Super Eco Ship)의 연구개발」 프로젝트(2001~2005)를 위탁받아 검토한 프로젝트

음가짐이 필요하다고 할 수 있고 이러한 해양을 무리없는 개발을 통해 환경과 공생하는 공간으로 창출하기 위해 해양건축공학의 학제 분야를 다면적으로 조사 · 연구해 나가는 것이 중요하며, 종합적인 학문 분야임을 이해하고 배워야 할 것이다. 해양을 둘러싼 공간은 유한한 공간이기 때문에 지혜와 연구, 선조들의 기술을 활용하면서 새로운 해양건축 분야를 개척할 사명이 있다. 과학 분야에서 종합적인 가치를 이끌어내는 것은 21세기 해양건축의 원래 모습과 지구차원의 문제를 해결하는 실마리가 된다. 따라서 차세대의 새로운 사회구축을 향해 해양건축이 가진 무한의 가능성을 보고 나아가야 할 필요가 있다.

5.4 해양건축의 역할과 전망

5.4.1 다양한 순환시스템 구축

(1) 지속 · 재생가능한 공간 구축

해양공간에서의 건축은 인류가 생존하기 위해 필요한 자원을 지속적으로 활용하고, 재생가능한 자원을 이용해야 함을 중요하게 생각해야 한다. 앞으로는 지속가능한 기능을 가진 건축으로서 '물' 을 유효하게 활용하여 리사이클 가능한 것으로 하는 등 도시순환기능과 융합된 건축의 구축이 기대된다.

(2) 지구촌 순환시스템으로

해양건축은 해양공간만을 논하는 것이 아니라 유역권도 포함한 공간구성임을 생각할 필요가 있다. 또한 이러한 융합 · 결합된 매크로적인 순환시스템을 구축하는 수단으로 해양건축의 역할이 중요하다. 지구차원의 환경문제는 육상에 주된 원인이 있으나 그 해결의 길잡이는 해양공간에 있다. 따라서 해양공간을 의식한 물과 물질의 순환을 건전화시켜 지구 전체에서 후세에 물려줄 환경을 구축해가는 것이 바람직하다.

(3) 인간본위에서 지구공생으로

과거의 건축이 인간중심이었다면 21세기에는 건축 자체의 존재의의도 크게 변해가는 과정에 있으며, 해양건축이 갖는 의의는 더 중요해지게 되었다. 인간의 욕구를 만족시키는 건축이 아닌 자연환경이나 풍토와의 조화를 도모하고, 오감을 만족시키는 환경장치로서의 건축을 모색해 갈 필요가 있다. 그 실현을 도모하는 것은 지구환경에의 부하를 저감하고 균형 있는 개발과 보전을 가능하게 한다.

5.4.2 기술 · 문화의 쾌적공간 창출

(1) 해양문화의 아카이브(archive)

해양국가라고 총칭되는 국가에는 문화를 계승하는 공간이나 장치가 있다. 고대부터 여러 가지 문화를 만들어 축적하고 활용해왔으며, 이러한 문화를 문명으로 만들어 후세에 전해줄 사명감이 있다. 건축은 그 전승의 매체가 되는 것이다. 일본 연안사나 해양기술사 등을 전하기 위해서는 기록으로 보관할 곳이 필요하며, 이는 건축에 의해 달성될 수 있다. 국내외에서 전승해 가기 위한 네트워크를 정비함으로써 해양공간이 보다 가까운 공간으로 인식되었다.

(2) 개발과 보전의 공간

신환경시대의 해양공간은 질적 전환을 위한 무리없는 개발과 보전에 의한 공간을 요구받고 있다. 이를 위해 환경과 방재에 입각한 쾌적한 공간으로 국민의 다양한 수요에 대응할 필요가 있다. 그리고 **환경수복기술**은 물론 **순응적 관리**에 의해 적극적으로 환경을 의식한 기술에 의거하여 건축을 지향해야 한다. 그것은 해양공간을 유한한 공간으로 보고 부하가 적은 건축을 전개함으로써 국민에게 쾌적한 공간을 제공하기 때문이다.

(3) 네트워크 시스템 구축

해양공간을 보다 고차원적으로 활용하기 위해서는 각종 정보의 반응 시간을 세계 동시적인 시간축으로 구축해가야 한다. 이를 위해서는 위성 통신 등을 활용한 멀티네트워크 시스템 정비와 **유비쿼터스 사회**를 실현하기 위한 IT를 활용하여 해양과 건축에 관한 기술과 지식의 공유화를 위한 해양환경 종합정보 네트워크를 일본이 주축이 되어 구축해 가는 것이 중요하다. 이러한 준비를 함으로써 우수한 인재 네트워크도 가능해지고 보다 쾌적한 해양공간을 연출하는 도구로 될 수 있을 것이다.

5.4.3 윤리와 법의 준수에 의한 환경정책

(1) 엔지니어로서의 가치관

눈 앞에 있는 문제를 해결하는 것보다는 장래를 종합적으로 예측하는 자세를 보유하는 것이 중요하며, 항상 국민을 위한 윤리관을 지키고, 기술자 혹은 건축가로서 세계 인류를 위해 통합적인 사상과 문화를 가지고 대응할 필요가 있다. 이를 위해서는 순환하는 물을 관리하는 엔지니어링임을 이해하고, 공공으로서의 건축을 해양에 도입하여 이해를 넘어선 해양건축을 목표로 하는 것이 중요하다.

(2) 해양 관련 법률

해양에 관한 법률에는 해양오염방지법 등의 법체계가 정비되어 있으며, 이러한 법체계 속에서 건전한 해양건축을 지향해가는 것이 중요하다. 법률에는 국내법과 국제법이 있으며, 법에 근거하여 통제되기 때문에 법을 준수하는 것은 적절한 건축과 해양개발을 집행하는 원점이 된다. 특히 일본은 주변국가와의 해양관련법에 근거한 파트너십이 중요한 포인트가 된다.

(3) 해양건축과 환경정책

해양건축은 모든 학문의 융합체로서 각종 환경문제를 해결하는 개발과 보전을 도모하는 수단이 된다. 또한 **통합수자원관리**정책을 포함한 **환경정책**을 선도하여 적극적으로 대처하는 것이 도시공간과 공생하는 통합적인 공간을 구축하기 위해 중요하다. 또 해외의 환경을 파괴하지 않는 정책이 요구되고 있으며, 해외에서도 환경을 고려한 정책입안이 실현될 수 있도록 노력할 필요가 있다. 해양건축이 가진 기술을 적절하게 활용하여 환경을 고려한 정책을 집행함으로써 사람과 환경에 친근한 건축의 세계가 달성될 것이다.

(4) 인류존속을 위한 최후의 공간

인류가 다른 생물과 다른 것은 이성을 가지고, 말을 한다는 것이며, 상대와의 커뮤니케이션 능력을 가지고 있는 것이 최대의 장점이라 할 수 있다. 해양에서도 영해나 영토, 광물자원 수탈에 관한 분쟁이 각지에서 일어나고 있다. 그러나 이것은 육상의 원리에 의한 싸움이며, 해양은 물로 이루어져 있음을 이해한다면 해결의 길은 있을 것이다. 따라서 해양은 인류생존을 위한 마지막 공간이 될 것이고, 이 해양공간을 공유함으로써 개개의 지역특성을 고려한 개발과 버전을 행하면 공생사회의 실현도 가까워질 것이다.

참고문헌

1) 市川義隆 제공 : 메콩강 수상생활군, 2002.
2) 독립행정법인 우주항공연구개발기구 제공 : 수순환의 개념
3) 山下柚實 : 도시의 유전자, NTT出版, 2005.
4) 鳥越けい子 : 사운드스케이프(그 사상과 실천), 鹿島出版會(SD選書), 1997.
5) 주식회사 에코 제공 : 모래사장과 바다
6) 吉川勝秀 : 사람 · 하천 · 대지와 환경, 技報堂出版, 2004.
7) 재단법인 일본조선기술센터 제공 : 메가플로트 공항모델
8) 竹林征三 : 풍토공학서설, 技報堂出版, 1997.
9) 바다의 자연재생 워킹그룹 : 바다의 자연재생 핸드북-그 계획 · 기술 · 실천(제1~4권), ぎょうせい, 2003.
10) 갯벌 네트워크의 재생을 향해 국토교통성 항만국 · 환경성 자연보호국, 2004.
11) 국토교통성 제공 : 재생된 갯벌(三河港)
12) 사단법인 일본해양개발건설협회 제공 : 해양에너지랜드구상
13) 사단법인 일본해양개발건설협회 제공 : 해중목장구상
14) 독립행정법인 해양연구개발기구 제공 : 지구심부탐사선「ちきゅう」
15) 국토교통성 제공 : 리사이클포트개념
16) 국토교통성 제공 : 쓰나미 · 고조 방재스테이션 이미지
17) 국토교통성 제공 : 광역방재거점 이미지
18) 사단법인 일본해양개발건설협회 제공 : 트로피컬 아일랜드 구상
19) 국토교통성 제공 : 스노클링에 의한 조장의 수중관찰 새로운 해변의 문화창조 팜플렛
20) 주식회사 에코 제공 : 隅田川를 왕래하는 수상버스
21) 독립행정법인 해상기술안전연구소 제공 : 슈퍼 에코십 이미지
22) 국토교통성 편 : 국토교통백서, ぎょうせい, 2005.
23) 150인의 의견 I · II : 재단법인 쉽 앤 오션 재단, 2004 · 2005.
24) 내륙수운으로의 초대 : 재단법인 리버프런트 정비센터, 2003.
25) 리버프런트 연구소 보고 1호~15호 : 재단법인 리버프런트 정비센터
26) 竹村公太郎 : 토지의 문명, PHP연구소, 2005.
27) 黃祺淵, 邊姜里, 羅泰俊: 清溪川 복원, 日刊建設工業新聞社, 2005.

| 제6장 | 해양건축의 일생

大澤弘敬, 宮崎剛

6.1 라이프사이클 엔지니어링

사람은 태어나서 죽을 때까지 여러 사건들을 접한다. 태어나자마자 바로 요람에 들어가고, 죽고 나서는 무덤에 들어가는 것처럼 인생이란 태어나서부터 죽을 때까지를 일컫는다. 그 사이 병에 걸리기도 하고 병을 예방하기 위해 건강검진도 하게 된다. 또 살아가기 위해 음식물을 섭취하는 등 인간은 죽을 때까지 사회와 여러 가지 접점을 갖게 된다. **라이프사이클**을 생각한다는 것은 요람에서 무덤까지를 생각하는 것에 해당한다. 이것은 인간뿐만 아니라 건축물이나 자동차, 일상에서 우리가 사용하는 전기제품에도 해당된다고 할 수 있다. 해양건축물도 예외는 아니며 해양건축물의 일생이란 과연 어떤 것인지 잠시 살펴보고자 한다.

해양건축물도 육상의 건축물과 마찬가지로 건축물로서 철강, 콘크리트, 목재, 수지(樹脂) 등의 건축부재로 이루어진다. 우선 처음에는 이런 건축부재를 공급해야 하고, 공급을 위해서는 여러 가지 기구를 사용하여 원재료를 채취하고 이를 운반하기 위한 배와 자동차, 항공기를 사용하게 된다. 또한 이를 가공하기 위해 사용하는 기기나 노력, 제품으로 출하되기까지 여러 공정을 거쳐 건축물에 사용된다. 건축물에 사용되는 단계가 되면 가공과 조립작업이 시작되고, 거기에도 각종 기기가 사용되어 바다에 설치하는 단계에서는 기중기선, 작업선과 바지선 등 중기를 갖춘 선박도 필요하게 된다. 그리고 운용단계가 되면 **메인테넌스**나 보수작업도 필요하고 마지막에 고철이 될 때에도 철거작업이 필요하다. 또한 단순히 철거만 하면 끝나는 것이 아니라 철거 후의 폐기물에 대해서도 **리사이클**을 포함한 처리에 대해 생각해야 한다. 이러한 건축물의 일생을 생각하여 코스트나 환경부하를 사전의 설계단계에서 고려하는 종합적인 엔지니어링이 **라이프사이클 엔지니어링**(Life Cycle Engineering, LCE라고 함)이다. 또 이러한 생각은 순환형 사회 형성에도 역할을 한다.

6.1.1 라이프사이클 코스트

LCE는 건축물의 일생에서 코스트와 환경부하를 사전에 파악하는 종합적인 엔지니어링이라 서술하였다. 여기서 코스트에 대해 생각해보자. 건축물의 일생에 사용되는 코스트를 **라이프사이클 코스트**(Life Cycle Cost, LCC라고 함)라고 한다. LCC란 건축물의 기획 · 연구개발 · 설계에서 시작하여 건조, 운용을 포함한 건축물의 내용년수(耐用年數)가 되어 해체 · 철거 · 처분하기까지의 라이프사이클에 드는 전체 비용을 가리킨다. 일반적으로 건축물의 가격은 기획 · 연구개발 · 설계, 건조, 설치까지의 단계에 이익을 포함하여 나타낸다. 이것은 소위 **이니셜코스트**라고 하는 것으로 그 후의 운용에서 철거 · 폐기까지의 **런닝코스트**를 포함하지 않는다. 건축물은 사용 목적에 따라 만들어지는데 당연히 이니셜코스트 이외에 이를 사용 · 유지 · 폐기까지의 런닝코스트도 필연적으로 들게 된다. 가령 이니셜코스트를 낮추기 위해 조악한 부재나 운용을 무시한 설계를 하여 매우 싼 건축물이 있다고 가정하면, 이를 구입하여 실제로 운용해보면 싼 만큼 운용에너지가 늘어나고, 각각의 부품이나 부재의 수명이 짧아 파괴되고 교환의 빈도나 메인테넌스 비용이 많이 드는 것처럼 구입금액 이외의 많은 런닝코스트가 필요하여 결국 비싼 물건이 되고 만다.

즉 구입에서 폐기까지 필연적으로 발생하는 비용이기 때문에 그때까지의 총비용을 미리 계산할 필요가 있다. 이는 LCC 개념으로 생각하면 어느 정도 알 수 있다. 이니셜코스트가 소요되더라도 그만큼 런닝코스트를 억제하여 라이프사이클 전체를 통한 코스트를 절감하는 것이 LCC의 개념이라고 볼 수 있다. 이니셜코스트와 런닝코스트 양쪽을 줄일 방법을 생각하여 당초의 연구개발단계에서부터 설계를 고려할 필요가 있다. 그런 의미에서 LCC 개념은 중요하다고 할 수 있다. 오늘날에는 환경문제, 에콜로지 측면에서도 기업은 단순히 개발코스트, 생산코스트, 유통코스트만을 생각하는 것이 아니라 상품의 운용코스트, 폐기코스트도 포함한 **토털코스트**, 즉 LCC의 최적화가 필요하다.

6.1.2 라이프사이클 어세스먼트

LCE의 또 다른 키워드는 **환경부하**이다. 건축물의 라이프사이클에 대한 이야기에서 환경부하라는 말을 빼놓을 수 없는 시대에 접어들었다. 특히 21세기는 환경의 세기라 하여 산성비나 오존층 파괴, 온실효과가스 등에 의한 지구차원의 기후변화가 나타나고 있다. 따라서 세계적으로 환경문제에 대한 관심이 높아지고 있으며, 향후에도 인류가 지속적으로 발전해가기 위해서는 생산활동이나 경제활동이 지구환경에 어떤 영향을 주는지를 평가하여 환경부하를 어떻게 줄일 것인가가 과제라고 할 수 있다.

최근 지속적인 발전이라는 말이 자주 언급되고 있는데, 인류가 생활활동이나 경제활동을 하는 경우에 어쨌든 개발이라는 행위를 수반하게 된다. 이 개발이라는 행위와 환경문제는 상반되는 것으로 이를 조화시키는 것이 **지속적인 개발**(Sustainable Development)이다. 개발만이 선행되어 환경문제가 무시된다면 환경은 악화될 것이며, 환경문제를 중시하여 개발행위 자체를 부정하면 인류의 생활은 성립하지 못할 것이다. 지속적인 개발이란 이러한 관점에서 후세에게 현재 개발행위의 잘못된 부분을 계승해서는 안 된다는 취지에서 개발행위를 할 경우 환경에 대한 영향을 개발검토단계에 포함시킴으로써 그 부하를 최소화하는 것이다. 이러한 목적을 위해 행해지는 검토수법을 **라이프사이클 어세스먼트**(Life Cycle Assessment, 머릿글자를 모아서 LCA라 함)라고 한다. LCA는 ISO

14040시리즈, JISQ 14040으로 발행되고 있다.

LCA와 환경문제는 뗄레야 뗄 수 없는 관계임은 이미 서술하였는데, 2001년 행정개혁에서 총리부의 별도 국(局)이었던 환경청이 독립하여 환경성이 된 것도 환경문제를 크게 의식한 국가시책의 시작점이었다. 예를 들면 환경문제의 국가법률로 **환경기본법**, **순환형 사회형성 추진기본법**, **그린 구입법** 등이 있으며, 이러한 법률은 LCA와 밀접한 관계가 있다. 여기서는 법률의 상세에 대해서 언급하지 않았으나 환경성 등의 홈페이지에 상세히 기재되어 있으므로 참조하기 바란다.

6.2 라이프사이클 어세스먼트

라이프사이클이란 어떤 제품이나 기술에 관해 그것이 생산되어 사용되고 폐기될 때까지의 모든 단계를 의미한다. LCA는 어떤 제품이나 기술에 관해 라이프사이클을 통해서 그 환경부하를 가능한 정량적, 통합적으로 평가하는 수법[1)]으로 ISO나 JIS 등의 규격으로 표준화되어 있다. 이에 의하면 LCA는 크게 (1) 목표와 범위 설정, (2) **인벤트리분석**, (3) **영향평가**, (4) **해석**의 4가지 단계로 나누어 실시된다.

6.2.1 목표와 범위 설정

LCA를 실시하는 경우에는 대상이 되는 제품과 기술에 대해 우선 그 목표와 평가의 대상이 되는 제품과 기술적 범위를 명확하게 설정하여야 한다. LCA의 목표란 구체적으로 무엇에 대해서 평가할 것인가이다. 환경문제를 예로 들면 '지구온난화현상에 대한 평가를 한다' 라는 형태로 설정된다. 아울러 평가대상이 되는 제품이나 기능의 범위설정이 끝난 다음에 평가하는 범위 및 데이터수집, 처리범위와 방법, 해석방법이나 전제조건,

요구되는 데이터 등의 품질요건 등을 결정해야 한다. 범위 설정이란 LCA의 범위를 어떻게 정할 것인가라는 것인데 일반적인 제품의 '일생'을 어떤 시스템이라 간주하고, 원료채취에서 재료가공, 제품제조에서 유통 · 판매 · 소비 · 사용, 그리고 폐기에 이르기까지의 과정이 LCA에서는 검토대상이 된다. 물론 각 단계의 중간에는 채취한 원료를 운송하여 재료를 가공하는 것처럼 운송도 크게 관여한다. 또한 이 시스템은 어디까지나 일반적인 제품에 대한 것이므로 제품에 따라 달라지며, 어떤 식으로 LCA를 실시하느냐에 따라 달라지기도 한다. 결국 대상이 되는 제품이나 평가방법에 따라 설정할 필요가 있다. LCA에서는 이 시스템에 대해 들어오는 것과 나가는 것을 검토대상으로 한다. 들어오는 것으로는 원료나 에너지 등이며, 나가는 것으로는 배출물과 재생자원이 있다. 즉 LCA는 그림 6.1에 나타난 범위를 검토대상으로 한다.

LCA 분야에서는 들어오는 것을 **'인풋'**, 기본이 되는 시스템과 외부와의 경계(그림 6.1 '시스템'의 외측 틀)를 **'시스템 경계'**, 나가는 것을 **'아웃풋'** 이라고도 한다.[1]

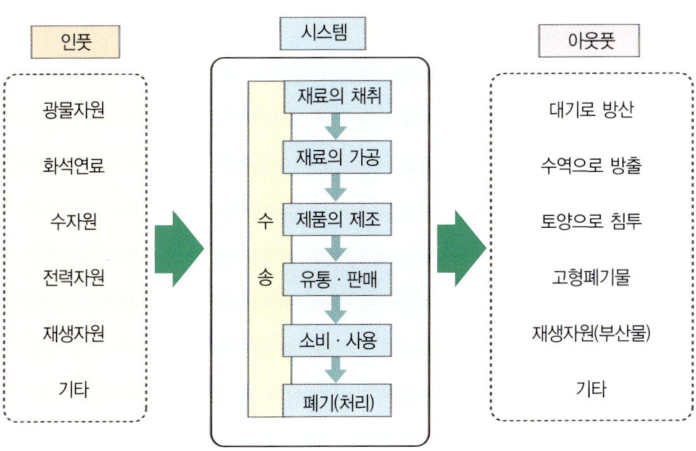

그림 6.1 LCA의 범위

6.2.2 인벤트리분석

LCA에서는 인벤트리분석법이 쓰인다. 인벤트리(inventory)란 명세를 말하는데, 이름대로 명세표를 만들어 데이터를 정리해간다. 그림 6.1에 보이는 시스템경계 안에 있는 각 단계에서 무엇이 얼마나 들어가고 나왔는지를 가능한 한 자세히 표를 만든다.

인벤트리분석에서 중요한 것은 반드시 숫자로 나타나는 양을 척도로 하는 것이다(정량적 분석). 인벤트리분석의 일례를 표 6.1에 나타내었다. 인벤트리분석은 다음의 영향평가기초가 된다.

표 6.1 인벤트리 분석표 일례

인풋·아웃풋	항목	단위	자원채취	원료의 정제	가공	조립	제조	수송	유통	사용	회수	처분	합계
자원	철	t											
	…	…											
에너지	천연가스	m^3											
	석유	t											
	…	…											
대기로 방출	CO_2	t											
	…	…											
수역으로 방출	P	t											
	…	…											
…	…	…											

6.2.3 영향평가

임펙트 평가라고도 한다. 인벤트리분석으로 산출된 데이터(특히 아웃풋 부분)에 대해 구체적인 환경에의 영향, 예를 들면 지구온난화 등의 영향과 관련해서 평가한다. 지구온난화에 대해 생각해보면 최근 매우 주목 받고 있는 것은 이산화탄소(CO_2) 배출량인데 이산화탄소 이외에도 온난화를 일으키는 원인물질이 많아 각 배출량을 모두 합하여 평가하게 된다.

6.2.4 해석

인벤트리분석과 영향평가로 LCA의 결론을 도출한다. 이때 인벤트리 분석의 결과와 영향평가결과, 각각 혹은 그 둘에서 얻은 결과를 정리하여, 미리 설정한 목표와 범위에 맞는 결론을 도출한다. 결론에는 결과를 정리한 내용에 결과를 개선하기 위한 제언이나 계획이 포함된다. 예를 들면 '어떤 자동차 A가 미치는 지구온난화현상에 관한 LCA를 실시한다' 는 목표와 범위를 설정한 경우에는 배출되는 온난화원인 물질을 인벤트리분석으로 정리하고, 자동차 A가 지구온난화에 미치는 영향에 대항정리(자동차 A는 지구온난화에 대해 이만큼의 영향을 미쳤다)하여, 필요하다면 지구온난화에 미치는 영향을 저감시키기 위한 대책까지도 제언한다(엔진의 하이브리드화).

6.3 해양건축을 예로 본 라이프사이클의 흐름

특정제품이나 기술에 대해 환경영향부하를 평가하는 수법인 LCA의 실시가 대세를 이루고 있다. 선박 해양건축물에 대해서도 가까운 미래에 LCA에 의한 평가가 행해질 것으로 생각된다. 선박 · 해양건축물 분야에서는 탱커 등을 대상으로 한 선박에 대한 LCA 적용조사[2]가 행해지고 있으나 해양건축물의 LCA에 대해서는 사례가 많지 않다. 여기서는 **먼바다 부체식 파력장치 「마이티 훼일**(mighty whale)[3, 4]」 플로트 타입을 예로 그 제조에서 폐기까지를 고려한 LCA에 대해 생각해보고자 한다.

6.3.1 먼바다 부체식 파력장치 「마이티 훼일」

먼바다 부체식 파력장치 「마이티 훼일」이란 어떤 것인지에 대해 소개하면, 먼바다 부체식 파력장치 「마이티 훼일」이란 사진 6.1에 보이는 것처럼 3개의 공기실과 3대의 웰즈 터빈 발전기를 탑재한 파력발전 기능을 가진 먼바다 부체식 해양건축물이다[5)]. 부체식 해양건축물이므로 그림 6.2에서와 같이 계류삭[역1]으로 6줄의 철제 체인과 6개의 콘크리트 앵커로 해역에 계류되어 있다.

또한 발전한 전력으로 압축공기를 만들어 이를 이용한 에어 리프트 펌프(air-lift pump)로 저층수를 끌어올려 폐쇄수역의 수질을 개선하는 기능[6)]과 파에너지 흡수로 배후 해역을 정온화하는 기능[7)]을 갖고 있다. 1998년부터 2001년까지 성능에 대한 실해역 실험으로 방대한 데이터를 갖고 있

사진 6.1 먼바다 부체식 파력장치 「마이티 훼일」 (제공 : 독립행정법인 해양연구개발기구(JAMSTEC)

역1) 선박을 계류하기 위해 선박에 설치한 로프

다.

6.3.2 라이프사이클 어세스먼트의 목표와 범위

「마이티 훼일」을 대상으로 한 경우의 LCA의 목표와 범위 설정에 대해 생각해보자.

(1) 평가지표 설정

특히 「마이티 훼일」의 파력발전 시스템에 착목해 다른 발전 시스템과 비교하며, 지구온난화의 평가항목인 라이프사이클 전체의 CO_2 배출량에 대해 착목해 지구온난화에 영향을 주는 기체의 배출량을 계산할 것이다.

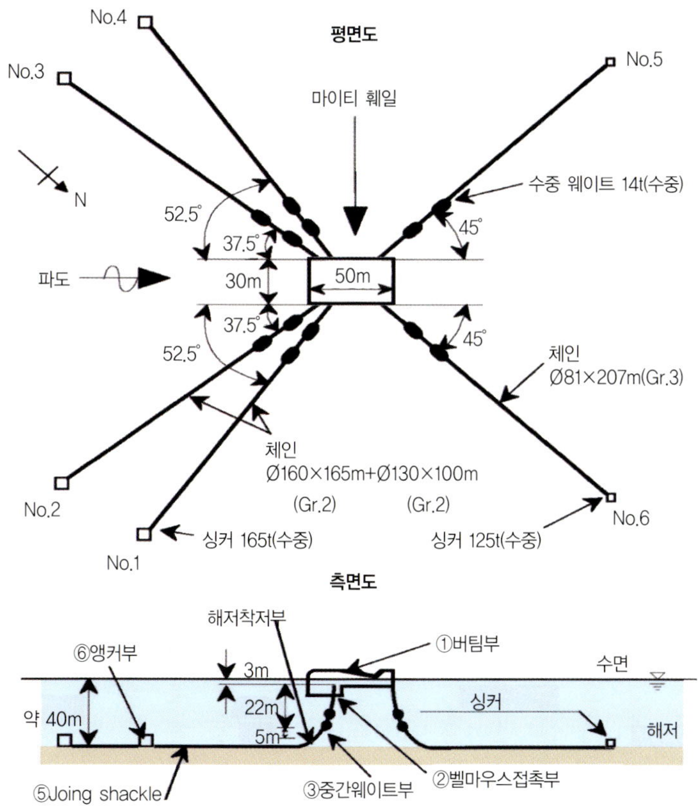

그림 6.2 「마이티 훼일」의 계류 시스템

(2) 범위 설정

LCA 해석의 범위는 소재 · 원재료 · 부품의 제조에서 처분까지로 한다. 평가의 기능단위는 다음의 5항목으로 각 단계에서 「마이티 휄일」에 투입되는 에너지, 소재 등에서 발생하는 환경부하를 산출한다.

- 소재제조 : 원재료 산출과 운송 및 소재 가공에 필요한 자원, 에너지
- 조립 : 공장 등에서 조립에 사용되는 가스나 에너지
- 제품운송 : 제품운송에 사용되는 에너지
- 사용(운반) : 보수정비작업이나 운전에 필요한 연료 등
- 폐제품 운송 : 폐제품 운송에 사용되는 에너지
- 처분 : 해체, 매립, 소각 등 제품 처분에 의한 환경부하

이번에 평가한 라이프사이클 시스템 경계를 그림 6.3에 나타내었다.

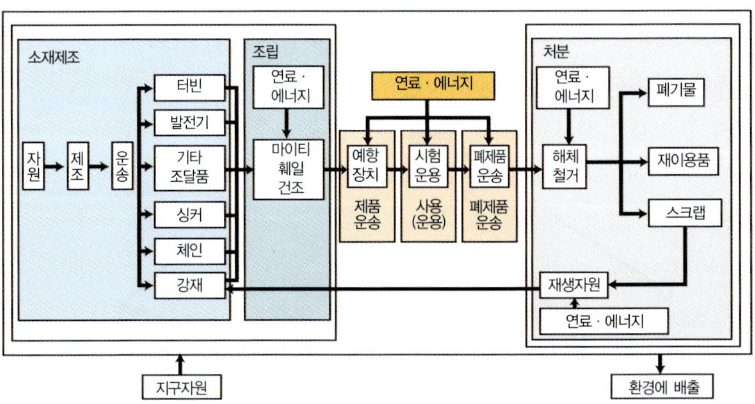

그림 6.3 「마이티 휄일」의 라이프 사이클

6.3.3 라이프사이클 인벤트리분석

인벤트리분석이란 LCA의 평가대상에 투입되는 모든 자원투입을 인

력, 환경에 영향을 미치는 배출물 및 부산물을 포함하는 모든 생산물을 정리하여 출력하고, 그 전체의 입출력을 수지(收支)표로 정리하는 것은 앞에서 서술하였다. 그림 6.3에 나타난 기능단계별로 대상시스템에 입력, 출력한 것을 산출한다.

인벤트리분석을 실시할 때에는 다음 사항을 전제조건으로 한다.

(1) 부체 및 터빈 · 발전기의 수명(내구년한)

평가 대상인 「마이티 훼일」의 시험기간은 약 3년 반이나 발전기 관련의 내구년한으로는 30년을 채용하여 그동안의 발전량, 보수작업 등을 추정하여 라이프사이클 CO_2의 계산을 행한다.

(2) 대상이 되는 설치해역과 발전량 취급

먼바다 부체식 파력장치의 설치해역은 일본 주변 해역 전역에서 가능하지만 해역의 파랑조건에 따라 얻을 수 있는 발전량은 다르다. 이번에는 우선 플로트타입으로서의 「마이티 훼일」이 실험해역 내에서 실해역 실험기간 중에 발전한 발전량을 토대로 내용년수분의 발전량을 추정하고, 그 후에 다른 해역에서 평가를 실시하는 것으로 한다.

(3) 폐기처리 프로세스

사용 후의 부체본체, 체인, 중간 싱커(Sinker) 및 콘크리트 앵커에 대해서는 **리사이클** 및 재이용하는 것을 전제로 하고 그 범위는 다음과 같다.

① 부체본체

부체본체에 사용되는 강재는 육상의 공장에서 해체하여 스크럽하였다. 또한 이 스크럽을 원료로 전기로에서 가공하여 소재(조강)를 얻는다. 따라서 인벤트리분석에서는 스크럽을 위해 투입된 에너지 등의 환경부하와 이를 전기로에서 소재로 가공하기 위해 투입된 에너지 등의 환경부하를 더하여 얻어진 소재분의 환경부하를 공제한다.

② 체인, 중간 싱커 및 앵커

부체계류에 사용된 체인, 중간 싱커 및 앵커에 대해서는 부체 철거시 「마이티 훼일」 본체에서 떼어내어 어초로 이용할 계획이므로 본 검토에서는 어초로 100%를 재이용한 것으로 공제하였다.

6.3.4 라이프사이클 영향평가

「마이티 훼일」이 환경에 미치는 영향에 대한 평가는 지구온난화에 영향을 미치는 물질을 분류화(classification)하고 **기준물질**(금회는 CO_2)과의 영향도 비(**특성화계수**)를 정해 이것과 배출물질량과 합한 값을 합계하여 환경에의 영향도를 나타낸 지표(**카테고리 인디게이터**)를 산출할 필요가 있다. 특성화계수는 배출된 때부터의 연수로 지구온난화에의 기여가 달라지고 몇 년 후에 영향을 주는지에 따라 특성계수가 달라진다. 특성계수로서는 에코 인디케이터 95나 IPCC의 1992년 보고서의 인용 등이 있으며, 금회의 LCA에서는 IPCC의 1995년 보고서에서 인용한 100년 효과[8]를 이용하였다. 또한 평가결과에서는 온실효과가스로서 CO_2, CH_4, N_2O가 배출되었으며, 이 경우 메탄의 온난화효과는 이산화탄소의 21배, N_2O는 310배로 CO_2 배출량으로 환산된다.

「마이티 훼일」의 LCA 전체에 걸친 지구온난화가스 배출량의 총량을 표 6.2에 나타내었다. 그 결과 「마이티 훼일」이 일생동안 배출하는 지구온

표 6.2 인벤트리분석 결과

자원소비	인벤트리 결과	단위	특성화계수	카테고리 인디케이터
CH_4	9.38E-01	kg	2.10E+01	1.97E+01
CO_2	7.11E+05	kg	1.00E+00	7.11E+05
N_2O	6.29E+01	kg	3.10E+02	1.95E+04
				7.31E+05

난화가스는 CO_2로 환산하면 약 731ton으로 계산된다. 또한 그림 6.4에 배출원별 CO_2 배출량의 비율을 나타내었다.

이 중에 큰 비율을 점하는 것은 부체본체 및 계류체인으로 사용된 강재이다. 사용되고 있는 강재의 중량은 합계가 약 1,970ton인데 이번 라이프사이클 어세스먼트 평가에서 이들 강재는 체인의 경우 어초로 재이용되고, 부체본체는 해체 후 스크럽으로 처리되어 소재로서 재가공된다. 「마이티 훼일」과 같은 형상의 부체식 해양건축물은 강판의 사용량이 많은 육상건축물에 비해 리사이클률이 높다. 즉 리사이클률이 높다는 것이 사용자원 총량을 맞추었다는 것과 같은 효과가 되어 결과적으로 전체 환경부하를 저감하는 것이 된다.

다음으로 「마이티 훼일」의 소재 · 제조(건조)에서 폐기까지의 각 단계에서 CO_2 발생량 비율을 조사한 결과를 그림 6.5에 나타내었다.

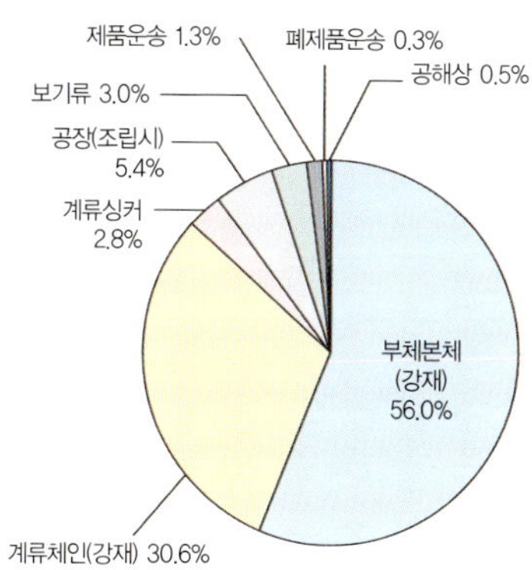

그림 6.4 배출원별 CO_2 배출량

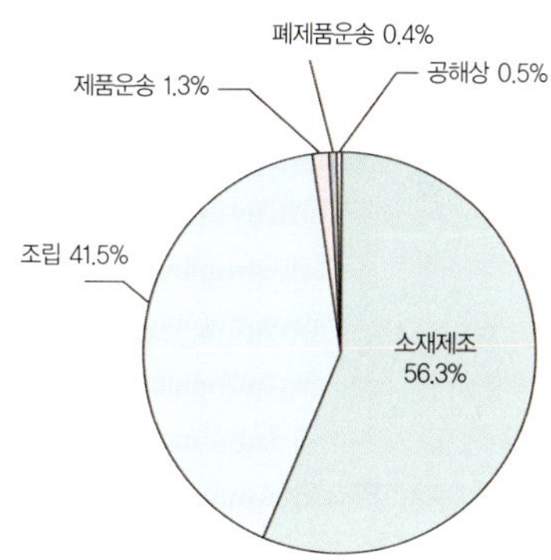

그림 6.5 라이프사이클 각 단계의 CO_2 발생량 비율

이번에 실시한 LCA의 결과에서 「마이티 훼일」의 CO_2 배출량은 소재 · 제조단계에서의 발생이 56% 이상이며 다음으로 조립시에 공장에서 사용되는 에너지 및 배출되는 CO_2 가스에 의한 발생이 42%로 이를 합한 것이 대부분의 비율을 점하고 있음이 밝혀졌다. 그 외에는 운송에 의한 배출

등이 있으나, 그 비율은 소재 · 제조단계에 비교하면 적다. 따라서 「마이티 훼일」은 태양광발전을 비롯한 다른 자연에너지이용발전 시스템과 같이 운용 시에는 거의 CO_2를 발생하지 않는 해양건축물이라 할 수 있다. 또한 소재 · 제조 및 조립의 환경부하는 강재중량에 영향을 받는다고 생각된다.

6.3.5 발전방식의 환경영향평가(CO_2 배출량)

발전기술의 환경면에서 평가지표가 되는 것이 라이프사이클 전체의 온실효과가스 배출량이다. 비교 데이터로 그림 6.6에 전력중앙연구소 연구보고서[9]에 의한 다른 발전방식의 환경영향평가를 발전방식별로 CO_2 배출량(탄소량)으로 정리한 결과를 나타내었다.

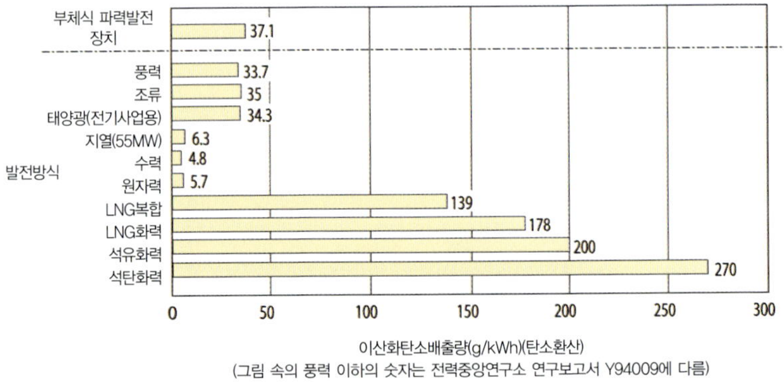

그림 6.6 라이프사이클의 CO_2 배출량 (발전방식간 비교)

「마이티 훼일」의 발전량은 타 발전시스템과의 정합성을 고려하면 실해역 실험의 변환효율 결과에서 설치해역에서 연간 약 55,800kWh로 추정되고, 계산한 라이프사이클 전체의 CO_2 배출량을 내용기간 내에 발전된다고 계산되는 발전량으로 나누어, 1kWh당 라이프사이클 CO_2 배출량을 산출해 보았다. 그 결과 플로트타입인 「마이티 훼일」 1kWh당 라이프사이클 CO_2 배출량(탄소량)은 약 119.2g이었다. 그림 6.6의 타 발전방식과 비교해 보면 석탄화력의 약 1/3, 석유화력의 절반으로 LNG 복합 화력발전보다 작은 값이다. 태양광 풍력발전과 비교해 상대적으로 큰 값이라고 할 수 있다. 이것은 플로트타입으로서의 「마이티 훼일」이 시험해역에서의 총 발전량이 상대적으로 낮기 때문이라고 생각할 수 있는데, 「마이티 훼일」은 플로트타입이기 때문에 각 발전시스템 LCA 적용범위의 정합조정이나 비용실적 등을 동일조건으로 비교하여야 원래의 의미에 맞는 비교가 된다. 그래서 부체식 파력장치 플로트타입인 「마이티 훼일」의 평가결과를 근거로 최적화된 파력장치(L×B×d=80m×40m×12m) 라이프사이클 CO_2 배출량을 추정해보기로 하였다.

실험해역의 평균 입사파에너지는 파랑 빈도분포표에서 계산하면 약 3.7kW/m이다. 그리고 이에 대해 설치장소를 사카다(酒田) 앞바다로 한 경우 사카다 앞바다의 평균 입사파에너지는 15.8kW/m로 커진다. 이것은 같은 장치로도 설치하는 해역에 따라 얻을 수 있는 에너지량이 변한다는 것을 의미한다. 그 결과 LCA의 환경평가도 크게 변한다. 그리고 1차 변환과 2차 변환을 합친 종합발전효율은 파랑빈도 등의 차이가 있기 때문에 발전을 위한 설계파에 대하여 계획효율은 플로트타입 14.4%에서 최적화 모델에서는 약 18.7%로 향상되는데, 이들로부터 최적화 모델에서는 플로트타입에 비해 약 5.5배의 파에너지량을 얻을 수 있다. 그리고 자원투입량에 부체를 포함하지 않는 최적화 모델에서는 계류계의 산입(算入) 유무도 포함되기 때문에 자원투입량에 약 28배의 차이가 있어 비교대상으로 적절하지 않으므로 비교에는 부체를 포함한 최적화 모델과 플로트타입의 비교로 하기로 한다. 이때 부체를 포함한 최적화 모델에 투입되는 자원량은 주요 항목에서 추정하면 플로트타입의 약 1.7배이다. 그리고 내용년수의 장기화에 의한 효과를 생각할 필요가 있는데, 다른 발전 시스템의 내용년수(30~35년 정도)와의 정합성을 위해 전항에서 설정한 상각년수 35년을 내용년수로 비교하기로 하였다.

지구온난화가스 배출량은 기본적으로 자원투입량에 비례하며 발전량에 역비례하므로 실용기의 라이프사이클 CO_2 배출량(탄소량)은 약 37.1g/kWh

가 된다. 이것은 파력발전장치로서는 다른 자연에너지와 동등함을 의미한다. 부체식 해양건축물의 특징으로 철거(처분)에는 에너지가 투입되고 건축물의 대부분이 스크럽 등으로 리사이클되기 때문에 사용자원 총량을 줄인 것과 같은 효과가 있으며, 결과적으로 라이프사이클 전체의 환경부하를 저감시키는 것임을 알 수 있다.

6.3.6 라이프사이클 엔지니어링 시점

지금까지 실제 사례로 「마이티 훼일」의 LCA에 관해 언급했으나 여기서 「마이티 훼일」이라는 부체식 해양건축물의 실제 개발을 통해 얻은 LCE 시점에서 몇 가지 에피소드나 유의점에 대해 설계, 건설, 설치, 운용, 폐기의 각 단계로 분류하여 서술한다.

(1) 설계

설계단계의 유의점은 설계자로서 제대로 된 설계에 대한 개념을 갖는 것이다. 이것은 라이프사이클 전체를 통한 코스트에도 크게 영향을 주기 때문이다. 「마이티 훼일」의 설계에서 설계조건인 파나 흐름 혹은 바람 등의 해양건축물 안전성에 관한 외력조건의 합리적인 산정과정 설정이 설계자에게 요구된다. 이 조건이 정해지지 않으면 건축물의 설계가 시작되지 않기 때문이다. 이 외력조건 설정 프로세스의 실수나 불합리가 있으면 건축물의 붕괴 혹은 재건설이라는 상황까지 가게 되어 최종적으로는 LCC의 상승으로 연결된다. 「마이티 훼일」의 경우 이 외력조건은 당초 인근의 구조물, 특히 어항구조물이 많이 설치되어 동일한 조건으로 하는 것도 생각하였으나 해양건축물로서의 용도를 생각하면 어느 정도 불특정인원이 운용시 사용하는 건축물로서 사회적 중요도에서 근린의 어항항만구조물이 붕괴되어도 해양건축물만은 붕괴하지 않는다는 시점에서 설계조건의 검토가 시작되었다. 그 결과 어항 항만구조물과 같은 과정으로 외력조건을 설정하면 최대 파고가 11m가 되는데 비해 건축물을 기준으로 외력조건을 설정하면 최대 파고가 16m가 되어 약 1.5배가 된다. 그러나 여기서 한 가지 절대로 붕괴되지 않는 건축물을 만드는 것은 불가능하며, 건축물의 사회적 중요도를 생각하여 초기 코스트를 포함한 토털 코스트로 생각하는 것이 중요하다는 것이다. 예를 들면 건축물의 중요도, 운용조건에도 따르겠지만, 설계시 큰 외력조건을 설정하지 않고 부러지면 수리해서 쓸 생각을 미리 상정하여 초기 코스트를 억제한 **토털 코스트**를 저감하는 방법도 생각할 수 있다.

후일담이지만 「마이티 훼일」을 실해역에 설치한 후 설치해역에 태풍이 연이어 덮쳤는데, 그 때 측정된 최대 파고는 15m나 되어 설계조건한계의 파고였다. 이 때 인근 어항구조물의 일부는 붕괴되었고, 만약 설계자가 일관된 생각없이 「마이티 훼일」의 설계조건을 결정하였다면 거대한 건축물인 「마이티 훼일」의 붕괴, 유출 가능성도 부정할 수 없으며, 주변에 막대한 손해를 입혔을 것이다. 그 결과 LCC 상승으로 이어질지도 모르는 중요한 요인을 포함하고 있는 것에 유의해야 한다. 건축물의 붕괴는 조건설정시 확률에 의한 것이 크다고 할 수 있는데, 설계자로서의 사고방식을 확실히 나타내는 것이 LCC 저감으로도 이어지는 사례라고 할 수 있다.

(2) 건설

「마이티 훼일」의 건설은 해양건축물로서 사회적 중요도라는 관점에서 설계조건이 설정된 것을 전술하였는데, 그 결과 「마이티 훼일」을 계류시키기 위한 계류시스템 제조가 건설시 큰 문제가 되었다. 최대 설계파고가 16m라는 외력에서도 안전하게 계류하기 위해서는 계류 시스템이 필요하며, 링크 직경 160㎜의 계류체인이 사용되었다.

규격으로 카탈로그에 기재되어 있지만 수요가 없었기 때문인지 당시 일본을 포함하여 이 크기의 계류체인을 제조했던 회사는 없고, 체인 제조회사의 협력으로 제조 라인을 새롭게 가동시켜 제조하기로 했으나 계류시스템만으로도 건설코스트 전체의 약 15%에 이르렀다. 안전성을 감안하면 160㎜ 체인을 사용한 계류시스템이 필요하지만, 건설코스트 전체에서 차지하는 계류시스템의 코스트 비율이 너무 크기 때문에 LCC에서 생각했을 경우, 기능적으로는 안전성을 담보하는 형태로 다른 방법을 포함하여 전체 코스트를 비교한 시스템 채용 여부를 생각할 필요가 있었다. 이처럼 시스템에 관한 하나의 사양이 결과로 나타난 경우 그것이 전체 코스트에 미치는 영향을 검토할 필요가 있다고 할 수 있다.

(3) 설치

해양에 있어서 설치공사는 육상의 건축물과 달리 해상에서 시행되기 때문에 공사장비도 그에 따라 달라진다. 대선(台船), 기중기선, 예선, 작업선, 경계선 등으로 선단을 편성하여 공사를 하는데 공사의 종류에 따라 여러 가지 의장(kbk, 艤装, 선체가 완성되어 진수된 배에 취항에 필요한 장비를 설치하는 것)을 위한 의장일수, 그리고 선단이 항상 편성되어 있는 것이 아니기 때문에 공사가 정해진 다음 전국 각지에서 배를 모으기 위한 예항일수가 필요하다. 실제 공사를 하지 않는 이 기간도 선단을 점유하는 것으로 보며, 이러한 것들은 모든 코스트에 영향을 미친다. 선단의 규모가 클수록 이들 준비비용은 커지는 것이다. 그런데 해양건축물이나 해양구조물의 설치공사인 경우 가장 문제는 공사의 가동률이다. 의장이나 예항은 어느 정도 일수를 파악할 수 있지만, 실제 설치공사가 시작된 경우 공사의 가동률은 그 시점의 해상, 기상에 크게 좌우되어 해상, 기상이 나쁠 때에는 공사가 며칠씩 중단되기도 한다.

공사가 중단되었다고 해도 그 때에도 선단이나 작업원을 점유하는 것이기 때문에 당연히 비용으로 산정된다. 「마이티 훼일」 설치공사에는 이 가동률이 매우 나빠 일주일간의 해상공사 예정이 1개월에 이르렀다. 특히 문제였던 것이 160㎜ 계류체인을 전장(展張, wiring)해서 정해진 위치에 계류하는 작업으로, 체인이 크고 무겁기 때문에 해상, 기상이 다소 나쁘면 기중기선의 동요가 문제되어 공사의 안전성을 생각해 공사를 중단하지 않으면 안되었기 때문이다. 이것은 하루 공사의 실시시간과도 관계된다. 공사를 시작하기 전까지는 해상, 기상이 매우 좋았더라도 예보에서 이 후의 해상이나 기상이 악화될 경우에는 도중에 공사를 중단하는 것이 불가능하기 때문에 하루 작업을 중지하도록 결정한다. 이처럼 LCC에서 차지하는 설치공사비 비율은 공사가동률에 따라 커진다. 설치공사비는 건조코스트와 비교해서 화제가 되지 않지만 비용적인 면에서 큰 비율을 차지한다. 따라서 LCE 관점에서는 해상건축물의 건설 · 설치계획을 하나로 간주하고 설치공사는 설치해역의 연간 해상, 기상이 양호한 기간을 사전조사하여 그 시기에 공사가 실시될 수 있도록 건설공정을 조정하는 것이 결과적으로 LCC 저감으로 이어진다.

(4) 운용

해양건축물의 운용상 유의점은 해양 특성상 메인테넌스로 끝난다고 해도 좋다. 일반적으로 해양건축물의 일생에서 운용 부문이 가장 길기 때문에 운용시 가동률을 향상시키기 위해서도 메인테넌스는 빠질 수 없다. 해양건축물의 경우 메인테넌스는 가혹한 환경하에 있기 때문에 해상이나 해중 부분을 불문하고 고심하는 부분이다. 물론 메인테넌스가 필요 없는 시스템이 가능하다면 최선이지만, 현실적으로는 어렵다.

가령 설계단계에서 메인테넌스를 생각지 않고 건축물을 설계했을 때 정작 큰 메인테넌스가 필요할 경우 해상에서의 설치공사와 같은 규모의 작업설비가 필요한 경우도 있어 결과적으로 큰 코스트가 발생할 우려가 있다. 특히 해중부분은 해상에서 눈에 보이지 않기 때문에 이를 확인할 수단을 미리 생각해야 한다. 「마이티 훼일」에서는 해중부분에서 메인테넌스가 필요한 주된 이유로 계류시스템이 있어 체인의 마모나 해저에 설치된 콘크리트제 앵커 설치상황이나 체인과 앵커 설치상황 등 다이버에 의한 연 1회의 메인테넌스를 실시해왔다.

「마이티 훼일」 설치 당시와 비교하면 해중 로봇 개발도 진보되어 있어 LCC 저감을 위해 해중부의 메인테넌스를 무인으로 간단하게 할 수 있는 시스템을 적극 활용하는 방법도 필요하다.

(5) 폐기

요람에서 무덤까지의 '무덤' 부분이 폐기에 해당되는 것은 앞서 서술한 대로이다. 폐기는 LCE에서 가장 중요한 부분을 차지하고 있으며, LCC, LCA 둘 다에 걸친 문제이다. 21세기에 들어선 현재는 순환형 사회로의 이행시기이며, 종래의 사용불능이나 역할 완료한 후 폐기는 바람직하지 않으며, 폐기할 때도 철거 · 해체 · 분별하여 재생하거나 그 이외의 것에 대해서는 **산업폐기물**로 폐기하는 프로세스로 진행해야 한다.

이때 건조할 때와는 역방향 프로세스가 진행되어 건조비용과 동등한 수준의 비용이 소요되는 경우도 있다. 또한 폐기된 물질이 유해하다면 환경에 미칠 영향도 당연히 고려하지 않으면 안 된다. 「마이티 훼일」 철거시 폐기 문제는 크게 부각되었다. 「마이티 훼일」 철거는 부체 본체부와 계류시스템으로 나누어 시행되었다. 부체 본체부는 철강으로 만들어졌기 때문에 철거 후 재생하는 것으로 재생비용이 철거비에서 공제되었지만, 문제는 부체 본체부에 부착된 해양생물이었다. 물에 잠긴 부체에는 해양생물이 빈틈없이 붙어 있어 해체시 제거해야 할 냄새가 심하고 제거 후 해양부착생물의 잔해는 산업폐기물로 취급되어 폐기하는데 강재의 재생비용에 비교될 만큼의 비용이 발생하였다. 그리고 계류시스템에서 체인 부분은 강재이기 때문에 재생이 가능하였지만 콘크리트제 앵커는 재생되지 못하여 폐기하려면 파쇄 후 콘크리트와 철근으로 나누어 산업폐기물로 처리했다.

콘크리트 중량은 1개당 165ton이었는데 6개나 있었기 때문에 폐기비용은 방대했었다. 이 문제를 해결하기 위해 지역어협과 조정해서 계류시스템 전체를 어초로 재생하는 방책을 검토하게 되었다. 원래의 용도가 계류하기 위한 부품이었고, 그대로는 산업폐기물의 해양투기로 간주될 우려가 있었기 때문에 계류시스템을 이용한 어초설계를 새롭게 하여 계류시스템 철거시 어초로 재설치함으로써 철거 · 폐기비용을 대폭 삭감할 수 있었다. 이러한 사례에서 LCE 관점에서 개개의 부재에 대하여 설계시 사전에 자원의 재이용까지를 염두에 두고 설계하는 것이 중요하다는 것을 알 수 있다.

6.4 해양건축설계와 라이프사이클 엔지니어링

LCE는 육상건축물에서는 여러 기업에서 제안·실천되고 있으며, 이러한 LCE 개념은 더욱 확대될 것이다. 그러나 해양건축물 설계에서 LCE는 시작단계이고, LCE를 시행할 경우 장래의 코스트나 환경을 예측하는 경우 과거 실적이나 데이터가 많을수록 정확한 설계가 이루어질 것이다. 즉 과거의 실적이나 데이터에 입각하여 LCE가 시행될 수 있다.

해양건축 설계에서 LCE가 힘든 점은 육상과 환경이 크게 다른 점에 있다. 이러한 환경을 염두에 두고 해양건축물을 설계하게 되는데, 한마디로 해양건축물의 실적이 적은 점에 의한 폐해도 있다. 해양에서 구조물로는 항만구조물이나 선박 등을 들 수 있는데, 해양건축물이란 자연스레 그 운용이 다를 것이라고 생각해 반드시 LCE를 해양건축물에 적응하는 데 참고가 될 것이라고는 할 수 없다.

LCE는 앞에서도 서술하였지만, 원료 조달에서 시작해서 운용, 폐기까지이므로 운용형태가 다르면 평가 자체가 달라진다. 특히 해양건축물이나 그 외 구조물도 내용년수가 길수록 운용시간이 길어지므로 전체 평가에 미칠 영향의 비중은 커지기 때문이다. 그리고 해양건축물은 항상 해양이라고 하는 공간에서 운용된다. 따라서 설치·운용된 해양건축물이 주변 환경에 미치는 영향도 고려해야 한다. 구체적으로는 해양건축물이 설치된 것에 의한 파도나 흐름 현상을 포함한 물리적 환경요인에의 영향 등을 생각할 수 있다.

건축물을 설치함으로써 파도나 흐름이 변하기 때문에 국소적으로 주변에 대해 건축물을 설치하기 전과 후에 변화된 환경영향을 평가하는 것이 필요하다. 그리고 해양에는 육상생태계와 다른 여러 생물이 서식하고 있다. 이 생물생태계에 미치는 영향도 당연히 평가해야 한다. 그러나 해양생태계는 지금까지 해명되지 않은 부분이 많고, 플랑크톤에서 어류까지 여러 생물이 밀접하게 생태계를 형성하고 있으며, 영향평가도 일반적인 방법으로는 처리될 수 없는 것이 현실이다. 이 부분이 해양건축물의 LCA를 시행하는데 있어서 가장 큰 문제라고 할 수 있다. 해양건축물의 규모가 커질수록 환경평가는 중요해질 것이다.

이처럼 해양건축물 설계에서 LCE에는 아직 곤란한 문제가 있지만 장래 지속가능한 개발을 향해 많은 노력이 필요하다.

참고문헌

1) 예를 들면 에코비즈니스 네트워크 편 : 지구환경 비즈니스 2000 ~ 2001, 産學社, 1999 등
2) 木原洸, 龜山道弘, 福元正明, 千田哲也 : 선박의 LCA(Life Cycle Assessment), 선박기술연구소 제71회 연구발표회 강연집, 1998.
3) 鷲尾幸久 : 沖合부체식 파력장치 「마이티 훼일」의 실해역실험에 대하여, 일본조선학회지 제836호, pp.2~8, 1999.
4) 鷲尾幸久, 大澤弘敬, 今井正明, 安田哲也 : 沖合부체식 파력장치 「마이티 훼일」 플로트 타입 모델의 구조 및 계류 시스템, 제14회 해양공학 심포지움, pp.49~54. 1998.
5) 大澤弘敬, 宮 剛, 緒方輝久, 竹內孝行, 岡山修三 : 沖合부체식 파력장치 「마이티 훼일」의 파력 · 태양광 하이브리드 발전 시스템, 일본조선학회 강연집 제1호, 2003.
6) 大澤弘敬, 鷲尾幸久, 增田光一 : 부체배치군에 의한 정온해역조성기술의 연구개발, 해양과학기술센터 시험연구보고 제40호, pp.19~24, 2000.
7) 大澤弘敬, 鷲尾幸久, 田中伸和, 山本亮介, 石井健一 : 압축공기를 이용한 해수 汲み上げ 기술의 연구개발, 해양과학기술센터 시험연구보고 제 40호, pp.25~31, 2000.
8) (사)산업환경관리협회 : JEMAI-LCA의 설정과 해설, 2002.
9) 內山洋可 : 발전시스템의 라이프사이클 분석, 전력중앙연구소 연구보고서 Y94009, 1995.

| 제7장 | 오래가는 해양건축

惠藤浩朗

7.1 들어가면서

해양건축물을 둘러싼 주변환경은 바람이나 파랑, 표류력 등이 끊임 없이 작용하고, 해수에 의한 부식, 열화발생이나 표류물에 의한 손상 등 육상건축물과 비교하면 현저하게 열악한 환경으로 이루어져 있다. 그리고 이들 작용이 상승효과를 수반해 해양건축물 일부에 결함이 생기면 부재의 열화가 급속히 진행되기 때문에 보수에 의한 기능회복도 매우 어렵다. 따라서 해양건축물을 설계할 때에는 신축에서 폐기까지의 안전성에 대하여 충분히 고려하는 것이 중요하다. 또한 해양건축물 사용시 안전 확보에는 손상부나 해수에 의한 부식부의 조기발견이 치명적인 결함을 방지하는 유효한 수단이며, 일상점검이나 계획단계 점검이 쉽게 이루어질 수 있도록 설계하는 것이 바람직하다.

본 장에서는 과거의 재해나 사례를 토대로 해양건축물을 설계하는 단계에서 고려해야 할 점을 정리하고, 방재나 유지관리 방법에 대하여 생각하고, 해양건축물의 신축에서 폐기, 재생까지 일련의 흐름을 통해 '오래가기 위한 기술이나 사고' 에서 '장수하는 해양건축' 에 대하여 정리하고자 한다.

7.2 유지관리와 방재

7.2.1 재해손상에서 배운다

(1) 한신 · 아와지 대지진

한신 · 아와지 대지진[1]은 1995년 1월 17일에 아와지섬을 진앙지로 해서 마그니튜드 7.3의 규모로 발생하였다. 진원의 깊이는 추정 14㎞, 일본에서 처음으로 진도 7의 「격진」으로 판정되었고, 지진의 특징은 활단층에 의한 큰 에너지가 일거에 폭발한 타입으로 진폭 18㎝라고 하는 큰 요동이 관측되었다. 인적 피해는 사망자 6,433명, 행방불명자 3명, 부상자 43,792명이며, 주택피해는 전괴 104,906동, 반괴 144,274동 등 합계 512,882동이 손상을 입었고, 이 지진에 의한 **쓰나미**는 발생하지 않았으나 화재피해가 많아 전소된 건축물은 주택, 공공건물 등을 합쳐 6,148동에 이르렀다.

연안역 및 인공섬에서의 재해상황[2]은 공업계 지역보다 주거 · 상업계 지역의 비율이 높았기 때문에 화재에 의한 건축물 소실과 인적 피해는 적었다고 보고되고 있다. 그러나 임해지역과 인공섬 지역에서 **액상화현상**이 확인되었으며, 특히 인공섬 지역에서는 약 1할의 면적에서 액상화현상이 발견되었다. 인공섬인 포트아일랜드와 로코아일랜드를 예로 액상화현상에 대하여 비교하면 포트아일랜드에서는 지반개량이 되지 않아 액상화에 의한 분사(噴射)가 확인되었고, 로코아일랜드는 지반개량이 되지 않은 지역에서도 액상화에 의한 분사는 적은 것이 확인되었다. 이 차이는 매립용 토사로 포트아일랜드에서는 진사토가 사용되었고, 로코아일랜드에서는 진사토와 세립분이 많은 코베(神戸)층군[역1]의 흙이 사용되었으며, 토사의

역1) 코베(神戸)층군은 아와지(淡路)섬 북부에서 현재의 코베(神戸)시 서구, 스마(須磨)구에서 코베시 북구 주변을 중심으로 펼쳐진 지역으로, 신생대 고제3기 시신세말에서 점신세에 걸쳐 형성된 지층. 조개나 식물화석이 많이 발굴되었다. http://ja.wikipedia.org/

종류에 의한 영향이라고 생각할 수 있다. 이러한 액상화를 방지하는 지반 개량공법에는 충적점토층의 압밀침하를 촉진하는 재하성토공법이나 **샌드 드레인공법**, 밀도증가를 도모하는 진동다짐공법 등이 있다.

이 외에 연안역의 재해상황으로는 공공 186버스(berth) 중, 대부분의 안벽, 애프런(apron), 크레인 등 항만관련시설에 피해가 발생하였으며, 대형선박 등이 접안 가능한 안벽의 대부분은 붕괴되었다. 그리고 피해가 적었던 안벽은 긴급물자운송에 우선적으로 이용되었기 때문에 대형 페리나 여객선을 이용한 구조는 의외로 활약하지 못했으며, 오히려 움직임이 빠른 소형선박의 활약이 컸다. 또한 선박이나 해상호텔 등을 정박시켜 피해자의 피난소, 지원자의 숙박시설, 식사공급용 어선, 입욕 서비스 등의 제공도 이루어졌다. 특히 부유식 해양건축물의 귀중한 예[3]로 아코우(赤穗)에서 물과 식료품을 가져오고, 히가시나다(東灘)구의 후카에(深江)역 남안벽에 계류시켜 피해자의 입욕 서비스 제공이나 복구공사 관계자의 숙박시설로서 공헌한 호텔 선(hotel ship) 「심포니」는 연안도시의 재해지원에 관한 부유식 해양건축물의 유효성을 크게 강조하였으며, 그 활약은 특필되었다.

또한 끊어진 육상교통망 복구가 진행될 때까지 약 2주 정도 해역에서의 물자운반은 재해지역의 주된 운송수단이 되었으며, 식료품, 물, 의약품 등의 구원물자뿐만 아니라 의사나 작업원, 지원자 등의 인원운송에도 해상교통이 이용되었다. 이렇게 해역에서의 재해지원은 큰 의미가 있음을 알 수 있다.

부유식 해양건축물에 대하여 일본건축학회 해양위원회 방재안전소위원회(당시 마스다(增田)주사 · 미야지마(宮島)간사)에서 코베(神戸)의 조선회사를 대상으로 한 조사[2]에서는 주변의 안벽이나 호안이 액상화 및 측방유동에 의해 심각한 타격을 받은 것에 비해, 부유도크나 부유잔교, 계류선박에의 직접적인 피해는 거의 없어 그 우수한 **면진성**이 보고되었다. 부유식 해양건축물은 예항에 약간의 시간이 걸리지만 이동이 가능하여 재해시 매우 높은 기능을 발휘하기 때문에 2006년에는 부유식 해상방재거점 설치가 추진되어 동경만, 이세(伊勢)만, 오사카(大阪)만, 훈카(噴火)만에 각 1기씩 배치되었다. 해상방재거점의 이점은 면진성, 이동성, 피난처 등의 상부 건축물 이용 외에 물자 비축창고로서의 하부 이용도 들 수 있어 재해 시 구원시설로서 크게 기대되고 있다. 또한 부유식 해양건축물의 내용년수는 매립식이나 육상건축물과 비교하여 뒤떨어지지만, 50년이나 100년의 시간경과를 감안하면 그 사명을 충분히 달성할 수 있을 것이며, 철거 가능하고 환경회복을 용이하게 할 수 있는 것은 부유식 해양건축물의 큰 이점이라 할 수 있다.

(2) 나호토카호 중유유출사고

1997년 1월 2일 시마네현 오키(隱岐)섬 앞바다에서 중유 약 19,000kℓ를 싣고 상해에서 페트로파블롭스크로 향하던 러시아 선적 탱크 '나호토카호'(건조 후 26년 경과)에 파단사고가 발생하였다.[4), 5)] 나호토카호 파단의 직접적인 원인은 재판상 화해하였기 때문에 명확하지는 않지만 두 가지 원인을 들 수 있는데, 선급협회의 검사는 통과했으나 부식이 진행되어 선체 강도가 파랑 하중에 견디지 못했거나 혹은 이상 파랑이 발생하여 파랑 하중이 선체 강도를 압도하였다고 생각할 수 있다.

그림 7.1 중유회수작업 상황.
제공 : 석유연맹

선체는 두 개로 꺾여져 침수되어 싣고 있던 **중유가 유출**되고, 31명의 선원은 구명보트로 피난하였지만 선장은 나중에 후쿠이(福井)현의 해안에서 사체로 발견되었다. 선체는 수심 약 2,500m의 해저로 침몰되었고, 분리된 선두부분은 북서계절풍의 영향으로 표류하여 후쿠이현 미쿠니정(三國町) 야스섬(安嶋) 앞바다에서 좌초되었다. 해상으로의 유출 중유는 약

6,240kℓ이며, 해저에 가라앉은 선체의 유류탱크에 남은 중유 약 12,500kℓ의 일부는 그 후에도 계속 누출되었다. 유출된 중유는 동해 연안의 8부현에 표착되어 해양환경파괴에 의한 연안역의 조개나 조류를 채집하는 곳이나 어장 피해뿐만 아니라 2차 피해로 주변지역의 관광산업에도 영향을 미쳐 자연환경이나 인간생활에 커다란 타격을 입혔다.

유출유 회수방법은 그림 7.1과 같이 물통과 국자를 이용한 회수작업이 주로 이루어졌으며, 그 외에는 화학확산제가 사용되었다. 그러나 실제적인 작업지시가 일체화되지 못하고, 중유회수의 전문적인 지식을 가진 관리자가 적었기 때문에 회수 중유의 후처리나 화학확산제 오사용 등 적절한 회수작업이 실시되었다고는 말할 수 없으며, 연안역 회복에 문제를 남기고 있다. 또한 유출 후의 대책을 계획함에 있어 큰 지표로 되었던 중유 표착 시뮬레이션에서는 현장상황을 정확히 파악한 입력 데이터 입수가 곤란하여 그 결과 시뮬레이션 정확도의 저하를 초래하였다. 그리고 얻어진 수치계산 결과도 정보공개 제도상의 문제로 이용에 제약이 있어 피해가 확대되었다.

이러한 종류의 피해는 환경재해라고 하는 인식이 필요하며, 과학적 견해보다 사고의 광역적이고 시급한 문제로서의 **환경영향평가**를 행하는 것이 피해를 최소한으로 할 수 있는 유효수단이라고 할 수 있다. 그리고 이러한 재해의 재발방지는 일본 내 법만으로 규정해서는 효과가 없으며, 선체의 구조안전성 검사에 관한 규정을 국제조약 차원에서 개정할 필요가 있다. 따라서 1999년 11월에는 입항시 기항국 검사에서 선체강도 안전성 확인의 정기검사 기록서 보관과 결함이 발견되었을 때 기항국에의 보고를 의무로 하는 제도가 국제해사기구(IMO) 해상안전위원회 총회에서 채택되었다.

해양건축물은 탱크와 같이 다량의 중유 등을 적재하는 것은 생각하기 어렵지만 해양건축물의 손상사고로 침수 · 침몰하는 상황에서 나호토카호의 사고와 같이 해양건축물의 설치장소와 그 이용방법에서 자체가 건축물인지 계류선인지, 설치장소가 육역 워터프런트인지 연안역 앞바다 부근인지 법적 규정의 불명확함[6]이 사고대응을 늦어지게 하는데 큰 장해가 되었다고 할 수 있다. 이러한 해양건축물 재해의 확대는 사고발생 전에 충분히 의논할 수 있는 문제이며, 해양건축물의 명확한 위상을 결정해서 관리체제의 일원화를 도모하는 것이 중요하다고 할 수 있다.

7.2.2 해양건축물 방재

(1) 선박의 방재대책

선박사고에는 선내 화재, 침수, 전복, 구조파손, 기관고장, 충돌, 좌초 등이 있다. 이들 사고는 육상과 똑같이 언제 발생할지 명확하지 않으나 선박은 해상에 고립되어 있기 때문에 사고 발생시 최종적으로 전원이 배 밖으로 탈출할 필요가 있다. 선박사고에 대해서는 **방재대책**[7]이 수립되었고, 엄격한 규칙과 운항자 및 선원의 통상업무나 훈련에 의해 안전이 확보되어 있다. 그리고 해상재해방지센터에서는 **해난사고**가 발생하여 유해물질 배출이나 선박화재가 발생했을 경우 사고를 최소한으로 억제하기 위해 전국의 항만방재사업자와 연대하여 사고에 대응하는 전국망 방재체제를 확립하고 있다.

충돌이나 좌초의 선박 조종사고에 대해서는 사고발생을 미연에 방지하고자 선장이나 선원의 엄격한 자격심사가 있으며, 감시를 비롯하여 주위 선박이나 해저정보수집을 지원하는 새로운 장치 도입 및 배를 조종하는 사람의 적절한 역할분담이 중요시되고 있다. 그리고 구명설비는 구명보트 등의 선측 설비와 구명동의 장비품 준비를 의무로 하고 있다. 선내의 화재 · 침수에 대해서는 방화소재 · 설비, 침수를 방지하는 **수밀격벽** 등이 규칙으로 정비되어 있으며, 재해에 대해서도 선장, 각 선원이 해야 할 역할이 명확하게 정해져 있다. 구명정이나 구명뗏목을 취급하는 조련은 내항선에서도 정기적으로 실시하고 있으며, 외항선 등에서는 승객의 피난훈련도 실시되고 있다.

또한 여객선이 비상사태인 경우는 선내 방송이나 정보표시장치로 승객이 자신의 객실로 돌아가도록 지시하고, 선원은 소화나 방수작업에 임한다. 혹시 총원 퇴선의 상황이라면 선원의 지시로 승객은 구명동의를 착용하고 지정된 피난 집합장소까지 유도되며, 국내 페리 등에서는 육상시설과 같이 하강설비를 사용하여 구명뗏목에 올라타고, 작은 여객선에서는 직접 바다로 뛰어드는 경우도 있다. 그리고 평온한 해역에서는 부기라는 큰 튜브로 구조를 기다리기도 한다.

(2) 도시재해에 해양건축물 이용

그림 7.2 부유식 방재기지(오사카)

자연재해 다발에 의해 건축물의 안전성을 확보하는 방재대책 추진이 중요한 과제로 되어 있는 현대, 도시는 높은 레벨의 도시기능을 형성하고 있는 한편, 지진 등이 발생했을 경우에 장해를 입는 시스템이 연쇄적으로 피해가 확대되고, 생활이나 도시기능에 커다란 타격을 받는다고 할 수 있다. 따라서 재해확대 대책으로는 '사람 · 물자 · 정보 · 라이프라인'을 신속하게 복구시킬 시스템이나 네트워크 정비를 들 수 있다. 그리고 대규모 도시형 재해였던 한신 · 아와지 대지진에서 도시방재나 위기관리 체제에 관한 교훈을 얻어 기존 건축물의 내진진단이나 개수공사 촉진, 재해 예방책, 재해 후 복구대책에 관한 수많은 보고가 정리되어 재해 후 복구대책으로 **방재거점**이 유효했던 것에서 육역 및 수역방재거점[3] 정비가 촉진되었다.

2006년 육역방재거점으로서 정보 · 물자운송 · 의료 등의 방재 네트워크 정비가 이미 진행되고 있으나 그 배치에 따라서는 도시와 함께 피해에 휩쓸릴 위험성을 가지고 있으며, 교통 루트의 분단에 의해 구조활동이 어려울 것이라는 점도 예상할 수 있다. 그래서 수역방재거점을 보면 한신 ·

아와지 대지진에서 바다에서의 지원이 매우 유효했다는 것과 부유식 해양건축물이 높은 면진성을 가지고 있는 점에서 육역의 피해와는 다른 환경하에서 지원활동이 기대된다. 부유식 해상방재거점의 이점은 높은 면진성뿐만 아니라 이동성이나 광대한 해역 이용을 생각할 수 있으며, 수역이어서 유연성이 풍부한 자유도 높은 거점 구축 실현이 가능하다. 그리고 수역방재거점 배치는 육역방재거점에 '사람 · 물자 · 정보 · 라이프라인'의 원활한 흐름을 부여하며, 육역방재거점 기능을 최대한 발휘시킬 수 있다고 할 수 있다.

이외에도 도시계획에 수역방재거점에 육상 도시기능의 일부를 두는 것으로 방지거점의 분산배치를 실현화하여 보다 강인한 도시방재 네트워크를 구축하는 것은 매우 효과가 높다고 할 수 있다. 그러나 우수한 기능을 가진 수역방재거점도 육상방재거점과 비교하여 비용이 들기 때문에 언제 습격해 올지 알 수 없는 재해에 대한 투자로서 경제적 문제가 있으며, 전국에서 그림 7.2와 같은 부유식 방재거점은 소형의 4기가 존재할 뿐이다. 긴급시 시급한 구조일수록 증가하는 것이 바람직한데 우선은 육역에 없는 수역특성을 최대한으로 발휘하고 육역 – 수역 토털 방재 네트워크를 구축하는 것이 중요하다.

(3) 해양건축물의 방재대책

해양건축물의 장기 이용시 혹독한 조건 하에 있기 때문에 방재대책은 중요한 과제이다. 해양건축물은 그 용도가 사람의 생활과 밀접하게 관계하며, 육상건축물과 성격이 가깝기 때문에 방재대책에 대한 건축적 시점에서 고려

그림 7.3 오호츠크 타워

해야 하지만, 한편 앞바다 부근에 배치된 해양건축물은 주변이 바다로 둘려 싸여져 있어 대규모 재해가 일어난 경우에는 연안역의 해양건축물과 같이 연락교를 통한 전원 피난은 시행하지 않기 때문에 선박을 이용한 피난방법을 참고로 구명뗏목이나 구명정, 헬리콥터 등에 의한 구조가 있다.

또한 해양건축물을 매립식, 고정식, 부유식의 구조형식으로 크게 나눌 경우, 매립식 해양건축물은 기초인 지반의 성질, 액상화현상 등을 충분히 고려해야 하지만, 육상건축물과 동일한 방재대책으로도 안전할 것이다. 그리고 고정식, 부유식 해양건축물은 그 설비장소가 해역이기 때문에 유목이나 선박과의 충돌, 해역 독자적인 자연환경 외력에 의한 손상문제를 고려할 필요가 있으며, 고정식 해양건축물은 육상건축물과 똑같이 지반에 설치하므로 지진력에 의한 영향을 고려할 필요가 있다. 이에 대해 부유식 해양건축물은 그 구조적 특징이 선박에 가까워 안전성이나 내구성에 관해서도 선박의 방식을 참고로 하여 침수나 전복, 부력이라는 부유식 구조형식으로서의 안정성에 대하여 고려할 필요가 있다.

몬베츠(紋別)항 얼음덩이빙괴(氷塊) 전망탑 '오호츠크 타워'(그림 7.3)의 방재체제[8]에 대해 소개하면 '오호츠크 타워'는 일본 내에서 8기가 존재하는 해중 전망탑의 하나로 방파제와 약 40m의 연락교로 연결된 세계 최초의 빙해 타워이다. 그리고 그 방재체제에 대해서는 일본건축센터 해양건축물 구조평정위원회가 정리하고, 재해확대 방지를 위한 보안방재조직을 편성하여 관계법령을 기초로 방재요인 대비나 지방공공단체의 지역 방재계획과 연대, 이상사태 발생시 빠르게 해상보안청, 소방기관 등으로 통보함과 동시에 방재기관과 함께 방재활동을 실시해야 하며, 나호토카호 사고에서 지적된 지휘계통의 단일화를 목적으로 한 내용도 확인되었다.

해양건축물 방재대책[9]에 대해서는 해안제방 · 쓰나미 방파제나 수역 방재거점 설치에 의한 하드웨어적인 측면에서의 시설정비가 당연히 중요한데, 반드시 시설만으로 대응할 수 없기 때문에 피난장소나 피난경로 확보, 긴급대피경로도 등을 작성해서 소프트웨어적인 측면의 충실을 도모하고, 재해에 강한 수역 개발을 효율적으로 추진하는 것이 바람직하다.

7.2.3 해양건축물의 유지관리방법

(1) 선박의 보수 · 유지 관리

그림 7.4 해중생물의 부착상황.
제공 : 코미나토(小湊)조선주식회사

선박의 안전은 선체나 기관, 항해계기 등 일상의 보수점검작업이나 메인테넌스[10)]에 의해 지켜지며, 이상음이나 냄새, 진동 등 선체나 기관의 이상을 조기 발견하여 적절하게 진단하는 것이 사고방지로 이어진다. 선박은 항해 중이거나 정박 중에도 끊임없이 엔진 주변을 중심으로 점검 · 조정 · 보수작업이 이루어진다. 그리고 일상의 보수 · 점검 · 정비를 선박조사 대장에 기록하는 것으로서 **선박안전법** 시행규칙이나 규정에 의해 **정기검사** · 중간검사 때 의무로 하고 있는 상가[역2] 및 기관의 개방검사 면제가 인정되고 있다.

선박정비에 있어 그림 7.4에 나타낸 것과 같이 선체나 스크루, 노 등에 부착된 조개껍데기는 중요한 문제로 추진력 저하나 선체 진동을 증폭시켜 부품 결함이나 금속피로, 기관고장의 원인으로 이어지며, 노에 부착되면 조종성이 악화되어 운항이 매우 위험한 상태가 된다. 그래서 선박은 매년 1, 2회 선체 청소, 수선, 선체 외판 도장이나 기관 등의 정비점검을 시행하고 있다. 선체도장은 방식작용과 해중생물의 부착방지효과로 높은 에너지 절약효과를 실현하고 있다. 그러나 선저 방오도료의 유기석이 환경오염문제가 되어 그 사용이 규제되어 동등 이상의 성능을 가진 도료개발을 서두르고 있다. 그리고 선박도 자동차검사와 마찬가지로 선박안전법에 의한

역2) 上架 ; 일정한 장치 위에 배를 올림

정기검사가 의무화되어 있으며, 정기검사 이외에도 중간검사, 항해조건을 변경할 때의 임시검사, 선박검사증서를 교부받지 않은 선박을 임시로 항해시킬 때 받는 임시항해검사, 예비검사, 검정 등 다양한 종류의 검사가 있다. 그리고 정기검사 및 중간검사를 받는 기간은 일반 소형선박에서는 정기검사를 6년마다, 중간검사 및 정기검사에서 3년째로 정하고 있으며, 5t 이상의 여객선에서는 정기검사를 5년마다, 중간검사를 매년 시행하도록 정해져 있다.[11]

정기검사 및 중간검사의 주된 내용은 선체의 구조강도나 수밀성, 복원력이나 부력 확인과 방화대책으로 기관실 등의 불연재료 사용, 인화성 가스나 연료유 누설에 관한 확인, 엔진이나 스크류, 노, 항해용구, 항해등의 작동 확인, 탈출구와 탈출경로 확보, 구명동의나 튜브, 소방설비 확인, 조난신고 비치 확인 등이다. 검사시에는 선저에 부착된 조류 제거와 선저 도료의 재도장, 주기관의 기기류 조정이나 수리 등 전체적인 메인테넌스가 실시되며, 조선소에서는 이러한 작업이 원활하게 이루어지도록 건조용 도크 외에 수리용 도크를 준비하고 있다.

(2) 보수 · 유지관리 실례

그림 7.5 포세이돈호
제공 : 해상기술안전연구소

카미고(上五)섬 석유기지는 석유 수입 지체라는 긴급사태에 대비해 1984년부터 4년간 총공사비 2천억 엔(円)을 들여 1988년에 완성한 세계 최초의 해상 **석유비축기지**이다. 길이 390m, 폭 97m의 저장선을 5척 배치하고 최대 용량 440만 kℓ(일본 국내에서 소비되는 석유량의 약 7일 분)을 비축할 수 있다. 석유비축기지시설에는 비축선, 항만시설, 환경보전시설, 방재방화시설이 있으며, 특히 비축선은 그 안전성을 고려한 이중구조로 되어 있다. 그리고 만약의 석유유실사고에 대비하여 오일회수선, 오일펜스 전장선[역3], 소방차를 준비하고 있다. 그리고 유지관리 부분에서는 도크에 들어가지 않고도 현지에서 검사 · 수리 · 보전을 행하는 방법이 개발되어 있다.

또한 보수관리에 관한 실험으로서 부유식 해양건축물 포세이돈호(그림 7.5)를 들 수 있다. 포세이돈호는 선박기술연구소를 중심으로 야마가타(山形)현 유라(由良) 앞바다에서 1986~1990년까지 4년간에 걸친 부유식 해양건축물 개발요소 실증, 해양환경에의 장기간 설치에 의한 부유식 시스템 검증, 보수관리에 관한 실해역 실험[12), 13)]을 수행하였고, 유지관리기술에 대해서는 단기간이었지만 도장방법에 따라 방식성에 커다란 차이가 있고 방식성의 한계에 이르는 부분도 확인되었다. 또한 용접금속의 용입부족이나 융합불량이 다수 발견되어 균열도 확인되었다. 그러나 이 균열은 가동시 발생한 것이 아니라 용접시 용접 크랙으로 추정되고 있다. 그리고 수몰부의 부착생물은 약 3년에 포화상태에 달하는 것이 확인되었고, 이러한 결과는 설계시 유지관리방법 검토에 도움이 되어 용접부의 비파괴검사나 방식도막 측정 등 초기상태 확인의 필요성을 나타낸다.

(3) 해양건축물의 보수 · 유지관리

건축물이란 건조하는 것만이 설계자, 시공업자의 일이 아니라 건조 후의 이용방법이나 시간경과에 의한 열화에의 대응도 포함한 유지관리에 대해서도 고려한 설계를 시행할 필요가 있다. 특히 해양건축물은 주변의 환경영향으로 손상 및 마모, 열화가 심하기 때문에 보수점검에 의한 안전성의 유지관리, 감시체제를 확립하는 것이 매우 중요하다. 특히 방식에 관해서 해양건축물은 선박과 비교하여 도크에 들어가는 것이 곤란하기 때문에 신조(新造)시 충분한 방식대책을 세워 적절한 보수관리를 행할 필요가 있

역3) Oil Fence 展張船 : 유출유가 바다로 퍼지는 것을 방지하고, 피해를 최소화하기 위해 오일펜스를 설치함을 목적으로 하는 배

다. 매립식 해양건축물의 유지관리는 육상건축물과 똑같은 감시나 메인테넌스를 실시하는 것으로 충분하며, 고정식 및 부유식 해양건축물에서는 돌발적인 손상에 의한 침수 문제로 이중각구조나 수밀격벽 설치 등의 대책을 강구할 필요가 있다. 그리고 재료열화 문제는 모든 해양건축물이 해수에 의한 부식이나 열화, 비바람에 노출된 문제를 안고 있다.

또한 해양건축물의 보수 · 유지관리에 관해 고정식 해양건축물에서는 선박과 같은 도크를 사용한 정기검사는 불가능하고, 부유식 해양건축물에서는 구성된 유닛을 분리하여 도크에 들어가서 검사하면 된다고 생각하는 경향이 있으나, 이미 생활공간으로 이용되는 유닛의 분리작업은 부동산으로서의 문제 등 쉽지 않다. 따라서 해양건축물 건조재료로 내구성이 우수하고 메인테넌스가 자유로운 철근콘크리트 사용을 생각할 수 있다. 콘크리트의 내해수성에 대해서는 기술면에서 완전하다고 할 수 없으나 철골조와 비교하면 방청(防錆)효과가 높고, 부착생물에 대해서 메인테넌스가 자유로우며, 콘크리트 재료의 입수에 지역성이 없는 점이나 고정식 해양건축물에서는 자중에 의해 해저에 정착하기 때문에 대규모 말뚝박기작업을 생략하는 것을 이점으로 들 수 있다. 그러나 고정식 해양건축물에 콘크리트 중량은 이점이지만, 부유식 해양건축물의 경우에는 경량화와 내구성을 어떻게 양립시킬 것인가가 문제로 되고 있다. 그리고 콘크리트제품에서는 계획 사용년수에 따른 JASS 5에서 정한 순위를 참고로 중간검사가 필요하다고 생각한다.

결국 해양건축물은 바다에서 보수 및 수리작업을 행할 필요가 있으며 작업기간 중의 조업정지 판단 등을 포함하여 비용평가를 계획단계에서 충분히 논의할 필요가 있다. 그리고 해양건축물의 유지관리를 수행하는데 있어 직접적인 보수점검, 수리에 관한 대책만이 아니라 외적 요인으로서 해역정보나 기상정보 등의 정보수집도 필요하다. 주변의 자연환경정보는 장래예측에 유효하게 활용되어 사전피난이나 재해대책에 도움이 되며 구조강도의 안전성 검토나 부재의 내구성 등 수치계산을 수행하는데 귀중한 데이터가 되며, 이러한 예지보전기술과 **라이프스타일 평가**를 합친 새로운 메인테넌스만이 **지속가능한 사회**를 실현하기 위한 중요한 시스템의 하나라고 생각할 수 있다.

7.3 자립하는 해양건축물

7.3.1 바다와의 관계

해양건축물의 건조를 수반하는 해양개발에서 종래의 자연환경을 지키면서 어떻게 개발을 추진할 것인지가 중요하다. 여기에서는 해양개발의 한 사례로서 그림 7.6에 나타낸 아사하야(諫早)만 **간척공사**[14]를 소개하겠다. 이사하야만을 포함한 아리아케(有明)해에서는 오래 전 에도시대 이전부터 간척공사가 추진되었다.

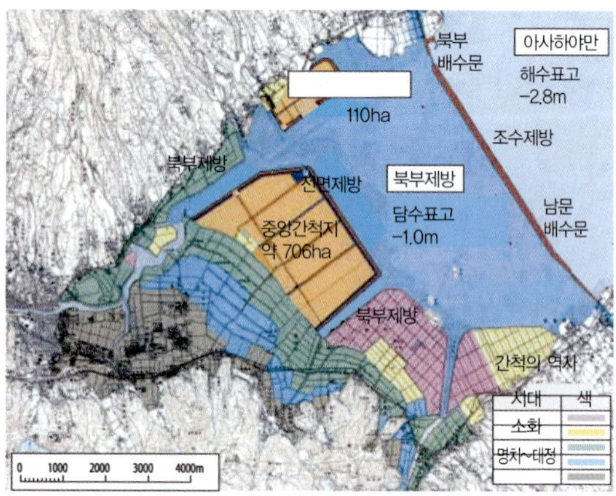

그림 7.6 아사하야만 간척공사개요
제공 : 농림수산청

아리아케해는 해안선에서 5~7km의 앞바다 부근까지 간만이 노출되는 풍부한 생태계를 가진 바다였지만 다른 한편으로 태풍이나 집중호우의 영향을 받기 때문에 특히 **갯벌**이 있어 배수하기 힘든 연안역에서 홍수나 밀물이 한창일 때 피해를 받았던 적이 있어 이러한 상황에 따라 아리아케해에서는 간척공사와 함께 배수기능을 충실히 하였다. 아사하야만 간척공사의 목적은 지형적으로 기복이 심한 나가사키현에서 평탄한 대규모 농지를 조성하여 대형 기계에 의한 효율적인 농업관리를 통해 안정된 농작물을 확보하는 것이었다.

새롭게 조성될 개척지는 농작물 생산만으로 이용하는 것이 아니라 저비용 조사료 생산을 목적으로 축산경영도 동시에 추진해 환경친화적인 환경보전형 농업 추진을 목표로 하였고, 다양한 생태계를 적극적으로 창출하면서 환경과 농업생산이 융합된 지역 만들기를 도모하고 있었다. 그리고 토양 만들기를 위해 목초재배 등이나 일부 농작물 시험재배도 시행하여 육상농업과 거의 비슷한 수량이 얻어졌다.

아사하야만 간척공사의 또 하나 목적은 지역의 방재기능 강화를 들 수 있다. 전체 길이 약 7㎞에 이르는 조수제방(潮受堤防)을 설치해서 조정지를 만들고 수위를 관리해 높은 밀물이나 홍수, 집중호우에 대한 방재기능 강화와 배수불량 개선을 도모하고 있다. 그리고 배수불량 개선책으로 펌프 배치와 배수로를 정비하여 담수(湛水) 범위 및 담수 시간 축소에 의한 피해액 경감에 노력하고 있다. 그 결과 조수제방 설치로 근방의 연안역에서 고조피해가 발생했을 때도 아사하야만의 주변지역에서는 고조나 파랑에 의한 피해는 발생하지 않아 그 효과가 인증되었다.

이 간척공사에 의해 35㎢라고 하는 현 최대의 곡창지대가 형성된 아사하야만이었지만, 공사가 아리아케해에 입힌 심각한 피해가 문제로 되고 있다. 간척공사는 해안선에서 앞바다 부근으로 넓고 광대한 갯벌을 개척하는 것이었다. 고도성장기 갯벌은 진흙바다라고 하는 인식 때문에 특히 태평양벨트 지대의 대부분이 매립되었다. 그러나 갯벌연구[15), 16)]가 진행됨에 따라 갯벌이 가진 생태계에 의한 해수정화작용이 높은 점이나 치어 생육장이라는 점 등이 확인되었고, 동경만 안쪽의 수질이 좋은 곳은 동경도에서 치바현에 걸쳐 있는 산반제(三番瀨) 갯벌이나 반주(盤州) 갯벌 등의 영향이 크다고 알려져 있다. 그리고 일본의 갯벌은 철새의 중요한 중계지점으로서 역할도 크고, 국제적으로도 귀중한 물새 서식지로서 **람사르조약**에도 등록되어 보호되는 경우가 늘고 있다. 이처럼 갯벌 연구가 진행되고, 갯벌의 기능과 역할, 가치가 재인식되어 갈수록 대폭적으로 갯벌을 감소시키는 간척공사를 강행하는 것이 바람직하지 않다는 것이 제기되고 있다.

제방 등으로 만을 대규모로 막는 것은 바다의 흐름을 변화시켜 해저축적물의 진흙화가 진행되어 어장환경이 변화될 것이고, 어장환경의 변화는 당연히 어획고 감소나 주변 **생태계**에 미치는 영향이 크며, 아사하야만의 제방을 막은 후에 실제로 게나 조개류, 아리아케해에서만 서식하는 아리아케해 고유종인 생물의 대부분이 아리아케해 전역에서 그 모습을 감춘 것이 보고되고 있다. 그리고 원인규명은 불충분하지만 아리아케해에서 왕성하게 이루어졌던 김양식에 대해서도 아사하야만을 닫은 후에 색이 바래지는 등의 품질악화가 확인되고 있다. 갯벌 손실은 생태환경에의 영향에만 한정되지 않고 수질정화기능에도 커다란 영향을 미치고 있어 제방으로 닫은 후 하수의 고도처리시설 건설이 시행되고 있다. 이러한 아리아케해의 급격한 변화와 제방의 관계에 대한 조사연구가 추진되고 있으며, 해수의 유동 시뮬레이션 등에 의해 해저퇴적물이나 바다의 성질에 관한 변화 등의 검토가 시행되어 개문조사의 필요성을 요구받는 경우도 있다. 이처럼 아사하야만 간척공사가 커다란 문제로 된 원인에는 두드러진 자연환경 변화를 들 수 있다.

대규모 해양개발을 계획할 때에는 아사하야만 간척공사의 예에 입각해서 볼 때 생태환경에 대해서도 충분히 고려해야 할 과제가 있지만, 해양개발에 따른 자연환경변화는 환경파괴만은 아니다. 아사하야만에서도 제방보다 바깥측에서 위와 같은 과제를 남기고 있지만 제방 내에서는 조정지나 표층부에서 새로운 습생식물 및 수생식물, 어류나 조개류가 정착하여 큐슈 최대급의 담수성질을 가진 습생생태계가 형성되었으며, 새롭게 창조된 **대상식생**에 의한 생태계에 기대를 하고 있다. 그래서 이들의 활용이나 갯벌, 모래사장 등 연안역에서 서식하는 생물의 역할을 이해하고 그 환경적 가치를 파악하여 해양건축물과 자연환경을 가장 적절하게 배치한 설계를 시행하는 것이 반영구적으로 설치되는 해양건축물 독자의 중요한 과제라고 할 수 있다.

7.3.2 해양건축물과 리사이클

(1) 아쿠아폴리스

그림 7.7 아쿠아폴리스[18]

아쿠아폴리스(그림 7.7)는 1975년의 오키나와 국제해양박람회의 정부관으로 건조되어 미래의 해상도시를 테마로 한 해양박람회의 상징이다.[17] 박람회 개최기간 중에는 입장객의 3분의 2의 방문을 기록하였고, 해양공간이용을 목적으로 한 세계에서도 아직 예를 찾아 볼 수 없는 반잠수형 부유식 해양건축물로 건조되어 아쿠아폴리스 위에는 당시 과학기술의 정수를 모은 미래 해상도시를 전시하는 것으로 차세대의 해상도시 구상을 제안한 것이었다.

아쿠아폴리스 건조의 기본계획으로는 오키나와의 아름다운 환경보전에 유의할 것과 박람회의 상징으로서 기술적으로 탁월할 것, 미래에의 지향성을 가질 것, 사람과의 대화를 충분히 고려할 것이었다. 아쿠아폴리스의 구조적인 특징은 4개의 부력체, 16개의 기둥을 가진 **반잠수식 트러스 라멘구조**로 당시 건조비 130억 엔 이상을 투입하여 한 변이 100m로 사방이 광대한 최상층 데크와 내부에 배치된 주거 · 전시공간이 볼거리이며, 배수나 폐기물에 의해 주변 환경을 오염시키지 않는 에너지 절약을 도모하는 **클로즈드 시스템**이 도입되었다.[18] 그러나 해양박람회 종료 후 아쿠아폴리스는 관광자원으로 활용하기 위해 국가에서 오키나와현의 관리재단으로 2억 엔에 양도되었고 그후 현에서 개발공사로 무상양도, 공사에서 주식회사로 무상대부 · 양도, 주식회사의 제3섹터에의 흡수합병, 파산선고 · 현에의 무상양도, 2000년에는 고철로 미국의 선박회사에 1400만 엔에 매각되어 상해로 예항된 후에 해체, 철근 등으로 재생되는 과정을 겪었

다.[19]

아쿠아폴리스가 이러한 궤적을 가지게 된 원인으로는 해양박람회 후의 이용방법이 불명확한데도 충분히 논의되지 않고 건조가 선행되어 법규상으로는 선박에도 해당하는 이중규제 문제에서 선장의 배치 등, 유지비 증대가 원인이라고 생각할 수 있다. 이 아쿠아폴리스의 경험은 미래의 해양건축물을 창조할 때의 반성과 커다란 교훈을 가져와 종래의 신규투자 중시의 사고방식에서 **비용 대 효과**를 고려한 유지관리가 중요하다는 것을 알려주고 있다.

결국 해양건축물을 신조하는 시점에서 그 건축물의 퇴역까지의 비용 대 효과를 상정하고, 이용목적 변경 등에서 특히 라이프사이클 코스트에 대하여 충분히 검토하는 것이 막대한 투자가 이루어지는 해양건축물에 있어서는 중요하다고 할 수 있다.

(2) Brent Spar

Brent Spar(그림 7.8)는 1976~1991년까지 북해유전에서 사용되었던 Shell 석유(Royal Dutch Shell사) 소유의 시설이며, 규모는 해저 109m, 해상 28m, 철과 콘크리트를 합친 총중량 13,500t의 건축물로, 그 위에 1,000t의 부대시설이 탑재된 거대한 부표이다. 채굴된 원유는 파이프라인에 의해 영국의 Shetland 섬으로 운반되어 탱크에 의해 석유정제기지로 운송되었다. 그리고 1991년 10월에는 노후화로 폐기가 결정되어 Shell 석유와 외부기관에서

그림 7.8 Brent Spar
제공 : Greenpeace Deutschland

1991년에서 3년간에 걸쳐 처분방법에 관한 연구가 추진되었고, 합법성 · 경제성 · 안전성 · 환경에의 영향 등을 검토한 결과 최선책으로 심해에 버리는 것으로 결정되어 1995년 2월에는 영국 정부도 Shell 석유의 계획을 승인하였다. 그러나 이에 대하여 그린피스 등 환경 NGO는 해양투기에 반대하여 Brent Spar 점거나 Shell제품 불매운동 등 강력한 반대운동을 전개하였고, 더욱이 회의장에서 독일수상이 영국수상에게 심해투기를 재고하도록 제의하는 것으로까지 발전하였다.[20), 21)]

최종적으로는 유럽의 정치정세 배려와 반대운동에 따른 리스크, 인간적 도리 · 환경 개선을 바라는 제안의 주주 찬성으로 Shell 석유는 해양투기 중지를 표명하고, 처분방법 검토를 다시 추진하여 1998년 1월에 Brent Spar를 **산업폐기물**이 아닌 페리용 부두로 재이용하기로 결정하여 1999년 7월에 노르웨이에서 재이용을 위한 공사가 완료되었다. 이 문제로 Shell 석유는 당초의 예정 코스트 1억 2천만 엔을 크게 상회하는 14억 엔을 지출하게 되었지만 인권과 환경보호에 관한 기업에의 기대에서 경영체질 개선을 추진해 NGO단체 등이 Shell 석유라고 하는 거대기업을 움직인 이 사례는 기업의 환경대책 모습, 정보개시 등에 대하여 산업계에 영향을 미쳐 교과서나 학술지에서도 언급되고 있다.

(3) 리사이클과 지구환경건축

부유식 해양건축물은 새로운 용도의 부가나 설치해역의 이동에 의해 리사이클되는 경우가 있다. 예를 들면 오스트레일리아의 그레이트배리어리프(Great Barrier Reef)[역4]를 형성하는 산호초 John Brewer reef에 설치된 floating hotel(그림 7.9)은 1986년에 우선 싱가포르에서 바지(barge) 부분의 건설이 시작되었고, 1987년에는 바지 위에 놓일 호텔 부분이 건조되어 호텔 부분이 바지에 설치된 후 싱가포르에서 오스트레일리아로 예항

역4) 오스트레일리아 북동부 해안에 있는 세계 최대의 산호초 지대

되어 1988년 3월에 영업을 개시하였다.[18] 호텔은 4층으로 전실 욕실, 에어컨이 설치되어 있으며, 200실 정도의 객실을 가지고 있으며, 접근방법은 오스트레일리아의 퀸즐랜드 북동 72km에 떨어진 곳에서 선박이나 헬리콥터로 이동한다. 그러나 floating hotel은 1989년 6월 오스트레일리아에서 싱가포르로 돌아가 수리되어 베트남 호치민시 사이공강에 설치되었다.

그림 7.9 floating hotel[18]

1989년 당시 베트남에는 국제급 호텔이 없었기 때문에 이 호텔을 유치하였다고 한다. 그리고 1996년에 이 호텔은 영업을 중지하고 철거되었다. 이 사례는 부유식 해양건축물의 이동성을 나타낸 대표적 사례중 하나이며, floating hotel 전체를 수리해서 리사이클된 경우라고 할 수 있다.

그리고 건축물로서의 리사이클에 대해서 살펴보면 2002년에는 건설리사이클법이 시행되었다. 건설리사이클법의 목적은 특정 건축자재에 대해 재자원화를 촉진하기 위한 조치를 강구함과 동시에 산업폐기물 감량을 통해 폐기물의 적정한 처리를 도모하는 것으로 생활환경보전과 국민경제의 건전한 발전에 기여하는 것이다.

이러한 유한한 자원의 리사이클을 목적으로 하는 배경에는 20세기 물질문명발달의 영향에 의한 문제(지구온난화, 생태계 파괴, 자원남용, 폐기물 누적 등)에 대하여 건축활동으로서 지구환경보전을 위한 「**지구환경건축**」[22]이라고 하는 키워드가 있다. 지구환경건축은 유한한 자원이나 에너지를 인식하여 지구적 규모에서의 항구적 대책을 강구하고, 지속가능한 사회를 적극 실현하는 것을 목적으로 하는 것으로 이제까지 산업폐기물로서 취급되었던 건축자재를 리사이클하는 것 등도 순환형 사회를 구축하는 방법이라고 할 수 있다.

2000년에는 「지구환경 · 건축헌장」으로서 일본의 건축관련 5개 단체(일본건축학회, 일본건축사회 연합회, 일본건축사 사무소협회 연합회, 일본건축가협회, 건축업협회)는 다음과 같은 건축창조에 대처할 것을 선언하였다.

1. 건축은 세대를 넘어 계속 사용해야 할 가치 있는 사회자산이 될 수 있도록 기획 · 계획 · 설계 · 건설 · 운용 · 유지된다.(긴 수명)
2. 건축은 자연환경과 조화하고 다양한 생물과의 공존을 도모하면서 양호한 사회환경의 구성요소로서 형성된다.(자연공생)
3. 건축의 생애 에너지 소비는 최소한으로 하고, 자연에너지나 미이용 에너지는 최대한으로 활용한다.(에너지 절약)
4. 건축은 가능한한 환경부하가 적고, 재이용 · 재생가능한 자원 · 재료에 기초하여 구성되어 건축의 생애자원소비는 최소한으로 한다.(자원절약 · 순환)
5. 건축은 다양한 지역의 풍토 · 역사를 존중하면서 새로운 문화로 창조되어 양호한 성장환경으로 차세대에 계승한다.(계승성)

이 제언은 해양환경을 배려하고 구조상 안전성이나 내구성, 거주성을 고려한 해양건축물의 본질적인 컨셉과 매우 일치하는 것이며, 해양건축이란 지구환경건축의 하나라고 할 수 있다.

참고문헌

1) 阪神 · 淡路대지진 관련정보 데이터베이스 : http://sinsai.fdma.go.jp/search/
2) 일본건축학회 : 阪神 · 淡路 대지진 조사보고 해양건축, 丸善, 1999.
3) 일본건축학회 해양위원회 : adaptive 해양방재거점의 제안 – 도시재해를 대비하여, 일본건축대회, 연구협의회 자료, 2005.
4) 福井현 위생환경연구센터 : 나호토카호 중유유출사고에 대하여, http://www.erc.pref.fukui.jp/news/oil.html
5) 後藤眞太郎 : 나호토카호 중유유출사고고에서 환경재해의 Geo-Informatics의 역할, http://www.glocom.ac.jp/eco/esena/resource/goto/
6) 原田晋 : 해양개발에 대한 관련법규에 대하여, 일본조선학회지 783호, pp.43~44. 1994.
7) 선박 배리어크리 홈페이지 : 해상기술안전연구소, http://www.nmri.go.jp/bfree/index_j.html
8) 向山松秀, 原健一郎 : 빌딩레터, 일본건축센터, 1995.
9) 연안역 종합관리연구회 : 제언 ~ 미래의 어린이들에게 아름답고 안전하며 활기찬 연안역을 계승하기 위하여 ~, http://www.mlit.go.jp/kisha/kisha03/05/050305/050305/pdf
10) 배의 메인테넌스 연구회 : 배의 메인테넌스 기술, 成山堂書店, 1996.
11) 일본소형선박 검사기구 : 선검의 Q&A, http://www.jci.go.jp/faq/03.html
12) 大川豊 : POSEIDON 실해역 실험이란, http://www.nmri.go.jp/ocn/poseidon/poseidon.html
13) 大松重雄 : 관은 어떤 대응을 하고 있는가?, 일본조선학회지 783호, pp.22~24, 1993.
14) 九州 農政局 : 諫早만 개척사업 : http://www.kyushu.maff.go.jp/isahayaindex.html
15) 西田穗高 : 잃어버린 諫早만 갯벌의 자연을 주시하며, http://www.kcat.zaq.ne.jp/isahaya_bay/
16) 細川恭史 : 연안 갯벌과 환경, 일본조선학회 809호, pp.10~12, 1996.
17) 운수성 : 1973년 운수백서, 아쿠아폴리스의 건조계획, mlit.go.jp/hakusyo/transport/shouwa48/ind070202/frame.html
18) 畔柳昭雄 외 : 해양건축의 구도, 프로세트 아키텍처, 1991.
19) 佐久田昌昭 : 아쿠아폴리스의 교훈 ~ 토털 라이프사이클 코스트의 논의 ~, 해양정책연구재단 뉴스레터, 제32호, 2001.
20) Richmond : 영국의 북해유전과 환경보전, http://www.i.hosei.ac.jp/kodera/kadai/env.uk/Data_env_uk/Report/Richmond030311.htm
21) Wikipedia : Brent Spar, http://en.wikipedia.org/wiki/Brent_Spar
22) 일본건축학회 : 지구환경 · 건축현장, http://www.aij.or.jp/jpn/databox/2000/000707.htm

| 제8장 | 안심하고 살 수 있는 해양건축

居駒知樹

8.1 들어가면서

주변에는 많은 위험이 잠재해 있다. 해양건축을 아무리 안전하게 계획 · 설계해도 '절대 안심' 이나 '100% 안전' 이라고 한다면 무리이다. 이는 모든 사물이나 구조에 해당된다. 따라서 기술적인 안전을 확보한 후에 이용자가 안심할 수 있도록 노력하는 것이 필요하다. 공학 분야에서는 합리적이라는 미명 하에 안전에 대한 논의가 무의미했다. 그러나 '안심' 이라는 키워드가 들어가면 심리적으로 무시할 수 없다. 본 장에서는 안전한 해양건축을 안심하고 이용하기 위해 필요한 개념과 이론을 생각해보고자 한다.

8.2 사람의 감정과 감각은 무시할 수 없다

8.2.1 '만들기' 에는 쾌적성과 안심이 요구된다

공학 분야에서는 일반적으로 매사를 합리적으로 처리하도록 요구받는다. 이는 때로는 매우 기계적이고 무기적(無機的)이어서 사람의 감정이 개입될 여지가 없다. 의장설계와 같이 감성이 직접 좌우되는 경우도 있으나 예외적이며, 이용자의 편리성을 생각하면 역시 합리적인 플래닝이 기본이 된다. 인간공학도 최종목표는 인간의 행동이나 동작에 따라 시스템이 어떻게 합리적으로 대응하는가를 요구하므로 감정론이 되지는 않는다. 그러나 1980년대 후반의 버블 이후 인간의 감정이나 감성 · 감각과 같은 극히 추상적인 심리상태를 계획이나 설계에 직접 반영시키려 하거나 이를 무시할 수 없다는 풍조가 강해졌다. 왜냐하면 사람들이 '쾌적함' 이나 '상쾌함' 과 같은 마음의 만족을 강하게 요구하게 되었기 때문이다. 그 일례로 '안심' 이 있다. 최근 과학기술 수준은 제품 제조에 이러한 감성을 만족시킬 것을 요구하는데까지 발달했다. 그리고 2004년 12월에 시행된 경관법은 단순히 중요한 건물 등을 고체로 보전 · 보존한다는 것이 아니라 경관이라는 추상적인 대상을 보전 혹은 창조하기 위한 법률이다. 이러한 법률이 제정된 것도 감성이 제조에서 중요한 요소가 된다는 증거이다.

최근에는 인간의 감성을 제조에 활용하기 위한 기술을 종합적으로 다루는 **감성공학**이라는 학문이 있다. 이와 관련 학회로 1998년에 일본감성공학회[1]가 발족되었다. 감성공학은 어떤 학문이며 무엇을 지향하는지에 대해서는 「감성공학과 정보사회」[2]를 참조하기 바란다.

8.2.2 안심 · 안전

최근 **'안심안전'** 또는 **'안전안심'** 과 같이 '안심' 과 '안전' 이라는 말이 많이 사용되고 있다. '안심' 은 사람의 감정이나 심리상태를 표현하기 위해 사용되는 말이다. 이에 대해 '안전' 은 안심이 되는 상태를 의미한다. 즉 우리는 안전하다고 인식함으로써 비로소 안심하는 것이다. 안전을 안심의 근거나 이유로 하기 때문이다. '안심안전' 이라는 표현은 안심할수록 안전하다는 것을 포함하는 의미라고 할 수 있다.

'절대로 사고가 발생하지 않고 누구도 전혀 불안하지 않게 하는 것이 안전이다.' 라고 할 수 있다. 이것을 **'절대안전'** 이라 한다. 나중에 설명하는 리스크에서 **'리스크제로'** 와 같은 의미이다. '절대안전' 한 안전은 있을 수 없다는 것을 조금만 생각해도 알 수 있다. 그러나 일본인은 오랫동안 절대안전을 원한 것이 사실이다.

안심의 정의를 '불안이 전혀 없는 것은 아니나, 이 정도라면 참을 수 있다' 라는 심리상태라 해보자. 그렇다면 안전의 정의가 크게 바뀐다. 즉 절대안전 상태가 아닌 '참을 수 있는 정도의 안전' 을 안전이라고 할 수 있게 된다. 이것을 안심에 대응시키면 위험을 허용할 수 있다면 그것은 안심했다고 보는 것으로 간주할 수 있다. 물론 이것은 기술적으로 안전이 충분히 확보된다는 전제 하에서의 문제이다.

8.2.3 안전하면 안심할 수 있는가

'허용할 수 있으면 안심' 이라는 것은 '허용할 수 없으면 안심할 수 없다' 로 바꿀 수 있다. 애당초 어떤 사물이 안전하다고 판단하는 것은 누구이며, 그 기준은 무엇일까? '사물' 이란 건축물, 구조물이나 기계 등 하드웨어적인 것뿐만 아니라 구조나 방법론 등의 소프트웨어적인 것도 포함된다. 안전하다고 판단하는 것은 '사물' 의 제공자 -기술자나 메이커(제조회사) 등 개발주체- 즉 '사물' 에 관한 전문지식을 가진 사람이다. 그러므로 안전의 판단기준은 과학적 · 공학적 지식에 근거한다. 또 하나는 '사물' 을 이용하는 이용자 또한 안전한지 아닌지를 판단한다. 일반적으로 이용자는 전문지식을 갖고 있지 않아 그 판단기준은 애매하다. 사람의 심리가 안전하다고 생각하면 안심한다. 즉 안전하면 안심할 수 있다. 그러나 안전하다고 판단하는 기준은 제공자와 이용자(유저)가 다르다. 판단기준에 차이가 있는 것은 안심하는 정도에도 양자간 차이가 있다는 것이다.

8.2.4 다른 "지(知)"에 의한 안전 인식

전문지식을 가진 제공자의 판단기준은 과학적, 공학적 근거에 기초하며 안전의 판단은 위험의 가능성도 충분히 고려한 후 행해진다. 이러한 객관적 지식구조를 **세계지(世界知)**[3]라고 한다. 결국 제공자의 판단기준은 세계지에 근거한다. 이에 대한 이용자의 판단은 개인의 경험과 지식 등에 근거하여 형성된 감성까지도 좌우하는 지(知)에 따른다. 이러한 이용자의 지식구조를 **생활지(生活知)**[3]라 한다. 세계지에 근거한 가치를 똑같이 생활지로 요구하는 것은 불가능하다. 나중에 언급하는 리스크 개념을 적용한다 해도 원자력발전소의 방사선누출 사고에 의한 피폭이 원인인 암으로 사망하는 확률이 백만분의 일이라 해도 당사자는 죽느냐 사느냐의 1/2의 가능성 밖에 없다고 할 수 있다. 실제로 이 1/2의 가능성 – 이것은 생활지에 근거한 판단 – 이 일어나는 것은 '가능성' 이나 '영향도' 가 낮은가 높은가라는 것이 세계지로 보면 발생확률이나 리스크이다.

개인이 '허용하는' 것은 생활지에 근거한다. 위험 가능성을 허용하지 않으면 기술적으로 충분히 안전하다 해도, 즉 세계지에서는 안전하다 해도 그것은 생활지에 근거한 이용자에게 안전하지 못한 것이다.

8.2.5 필요한 것은 안심시키는 노력

원자력발전소 설계기준은 다른 곳에서는 유례가 없을 정도로 엄격하며, 안전관리체제도 다른 것과 비교할 수 없을 만큼 충실해 그 **안전성**은 충분하다고 생각한다. 원자력발전소는 후술하는 리스크평가를 설계단계에 도입하고(**리스크베이스 · 디자인**), **페일세이프(fail safe)** 설계사상이 적용되어 2중, 3중, 4중의 안전관리가 시행되고 있다. 그러나 일반인들은 미지의 것에 대한 불안이나 사고가 발생했을 때의 피해에 대한 공포 혹은 운전자에 대한 불신감이 있어 안심할 수 없다.

이것은 생활지에 의한 판단이다. 제공하는 측의 사람은 이용자에게 안심감을 주기 위해 안심시키는 노력이 필요하다. 이때 기술적인 안전 확보에 대한 증빙뿐만 아니라 사회과학적인 설득력이 필요하다. 이를 위해서는 여러 가지 시점에서 합리적이라는 개념이 필요하다.

8.3 합리적으로 안전을 생각하다

8.3.1 안전공학과 신뢰성 공학

안전을 과학적 · 공학적으로 객관성을 갖고 다루는 학문으로 안전공학이나 신뢰성 공학이 있다. 둘 다 학제적인 학문이다. 잠재적인 위험 가능성을 어떠한 기준을 설정하여 수치적으로 표현하거나 혹은 그 수치를 어떻게 하면 낮게 억제하는가가 **안전공학**이나 **신뢰성 공학**의 범주이다. 단, 각각의 대상이 다르다. 본 장에서 다루는 인간(혹은 재산)에 대한 안전성을 평가하거나 그것을 확보하기 위한 기술을 다루는 것이 안전공학이다. 신뢰성 공학의 대상은 인간이 아니라 건축물, 기계, 기기 등의 하드웨어 시스템이며, 여기서는 해양건축이라는 시스템이다. 그러나 안전성을 평가하기 위해서는 많은 경우 하드웨어의 신뢰성을 평가할 필요가 있다. 일반적으로 신뢰성이 높으면 안전성도 높아지는 경향이 있다.[4)]

단, 안전공학과 신뢰성 공학을 학문 분야에서 보면 그 구성은 크게 달라진다. 기타카와(北川)[5)]는 안전공학에 가까운 내용을 다루는 학문으로 신뢰성 공학과 인간공학을 열거하고 있으며, 사람의 안전을 대상으로 하는 경우는 안전공학 입장에서 접근할 필요가 있다고 지적하고 있다. 일본 신뢰성학회[6)]와 안전공학회[7)]는 독립적으로 활동하고 있다.

8.3.2 안전을 합리적으로 취급하다

안전을 받아들이는 방법에는 입장차나 개인차가 영향을 미치므로 그 기준 설정은 곤란하다. 그래서 안전을 **합리적**으로 평가하고자 하는 개념이 나오게 되었다. 여기서 말하는 '합리적으로'는 안전에 관한 일정기준을 어떤 주의에 따라 혹은 합의(consensus)를 얻어 정한다는 것이다. 이것은 기술자나 과학자는 '안전을 공학적으로 취급한다'라던가 '안전을 과학적으로 취급한다' 와 같이 표현한다.

안전성을 합리적으로 취급하기 위해서는 – 리스크의 경우도 같다 – 기술뿐만 아니라 사회 실정과의 조화 및 경우에 따라 정치적인 조정도 무시할 수 없다. 즉 기술적, 사회적, 그리고 때에 따라서는 정치적인 요소에 대해 합리적인 취급이 필요하다. 이러한 것을 **과학적(기술적 · 공학적) 합리성**, **사회적 합리성**, **정치적 합리성**이라고 한다. 공학적으로 안전을 취급한다는 것은 이른바 공학적 합리성을 가지고 안전성을 평가하는 것이다. 공학적으로 판단한다는 것은 목표설정 관점에서 보면 실제로는 번거로운 일이다. 이에 대해서는 후술하기로 한다.

8.3.3 안전학과 안전지(安全知)

「안전학」[8] 무라카미 요이치로(村上陽一郎, 저)는 안전을 처음으로 학문으로 다루었다. 책에서 안전학은 안전공학이나 안전에 대해 메타과학적인 것이라고 설명하고 있다. 안전뿐만 아니라 안심이라는 키워드를 더해 안전에 대한 생각과 생각하는 방법을 정리한 '안전과 안심의 과학'[9]은 본 절의 화제에 관해 많은 것을 배울 수 있을 것이다. 현재는 안전학이라는 개념이 합의를 얻을 수 있게 되었다.

일본학술회의의 인간과 공학연구연락위원회 안전공학전문위원회의 2005년 8월 보고[10]에는 많은 분야에 걸친 안전학이라는 학문을 확고하게 하기 위해서 '안전을 실현하기 위한 지식구조' 를 '안전지' 로 정하고 그 체계화를 시급하게 진행할 필요성을 제기하였다. 그 내용은 안전공학의 메타과학인 안전학이라고 할 수 있다.

8.4 최저 안전성을 확보하기 위한 설계기준

일반적으로 어떤 것을 만들어 판매하기 위해서는 그것이 어느 정도 안전하다는 것을 보장하기 위한 기준이 설정된다. 건축물이라면 법적으로 그것이 규정되어 있으며 그것이 **건축기준법**이다. 선박의 경우에는 **선박안전법**이 적용된다. 또한 법적인 구속은 없다고 하더라도 특정조건을 만족하도록 설정된 규정이 각각 존재한다. 해양석유 플랜트홈이나 선박 등에 적용되는 규칙으로 DNV(DET NORSKE VERITAS : 노르웨이선급협회)나 API(American Petroleum Insititute : 미국석유학회)의 규칙이 대표적이다. 일본 내에서도 이것이 나타내는 규정을 적용하는 예를 많이 볼 수 있다. 단, 일본에서도 여기에 대응하는 규격이 있다. 주로 선박설계에 사용되는 NK규격이라는 것이다.

NK는 일본해사협회를 의미한다. 해상에 설치된 해양건축물에 적용 가능한 세계의 주요한 **선급규격**으로는 전술한 DNV의 규격(NV규격)을 비롯해 ABS규격(American Bureau of Shipping : 미국선급협회규격), LR규격(Lloyd's Register : 로이드선급협회규격), BV규격(Bureau Veritas : 프랑스선급협회규격), GL규격(Germanischer Lloyd : 독일로이드선급협회규격) 등이 있다. 이러한 규격은 강재 선정이나 강도 설정 등 구조적인 규정에서 기관부의 규정까지 폭넓게 적용된다. 세계의 해양건축물이나 선박은 이러한 규격을 만족시킴으로써 보험인증을 받을 수 있다.

단, 원칙적으로 설계기준이 되는 규정은 최저한의 성능이나 안전성을 보증하는 것이다.

8.5 룰 베이스 설계에서 골세팅으로

2000년 건축기준법 개정으로 건축기준에 성능규정이 도입되었다. 즉 '사양규정' 중심의 기준에서 '성능규정' 중심으로 변하였다. 성능규정 도입에 의해 다양한 설계가 가능하게 되었다. 이러한 설계방법을 **성능설계**라고 한다. 성능설계로의 이행은 세계적으로 많은 기술 분야에서 이루어지고 있다. 성능설계에서는 건설에 사용되는 재료를 포함하여 건축물의 성능을 만족시키는 것이 목표이며, 그 방법론이 기술적으로 타당하다고 판단되면 과거의 규칙은 반드시 중요하지 않다. 이것은 이른바 **룰 베이스** 사양규정 기준이었던 설계에서 목표로 하는 성능을 명확하게 해서 이를 만족시키는 것을 주체로 한 설계–목표를 명시한다고 하는 의미에서 골세팅이라고 표현된다–로의 이행을 의미한다.

성능설계로 이행하는 것으로 몇가지 과제를 생각할 수 있다. 성능의 목표설정보다는 성능설계를 만족한다고 주장하는 설계서를 누가 어떻게 판단할 것인가 등이다. 공공 혹은 민간 인증기관이 만든다고 해도 신기술에 의한 설계를 평가할 수 있는가? 라고 하는 의문이 남아 있으며, 실제로 문제가 되고 있다.

2005년 10월에는 1급 건축사에 의한 구조계산서 위장문제가 세계를 떠들썩하게 하였다. 맨션이나 비즈니스 호텔이 사용금지가 되었으며, 미디어에서 크게 보도되었다.

다양한 문제를 포함한 사건이었는데 인증사업이 민간기업에 위탁되어 확인신청을 통과한 것에 대한 책임 소재가 확실하지 않은 점이 사회 시스템으로서의 커다란 문제이다.

8.6 보험에 의한 안전 확보

안전과 안심이라는 것을 보완하거나 혹은 이용자가 객관적으로 안심하고 안전을 판단하는 근거의 하나로 **보험**이 있다. 해양구조물(해양건축물이나 선박을 포함) 시스템으로서 신뢰성이나 그것을 인간이 사용한 경우 안전성이 어느 정도 확보된다는 판단이 서지 않으면 보험회사는 그 구조물에 대해 보험을 적용하지 않는다. 그러므로 보험회사는 신뢰할 수 있는 선급협회 등의 규격을 중시하며, 그 인증을 중요시한다. 나중에 후술할 리스크 평가는 이러한 업무를 다루는 보험회사가 선구적으로 도입한 수법이기도 하다.

일본에서는 일반 건축물에 대해서도 보험제도가 있다. 화재보험이나 최근에는 지진보험도 그러하다. 보험회사는 최저기준은 건축 확인신청이 수리되어 있으면 만족하는 것으로 판단한다. 지진 혹은 면진구조인가 아닌가에 따라 보험요금에 차이가 나는 것이 일반적이다. 기본적인 규격을 만족하는 것은 당연하며, 이러한 옵션 성능을 평가하여 보험요금에 반영시키는 방법은 자동차보험에서도 볼 수 있다. 보험을 드는 것도 이용자를 안심시키기 위해 필요한 것이다. 또한 보험회사의 데이터베이스나 규격내용[11)]은 사고나 그 대책에 관한 많은 정보를 포함함으로써 참고가 된다.

8.7 수질환경악화와 자연재해

8.7.1 안전성과 쾌적성을 위협하는 해역오염

안심할 수 있는 해양건축을 계획할 때, 건축물의 안전성만을 생각할 것이 아니라 환경영향도 평가할 필요가 있다. 혹시 해양환경에 악영향–수질이든 생태계나 생물종에 대해서도 – 을 미치는 경우 돌고 돌아서 우리들 인간의 안전성에 관련되기 때문이다. 환경보호 관점에서는 당연히 배려하지만 인간을 주체로 한 안전성 관점에서 생각하여도 역시 해역환경은 보전되어야 한다. 환경을 '지킨다' 거나 '악화시키지 않는다' 혹은 '수복하는' 이유의 대부분은 우리 자신 – 장래의 자기 자신이나 후손 – 에게 물리적 외인(外因)에 대한 안전을 확보하여 쾌적성과 안심감을 얻기 위함이다. 여기서 말하는 안전성이란 수산자원 오염이나 자원량 그 자체, 그리고 매립의 확대로 인한 도시부의 기온상승(Heat Island, 열섬화)에 의한 생활에의 악영향 등에 관한 것이다. 경관이나 냄새, 소리 등 우리들의 오감을 직접 자극하는 감각 중에 불쾌라고 느끼는 모든 것에 의해 쾌적성이 손상된다.

일본의 도시부 대부분은 만 내에 위치하여 그 폐쇄성 수역의 수질환경이 항상 문제가 되어 왔다. 그 원인으로 오래 전에는 공업폐수 배출이었지만 현재는 주로 생활폐수 – 처리장을 통과한 후의 – 에 포함되는 질소나 인 등의 영양염이 원인이라고 한다. 또한 지방의 폐쇄성 수역에는 수산양식이 원인되는 해역오염이 문제가 되고 있다. 일본의 폐쇄성 수역은 해수교환성이 나쁜 수역이 많기 때문에 자정능력이 잠재적으로 낮다.

해양에서 탱커의 오일 유출사고가 때때로 미디어에서 다루어지는데, 그것은 사고규모가 매우 큰 경우이다. 그러나 2005년도 환경백서[12)]에 의하면, 실제로는 국내에서 연간 300건 정도의 크고 작은 오일 오염사고가 발생한다고 한다. 오일에 의한 해역오염 대부분이 고의이거나 조정 실수에 의한다고 한다. 해양을 이용하는 입장에서 보면 이것은 안전을 위협하는 커다란 문제라고 할 수 있다.

8.7.2 해양건축물을 파괴하는 자연의 맹위

해양건축물은 태풍이 접근하면 육상보다 더 강한 강풍을 받는다.–육지보다 조도(粗度)가 낮기 때문에 해상풍은 육상풍보다 풍속이 빠른 것이 일반적이다. 동시에 해상에서는 강풍이나 저기압의 영향으로 높은 파랑이 발생하여 해양건축물을 덮친다. 고조에 의해 방파제가 전도할 수도 있고, 해저단층지진 발생에 수반되는 **쓰나미**의 피해 가능성도 있다. 일본에서는 역사적으로 가장 피해가 큰 자연재해는 쓰나미에 의한 것이다. 지진에 의해 해안구조물이 파괴되는 경우가 있다. 1995년 한신 · 아와지대지진에서는 많은 안벽 · 호안이 붕괴었다.

사진 8.1 허리케인 카트리나 통과 후의 해수로 침수된 뉴올리언즈[13)]

2005년 8월 말에는 루이지애나주나 미시시픽주 등의 미국 남동부를 **허리케인 카트리나**(Hurricane Katrina)가 습격했다. 사진 8.1은 카트리나 통과시 제방이 파손되어 마을에 해수가 침입한 모습이다. 그리고 9월에도 허리케인 리타(Hurricane Rita)가 역시 플로리다에서 남동부에 걸쳐 상륙하였다. 각각의 최대 풍속은 모두 1분간 평균 초속 78m를 기록하였고, 카트리나상에 의한 직접적인 사망자는 1,300명을 넘었다고 한다.

이들 허리케인의 강도는 모두 심프슨 스케일(Simpson Scale)로 최대시 카테고리 5를 기록하였다. – 심프슨 스케일의 카테고리는 1에서 5까지이다.(허리케인 정보에 대해서는 웹 사이트 위키피디아 백과사전[14)]에서 수집) 미시시픽주 걸프포트(Gulfport)에 위치한 빌록시(Biloxi) 마을에는 멕시코만을 따라 카지노용 부체가 11기 정도 설치되어 있었다. 그러나 대부분이 허리케인 카트리나의 상륙으로 육지로 밀려가거나 파괴되었다.

일본에서도 과거에 초대형 태풍의 상륙으로 고조에 의해 커다란 재해를 경험하였다. 1959년 9월에 키이(紀伊)반도에 상륙한 이세만 태풍에서는 동해지방을 중심으로 고조와 방파제 파손에 의해 사망자 4,697명이었다.

지진 쓰나미 – 피요르드(fjord) 등이 무너져 생긴 쓰나미도 있지만 일반적으로 쓰나미는 지진 쓰나미를 생각할 것이다 – 에 의한 재해는 2004년 12월에 발생한 인도양 쓰나미로 그 위력이 재확인되었다. 수마트라섬 앞바다에서 M9.0의 거대 해저단층지진이 발생하여 이에 수반된 인도양 쓰나미에 의해 주변국, 지역을 합쳐 22만 명이 넘는 사망자와 150만 명의 희생자가 나왔다. 최대 소상(遡上) 높이는 40m를 넘었다고 알려져 있다. 일본에서 쓰나미는 오래 전부터 매우 위협적인 자연재해였다. 특히 삼륙지방(kbk, 三陸地方, 동북지방 북부로 이야기(宮城), 이와테(岩手), 아오모리(青森)에 걸친 태평양 연안 지역)에서는 칠레지진에 의한 쓰나미를 포함해 과거 6회나 거대한 쓰나미 습격을 받아 막대한 피해를 입었다. 그 외 지역에서는 1993년 7월에 발생한 홋카이도 남서 앞바다 지진에서는 30m를 넘는 큰 쓰나미로 홋카이도 동해측에 위치한 오쿠시리(奥尻)섬의 마을들이 파괴되었다.[15]

해양건축은 바다 및 해변의 특성을 살려 쾌적한 공간을 제공하는 한편, 육상건축물 이상으로 엄격한 환경 외력에 방치되어 있다. 그것은 경우에 따라 상상을 초월하는 맹위를 떨치기도 한다. 상상을 초월하는 '예상치 못한 현상' 에 대해서는 나중에 다시 언급하겠다.

8.8 「방재」만이 아닌 「감재(減災)」

자연재해는 원인이 되는 위협에 대해 대책을 잘 세움으로써 재해를 방지할 수도 있는데 이것이 **'방재'** 이다. 그러나 거대한 위협에 대해 피해를 제로로 하는 것이 불가능한 경우도 있지만 대책을 강구함으로써 그 인적 · 물적 피해 정도를 경감하는 것은 가능하다. 이러한 것을 **'감재'** 라고 한다. 완전한 방재가 곤란한 것을 인식함으로써 적절한 대책에 의해 가능한 한 – 소극적인 표현으로 하면 현실적으로 가능한 범위에서 – 피해를 줄인다는 관점에서 감재라는 말이 정착되고 있다. 감재의 개념은 합리적인 안전성이나 리스크이론에 기초하여 '절대안전' 이나 '리스크 제로' 를 목표로 하는 것이 비합리적이라는 인식에서 나왔다고 생각할 수 있다.

연안역을 이용하는 해양건축에서는 쓰나미 대책이 커다란 문제이다. 그러나 쓰나미에 의한 피해를 제로로 하는 것은 이제까지의 일상생활공간을 모두 방지하는 것 외에 대책을 생각할 수는 없다. 그래서 감재 관점에서 많은 대책이 검토되고 있다. 문부과학성은 2003년 3월에 과학기술 · 과학심의회 연구계획 · 평가분과회에서 「방재에 관한 연구개발 추진방책에 대하여」[16]을 책정하였으며, 그 내용 중 주요한 연구개발과제로서 종합적 감재 시스템 연구를 명시하고 있다. 앞서 서술한 골 세팅의 개념에서도 비현실적인 방재대책보다 현실적인 감재대책이 적절한 목표설정이라고 할 수 있을 것이다.

8.9 하인리히법칙에서 배우다

하인리히 법칙은 1:29:300의 법칙이라고 불린다. 원래 노동재해에 대해 하나의 중대 사고와 관련된 경미한 사고가 29건이고, 사고라 인식할 수 없는 혹은 사고가 되지 않았던 상태가 300건 발생하는 법칙을 발견하였다. 해양건축의 안전성을 검토할 때에도 이러한 생각은 큰 역할을 한다. 건축물의 설계뿐만 아니라 이용형태에 대한 이용자의 의견 – 특히 불만을 느끼는 정도 등 – 이나 가동시의 인위적인 사고발생빈도 예측과 대책에 대한 것이다. 적어도 '간단한 대책으로 괜찮을까' 라고 생각하는 정도의 사고나 고장 혹은 인식은 했어도 '무시해도 되겠지' 라는 고장 등이 같은 사상에 대해 나타나는 경우 언젠가 커다란 사고가 발생할 가능성을 나타내고 있다.

8.10 안전을 합리적으로 취급하는 수단

8.10.1 「리스크」라는 생각

안전에 대해 적절한 목표기준을 만족하고 있는 것을 기술적 · 사회적으로 합리적인 판단을 위해 구체적인 수단으로 리스크이론이 유효하다. 리스크이론은 의사결정에 필요한 정보로 객관적 지표를 주기 때문이다. 리스크해석에 관한 전문서적을 읽기 전에 입문서로 「**리스크이론** 입문」[17] (세오카미(瀨尾佳美) 저)을 참고해도 된다.

리스크이론에서 위험은 해저드이다. 리스크란 위험이라는 의미는 아니며, 본래는 위험이라고 정의된 사상(事象)의 발생확률도 아니다. 교통사고 **확률**이 교통사고의 리스크라고 표현되기도 하지만 본래의 정의라고는 할 수 없다. 리스크란 원래 이 '해저드에 의한 **영향도**'와 '그 발생확률'의 곱으로 정의되어 있다. 그러나 리스크를 구성하는 위험사상에 의한 영향도를 어떻게 볼 것이며, 그 사상 자체의 발생 프로세스의 복잡성 고려라는 관점에서 다음과 같은 표현이 리스크 분야에서 컨센서스를 얻고 있다.

$$Risk = \{\langle s_i,\ p_i,\ d_i \rangle, (i = 1,\ 2,\ \cdots)\} \tag{8.1}$$

s_i : 원하지 않은 사건의 시나리오 집합

p_i : i 번째 시나리오 발생빈도

d_i : i 번째 결과의 크기 집합

이것을 **리스크의 3중항**이라고 한다. 이 정의는 어떤 리스크는 영향도와 그 발생확률만으로 정해지는 것이 아니라 그것이 발생하는 **시나리오**를 무시할 수 없음을 의미한다. 실제 계산에는 각각의 시나리오를 중첩하여 계산하거나 시나리오 자체를 음미하는 방법으로 할 수밖에 없으나 정의로는 반드시 리스크가 무기적(無機的)으로 결정되는 것이 아님을 명시하고 있다.

8.10.2 안전기준

사람이 받아들일 수 있는 리스크를 **'수용 가능한 리스크'** 라 하고 어쩔 수 없이 받아들여야 한다는 뉘앙스를 포함한 리스크를 **'수인 가능한 리스크'** 라고 표현하는 경우가 있다. 사회가 동일한 리스크를 어떤 상태로 받아들일 것인가는 세계지에 근거하여 합리적으로 결정할 필요가 있다. 그러나 개인에게 있어서 판단기준은 생활지이며, 양자를 받아들이는 방식에 차이가 있음을 인식해야 한다. 안전을 공학적으로 다룬다는 것이 실제로는 단순한 작업이 아니다.

안전기준은 문제가 되는 위험 발생확률이 10^{-4}~10^{-5} 정도로 리스크 평가에도 일반적으로 사용되는 수치이다. 비슷한 예로 일본의 교통사고에 의한 사망자수가 연간 1만 명 전후 – 1995년 이후는 감소경향임 – 로 일본의 인구에 대해 1년간 교통사고사 발생확률이 10^{-4} ~ 10^{-5}에 해당한다. 발생확률이 10^{-6} 이하인 경우에는 충분히 안전하다고 판단되는 수치가 된다. 그러나 전술한 바와 같이 이 숫자는 기준이며 사람이 받아들일 것인가의 여부, 즉 안심하느냐 아니냐는 전혀 다른 별개의 문제이다. 왜냐하면 개인에 따라 발생확률뿐만 아니라 '전개과정' 도 매우 중요하기 때문이다.

8.10.3 통계학과 확률

리스크를 생각할 때 확률이라는 파라미터가 필요하다. 또한 리스크의 시나리오나 문제가 되는 위험 발생확률을 생각하기 위해서는 필요한 정보를 정리해야 한다. 그 정보는 어떤 사상에 관한 과거의 데이터일 수도 있으며, 조사 · 수치계산이나 실험으로 얻어진 데이터일 수도 있다. 일반적으로 이러한 정보나 데이터는 그대로는 이해하기가 어렵다. 따라서 정보를 가공하고 현상의 특징이나 경향을 이해할 필요가 있으며, 이 작업이 통계 해석에 해당된다. 통계적으로 처리된 데이터를 근거로, 그리고 그 결과 자체에 확률이라는 양이 나타난다. 예를 들면 교통사고에 관한 데이터베이스에서 사망자수를 추출하여 관계있는 인구로 나눈다. 이 작업은 통계적 처리를 의미한다. 결과로 나타난 수치는 어떤 조건하에서 일어나는 교통사고사의 발생확률이 된다. 그 영향도 – 사회의 경제적 부담이나 가족의 경제적 부담 등 – 와 사고 그 자체의 배경 – 음주운전에 의한 자손(自損)인지 반대로 뺑소니인지 등 – 과 같은 시나리오를 생각하면 '리스크' 가 된다. 시나리오가 필요하지 않으면 세계지를 근거로 매우 객관적으로 리스크를 구할 수 있다. 이전의 리스크는 그러한 것이었다. 거기에 시나리오가 들어옴으로써 생활지적인 기준을 고려하게 되었다. 근래에 리스크는 기계적 · 무기적인 지표가 아니다.

8.10.4 결정론과 확률론

리스크이론이 유효한 이유는, 건축물의 강도계산이나 건축물을 설계하는데 필요한 외력 계산에도, 그리고 모든 '사물' 에 '불확실함' 이 내재되어 있기 때문이다. 이러한 **'불확실성'** 을 포함한 과정을 **확률론적 과정**이라고 한다. 한편 전체에 있어서 '확실한' 과정을 **결정론적 과정**이라고 한다.

건물이 언젠가 무너지는 것은 결정론적으로 단언할 수 있다. 그러나 그것이 해를 거듭하여 붕괴될 때까지는 불확실한 현상을 쫓아가는 것이다. 절대 안전은 없다는 것은 결정론적이라 할 수 있다. 단, 그에 근접하는 노력은 필요하며 어디까지 절대안전에 근접하는지를 이해하는 것도 중요하다. 리스크이론에 의하면 리스크 제로는 있을 수 없으나 어느 정도까지 제로에 가까운지를 아는 것은 객관적 지표로서 중요하다. 리스크이론의 대상은 확률론적 현상인 것이다.

8.10.5 불확실하여 예상치 못한 일이 일어날 수 있다

모든 현상에는 예측할 수 없는 일이 일어날 수 있다고 인식할 필요가 있다. 예를 들면 설계하중을 초과하는 외력이 발생할 가능성은 제로가 아니다.

파랑의 경우 불규칙파 중에서 최대 파고는 통계적으로 유의파고의 2배를 생각하면 충분하다고 한다. 그러나 바다에서는 이를 넘는 파가 많이 보고되고 있다. 이러한 파를 프리크웨이브(Freak Wave, 이상파랑)라고 한다. 지금까지 고층빌딩설계에 이 영향이 고려되지 않았기 때문에 지진방재 분야에서는 장주기 지진동이 문제시되었다. 2003년 9월에 발생한 토카치(十勝) 앞바다 지진으로 장주기 지진동이 원인이 되어 토마코마이(苫小牧)의 석유탱크에 화재가 발생했다. 계획 · 건조 당시에는 알지 못했던 현상이 기술진보에 의해 나중에라도 발견된 것은 앞으로도 생길 수 있다. 구조 등의 응답해석기술이 진보하여도 입력현상에서 '불확실성'이 남아 있는 한 설계하중 산정에 안전율이 필요할 수도 있다.

불규칙한 현상의 확률적 · 통계적 처리를 상세하게 알기 위해서는 「선박 · 해양기술자를 위한 불규칙현상론」[18], 「토목 · 건축을 위한 확률 · 통계의 기초」[19]나 「스펙토르 해석」[20] 등을 참고하기 바란다.

8.10.6 사고 · 재해 · 실패에 관한 데이터베이스(DB)

사고나 재해는 많은 경우 **휴먼 에러**(human error)가 원인이다. 따라서 객관적 사고분석이 이루어지지 못하는 경우가 많았던 것이 사실이다. 최근에 실패학이라는 개념도 보급되기 시작하여 **면책제도**를 확립하여 사고원인이나 피해 확대 원인을 과학적으로 규명하려는 움직임이 강해지고 있다. 그 효과로 실패지식 DB[21]나 RIO · DB[22]에 사고나 재해에 관한 데이터베이스가 구축되고 있다. 전술한 일본손해보험협회의 DB[11]도 같다. 어떠한 사고나 재해가 왜 발생하였는지에 대해서는 앞으로 더욱 데이터베이스화될 것이다.

저서로는 '중대사고의 무대 뒤'[23]가 읽기 쉬울 것이다. 이러한 데이터베이스는 리스크 해석을 위해 중요한 기초정보가 된다.

8.11 리스크 평가 · 관리에 의한 안전관리

8.11.1 리스크 평가의 표준규정

리스크 크기를 평가하여 그 리스크를 받아들일지 여부를 결정하는 프로세스를 **리스크 어세스먼트**라고 한다. 이에 대해 리스크의 원인인 해저드 정도를 작게 하거나 회피하는 등 조직적 · 통합적으로 관리하는 것을 **리스크 매니지먼트**라 한다. 해양건축을 대상으로 하는 리스크 매니지먼트에서는 그 운용 등의 소프트 부분을 조직적 · 통합적으로 관리하거나 해양건축물 개개의 부재 등 전체 구조체에 미치는 영향을 통합적으로 관리하는 등의 표현이 가능하다. 리스크 평가나 관리는 계획 · 설계단계는 물론 운용개시 후에도 필요하다. 장기이용에 따른 부재의 피로 · 열화나 이용 · 운용형태 그 자체의 변화 등을 생각할 수 있다.

리스크 매니지먼트에 관한 규정은 세계표준규격인 ISO시리즈에서조차 의료나 우주시스템 등의 한정된 분야에서만 책정되어 있다. 단, ISO/IEC Guide 73 : 2002에서 용어사용에 관한 지침은 나와 있으며 일본 내에서는 일본공업규격(JIS)의 TRQ 0008:2003이 여기에 대응한다.

ISO는 국제표준화기구 : International Organization for Standarization, IEC는 국제전기표준회의 : International Electrotechnical Commission이다. 리스크 매니지먼트 프로세스를 규정한 규격은 캐나다규격(CSA Standards, Q850), 오스트레일리아 / 뉴질랜드공동규격(AS/NZS Standard 4360:2004)[24] 및 일본의 JISQ 2001:2001 규격(리스크 매니지먼트 시스템 구축을 위한 지침)이 있다. 캐나다규격은 각 단계에서 리스크 커뮤니케이션을 중시하여 의사 결정자에 대해 유익한 정보를 제공한다는 내용이다. AS/NZS규격은 프로세스 실시방법을 상세히 표시하고 있다. 앞의 2가지가 프로세스기술을 중시하는 것에 비해 JIS는 이를 실행하기 위한 체제에 대해 기술하고 있다(3개의 규격에 관한 정

보원 : 타카하시(高橋)[25].

8.11.2 리스크 평가와 관리

해양건축에 있어서 리스크를 기초로 한 의사결정 흐름은 그림 8.1(사카이(酒井)[26]를 참조하여 새로 작성)과 같이 설명할 수 있다. 이 프로세스 중에서 힘든 것은 '영향도의 추정'과 '리스크 시나리오의 명확화'이다. 리스크 해석을 시도하기 위한 기초정보가 되기 때문에 발생확률을 포함한 사고 데이터베이스 정비는 매우 중요하다. 영향을 미치는 상대가 인간이고

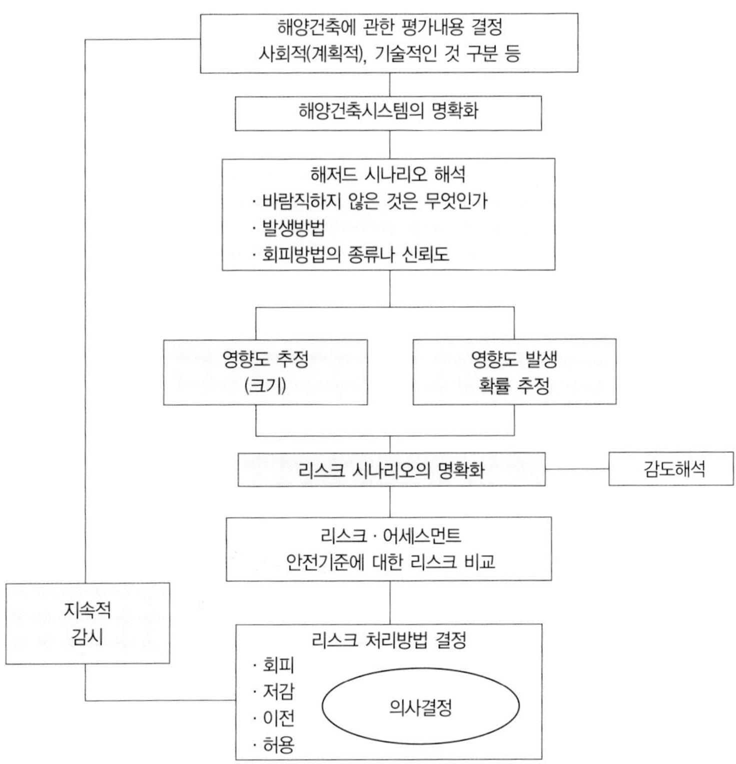

그림 8.1 해양건축설계, 운용에 있어서 리스크 베이스의 의사결정

안전성을 검토하는 경우는 특히 어려운 문제이다. 이때 리스크 엔드 포인트를 어떻게 설정하여 시나리오를 구축하는가가 가장 중요하다. 이 **엔드 포인트**란 '최종적으로 피해야 할 바람직하지 않은 것'[17]으로 많은 경우 경제손실액이나 사망자수가 적용된다.

리스크 매니지먼트는 엔드 포인트만 명확하게 설정되면 비교적 객관성을 갖고 작업할 수 있다-물론 실제로는 판단을 필요로 하는 경우가 많이 있다. 그러나 리스크 매니저먼트는 의사결정 그 자체이기 때문에 판단이 쉬운 것은 아니다. 왜냐하면 리스크 내용이나 평가된 결과를 어떻게 처리하는가를 결정해야 하기 때문이다. 설계 등의 기술적 분야에 리스크 이론을 어떻게 적용시켜 나갈 것인가에 대해서는 사카이(酒井)[26]가 사례를 보여주면서 상세히 설명하고 있다.

8.11.3 모럴해저드와 휴먼 에러

리스크 분석 · 해석에 있어 어려운 요소는 휴먼 에러라 할 수 있다. 실제로 많은 사고가 종종 인재(人災)라고 하는데, 이 경우의 사고 인자는 휴먼 에러가 된다. 해양건축에서 휴먼 에러가 발생할 가능성이 있는 작업으로는 설계 · 건설, 운영 · 관리, 운용 · 이용, 보수 · 점검을 생각할 수 있다. 사카이[26]는 **휴먼 에러**에 의한 시스템 고장의 비율을 정리하였는데, 이에 의하면 건축물과 교량에 있어서 75%, 해양석유 플랜트 홈에서는 80%, 선박에서도 80%의 사고가 휴먼 에러라고 한다. 참고로 원자력발전소는 46%이다. 휴먼 에러는 고의의 과실이라기보다는 오히려 인간의 예측불가능한 행동의 결과로 발생한다. 따라서 예측불가능한 행동 - 그 요인은 과도한 피로나 정신적인 스트레스 및 잠깐의 실수 등 - 이 될 수 있으면 일어나지 않도록 예방조치를 강구하는 것이 가능한 요소라고 할 수 있다. 휴먼 에러는 잠재적인 위험인자이지만 발생확률은 매우 높다. 안전성을 고려할 때에는 제외시킬 수 없는 요인이다.

휴먼 에러는 위험을 일으키는 인자임에도 불구하고 기본적으로는 고의에 의한 것이라고 할 수 없다. 반대로 의도적이고 위험인자가 아닌 위험(해저드)이 모럴해저드이다. **모럴해저드**에는 2가지 의미가 있다. 하나는 고의로 위험한 일이나 사고를 발생시키는 행위를 말하고, 또 다른 하나는 안전하다고 인식하여 주의력이 느슨해질 위험한 일이나 사고를 초래하는 경우이다.

8.12 회화에 의한 안심 제공과 획득

8.12.1 주민참가와 합의형성

안전이나 안심에 대한 논의는 최종적으로 합리적이기 어려운 사람의 감정이나 감각, 행동을 대상으로 한다. 공공성이 있는 계획이 실시되는 경우에는 **주민참가**나 **합의형성**이라는 형태로 개발자와 주민 사이에서 논의가 행해진다. 주민참가는 문자 그대로 지역개발이 미치는 영향을 직접 받는 지역주민이 개발의 주체라는 개념 하에서 대상프로젝트, 특히 의사 결정프로세스에 직접 관계하는 것을 의미한다. 주민참가는 이용자가 될 주민이 주체가 되거나 혹은 적극적으로 관여함으로써 개발행위나 개발될 대상의 안전과 그에 대한 안심감을 자발적으로 획득할 수 있다. '자발적으로' 의 경우, 같은 정도의 리스크라도 '비자발적' 의 경우와 비교하여 이를 수용하기 쉬워진다.

주민이 직접 참가하던 그렇지 않던 간에 합의형성을 위한 활동이 적극적으로 이루어지고 있다. 즉 안심을 제공하기 위하여 노력하고 있다. 이러한 사회적 합의형성을 도모하는 활동을 **퍼블릭 액셉턴스**(Public Acceptance)[27] 라고 한다. 물론 주민참가형 중에서도 합의형성은 큰 문제이며, 행정 등의 개발 · 제안자와 주민과의 합의도 있으며, 주민간의 합의형성도 필요하다.

8.12.2 리스크 · 커뮤니케이션

최근에는 개발자나 개발제안자와 주민이 적극적으로 커뮤니케이션을 하는 경우가 종종 있다. 이러한 방법은 개발을 위한 정보나 지식 공유라는 의미에서 중요하다. 특히 리스크에 관한 정보공유와 지식 등의 상호이해를 위한 커뮤니케이션이 매우 중요하다. 이것을 **리스크 · 커뮤니케이션**이라 하며 단순히 정보를 개시라든가 설득을 의미하는 것은 아니다.

8.12.3 설명책임과 자기책임

그림 8.2 소규모 마리나 잔교에 있는 간판(2002년 미국 미시시피주 빌록시)

리스크 · 커뮤니케이션에서는 전문가나 기술자의 **설명책임**이 이전보다 커졌고 강하게 요구된다. 안전을 관리한다는 관점에서 보아도 관리자는 이용자에게 설명해야 할 책임이 있다. 적절한 설명과 서로 대화할 장소가 있어 제안자(개발자)와 이용자(주민) 쌍방이 납득했다면, 제공자의 책임이 충분히 완수된 후에는 이용자의 **자기책임**이 필요하다는 것도 염두에 둘 필요가 있다. 자기책임이라는 사고방식은 아직 일본에서는 성숙되지 않았다고 할 수 있다. 사진 8.2의 간판은 '잔교는 공공이 이용하는 것입니다. 자기책임하에 이용해 주세요.' 라고 씌여져 있다.

일본에서는 이러한 내용만을 표시할 수 있는지에 대해서는 별도로 생각할 문제이지만, 안전을 고려함에 있어 모든 책임을 시설관리자 · 운영자나 국가, 자치체 등에게 넘기는 것도 넌센스라는 인식이 사회에는 필요하다. 다만, 성숙하지 못한 개념이므로 기술자 등이 책임을 회피할 목적으로 교묘하게 자기책임이라는 말을 사용하지 못하도록 하는 사회환경정비가 필요하다. 이것은 커뮤니케이션을 위한 쌍방의 신뢰관계와도 결부된다.

8.13 안전 · 안심할 수 있는 해양건축 창출을 위해 필요한 것

안전을 합리적으로 판단하는 수단으로서 리스크이론을 해설하였다. 그러나 매우 어려운 것은 반드시 불확정한 – 예측기술을 향상시켜도 확정적일 보장이 없다는 의미에서는 '불확실' 한 – 요소인 인간의 감정이나 감성, 행동을 고려해야 한다는 것이다. 이러한 '복잡' 한 인간을 다루는 학문으로서 복잡계 과학이 있다. 인간의 행동은 복잡계 그 자체이다. 리스크이론에 복잡계의 과학적 수법이 받아들여지는 것이 최종적인 방향일지도 모른다.

우리들은 안전이 안심의 필요조건임을 인식할 필요가 있다. 그리고 안전을 인지하는 기준은 제공측과 이용측이 다르다는 것을 인식하는 것이 매우 중요하다. 안전하면서 안심하고 이용할 수 있는 해양건축은 고도의 계획 · 설계 · 시공기술과 고도의 사회과학적인 수법을 효과적으로 적용함으로서만 창출된다고 할 수 있다. 최종적으로는 기술자로서의 **윤리관**이나 이용자와의 **신뢰관계**가 중요하다.

유니버설 디자인 이념은 이용자를 위한 설계에 있으며 많이 참조해야 할 것이다. 유니버설 디자인이란 일반적으로 신체기능이 저하된 고령자나 장애인을 대상으로 하는 계획 · 설계라고 생각하기 쉽다. 그러나 그 인식은 올바르지 않으며 유니버설 디자인이 대상으로 하는 것은 모든 사람들이다. 참고로 'universal' 이란 '만인에게 통하는' 이라는 의미를 갖는 형용사이다.

참고문헌

1) 일본감성학회 홈페이지 : http://www.jske.org.main_jp.html
2) 鈴木邁 감수, 大澤光 편저 : 감성공학과 정보사회, 森北出版, 2000.
3) 茂木健一郎 : 「뇌」정리법, ちくま新書, 2005.
4) 片山清志, 田中毅弘, 安田惠子 공저 : 컴퓨터로 배우는 신뢰성 해석연습 – JUSE-RAS 1의 사용법 –, 成山堂書店, 初版, 1994.
5) 北川徹三 저 : 기본안전공학, 海文堂出版, 제8판, 1999.
6) 일본신뢰성학회 홈페이지 : http://jeaj.i-juse.co.jp/index.html
7) 안전공학회 홈페이지 : http://wwwsoc.nii.ac.jp/jsse3/
8) 村上陽一郎 저 : 안전학, 青土社, 제 6 인쇄, 1999(제1인쇄, 1998)
9) 村上陽一郎 저 : 안전과 안심의 과학, 集英社新書, 集英社, 2005.
10) 일본학술회 · 인간과 공학연구연락위원회 · 안전공학전문위원회 보고 : 안전 · 안심사회 구축에의 안전공학이 해야 할 역할, 2005.
11) (사)일본손해보험협회, 안전대책연구코너 WEB사이트 : http://www.sonpo.or.jp/business/bosai/index.html
12) 환경성, 2005년도판 환경백서, 환경문제의 현상과 정부가 황경보전에 관해 강구한 시책 – 제3장, 제1절, http://www.env.go.jp/policy/hakusyo/
13) http://commons.wikipedia.org/wiki/Image:KatrinaNewOrleansFlooded.jpg, 2005.11, 8월 29일 United States Coast Guard 촬영
14) http://ja.wikipedia.org/wiki, 2005.
15) 쓰나미 재해에 관한 정보원 : 방재시스템연구소@홈페이지, http://www.bo-sai.co.jp/index.html
16) 정보원 : 문부과학성 WEB사이트내 : http://www.mext.go.jp/a_menu/kaihatu/jishin/04031203.html
17) 瀨尾佳美 저 : 리스크이론 입문, 中央 濟社, 초판, 2005.4.
18) 山內保文 감수 : 선박 · 해양기술자를 위한 불규칙 현상론, 海文堂, 초판, 1986.
19) 伊藤學, 龜田弘行 역 : 토목 · 건축을 위한 확률 · 통계 기초, 丸善, 초판, 1977.,(원저 Alfredo H-S.Ang and Wilson H.Tang, "Probability Concepts in Engineering Planning and Design", 1975)
20) 日野幹雄 : 스텍토르 해석, 朝倉書店, 초판, 1977.
21) 과학기술진흥기구, 실패지식 데이터베이스, http://shippai.jst.go.jp
22) 산업기술총합연구소, RIO데이터베이스, http://www.aist.go.jp/RIODB
23) 日経ものづくり 편집 : 중대 사고의 무대 뒤, 日 BP社, 2005.
24) http://www.standards.co.nz
25) 高橋久男 : 각국의 리스크 매니지먼트에 관한 규격, TRC EYE, Vol.18, 동경해상 리스크컨설팅(주), 2001
26) 酒井信介 감역 : 기술분야에 있어서 리스크 어세스먼트, 森北出版, 2003.
27) (사)전력토목기술협회 WEB 사이트내 : http://www.jepoc.or.jp/tecinfo/tec00076.htm

제3부

해양건축 만드는 법

제9장 해양건축을 설계하자

제10장 해양건축 만드는 법

제11장 해양건축에 필요한 재료

제12장 해양건축의 토대

| 제9장 | 해양건축을 설계하자

小林昭男

9.1 설 계

9.1.1 건축물 설계의 흐름

해양건축물은 그림 9.1에 나타낸 것처럼 기획 · 계획, 설계, 시공, 운용 · 유지관리 · 갱신, 해체라고 하는 단계에 의한 **라이프사이클**을 갖고 있다. 다음에 이들 단계를 간단히 설명하였다.[1)]

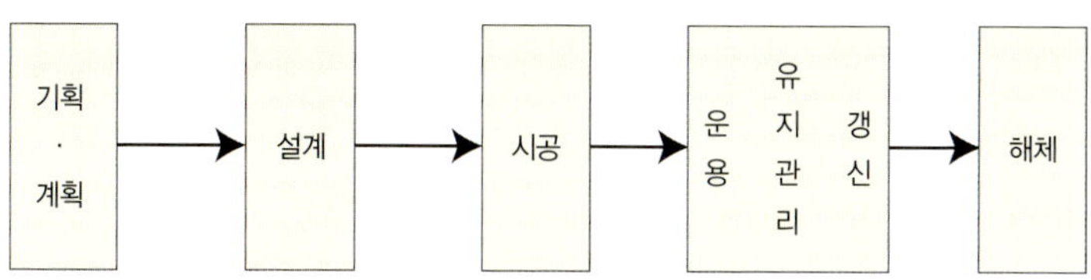

그림 9.1 라이프사이클[2)]

기획 · 계획이란 발주자가 희망하는 건축물을 제안하여 그것이 성립하는 것을 검토하는 작업이다. 이 작업에 의해 건축물의 목적, 기능, 공정 등이 정해진다. 공정은 발주자가 언제부터 건축물을 사용하고 싶은지로 결정되며, 이에 따라 프로젝트가 진행된다.

설계는 기획 · 계획에서 정한 것을 정리하여 구체적인 **설계도서**로 하는 것이다. 설계는 그 내용에 따라 의장설계, 기능설계, 구조설계, 시공설계, 설비설계 등으로 나누어진다. 시공은 건설공사를 말하며, 건축기술을 집대성하여 설계도에 나타낸 것을 구체화하는 작업이다.

운용은 완성된 건축물을 효과적이고 효율적으로 사용하는 것으로 장기간에 걸쳐 이용자의 요구에 맞도록 유지관리나 갱신이 필요하게 된다. 유지관리에는 보수점검이나 수리작업이 생기는데, 이들의 적절한 시기와 방법에 따라 건축물의 수명을 늘릴 수 있다.

해체는 건축물이 요구목적을 다하여 필요 없어졌던가, 안전을 지키지 못했던가, 혹은 새로운 필요성을 만족시킬 수 없는 경우에 생기는 행위이다. 해체에 관해서는 자원의 재이용이 중요한 과제이다.

이상의 내용에 입각하면 설계는 라이프사이클 윗 단계인 기획 · 계획에서 결정된 조건을 만족하고, 아래 단계의 시공, 운용, 해체라는 프로세스에서 생기는 것을 예측해서 안전하고 쾌적한 건축물을 만드는 일이라고 할 수 있다.

9.1.2 설계의 흐름

일련의 라이프사이클 중에 설계는 그림 9.2에 나타낸 것처럼 설계조건 파악에서 시작된다. 본 장에서는 설계조건을 건축계획조건, 사회환경조건, 자연환경조건으로 나누어 생각하고자 한다. 건축계획조건은 발주자가 희망하는 목적, 규모, 기능, 법규칙, 안전에 관여하는 조건, 사회환경조건

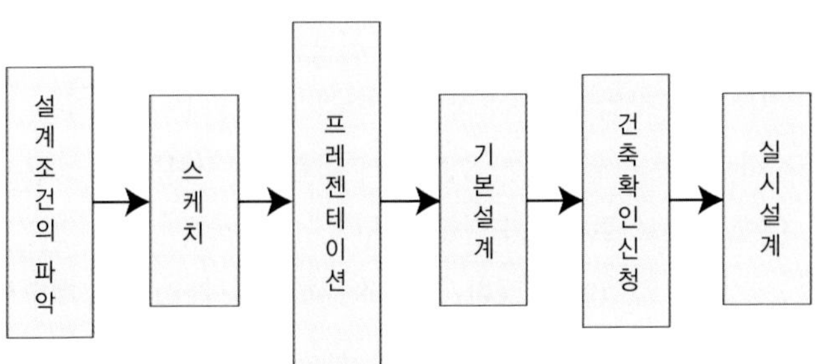

그림 9.2 설계의 흐름[1]

은 주변의 육역과 해역의 이용상황, 지역계획, 해역계획 등에서 자연환경조건은 기상, 해상, 지상에 관여하는 조건이다.

다음으로 건축가가 설계조건을 고려하면서 스케치하여 입체적인 형상을 파악하기 위해 모형을 작성해 복수의 안을 다듬는다. 이들을 정리해서 발주자에게 프레젠테이션하고, 건축물의 설계안이 결정된다. 대규모 건축물이라면 이 과정이 설계 콤페테이션으로 되는 경우도 있다.

그 다음으로 결정된 건축물 안을 보다 구체화하고, 공사비를 재차 계산하고, 공정계획이 타당한지를 확인하기 위해 **기본설계**를 시행한다. 이 단계에서는 **구조설계**나 **설비설계**에 관한 기술자와 건축가와의 회의도 이루어지며 기본적인 방법들이 결정된다. 이 결과를 기초로 시공업자 선택을 위한 입찰이 실시되며 낙찰된 시공자가 공사를 책임지게 된다.

설계자는 기본설계의 설계도서에 기초해서 건축 확인신청 보좌 등의 섭외수속을 행한다. 그리고 구조, 설비, 마무리를 상세히 결정하는 실시설계단계로 이어진다. 설계, 특히 상세설계에서는 건축비용에 대해서 유의해야 한다. 만약 건축비용이 당초 예산을 상회하는 경우에는 발주자와 상담하여야 한다. 이상이 설계의 큰 흐름이다.

9.2 설계의 조건

9.2.1 건축계획의 조건

설계에서 최초로 수행되는 것이 설계조건 정리인데, 건축계획조건의 설정에서 가장 중요한 것은 발주자가 원하는 것을 정확히 파악하여 이것을 구현하는 것이다. 이를 위해 발주자의 생각을 잘 듣고 건축물의 목적, 규모, 기능, 법제도 및 안전에 관한 재료나 구조의 성능을 신중하게 확인한다.

9.2.2 사회환경조건

해양건축물이 건설되는 해역 혹은 연안육역 주변에는 어떠한 계획이 이미 존재하는지, 그리고 어떠한 문화가 있는지, 이 문화를 파괴하는 것은 아닌지, 특별히 보호되고 있는 생물이 없는지 등을 조사해서 정리한다. 그리고 경관에 관한 설계조건도 있다. 발주자와 함께 인근 주민이나 이용자의 의견을 듣고 서로 납득한 뒤 건축물을 설계하기 위해서 이들 설계조건은 중요하다.

9.2.3 자연환경조건

자연환경조건은 안전과 관계된 설계를 위한 자연조건과 생태환경을 배려하는 자연조건으로 나누어 생각할 수 있다. 안전과 관계되는 조건은 기상, 해상, 지상에 관계하는 조건으로 나뉜다. 기상은 풍속과 풍향, 해상은 조류속과 유향, 파랑은 파고, 주기, 파향, 지상은 해저지형, 토질, 지진 규모 등이다. 생태환경에 관계되는 조건 중 생물에 관련된 조건은 현상의 생물조사를 실시해 이들 생물에 영향을 미치지 않는 조건을 설정한다. 그리고 수질에 관한 조건은 생물영향도 포함하여 해역의 수질이 현상보다 악화되지 않도록 조건 설정을 행한다.

안전과 관련된 자연조건에는 풍속, 파고, 지진의 규모를 관측치나 추정치를 사용해서 확률이론에 기초한 기대치(평균치)로 결정한다. 이렇게 정해진 규모의 설계에의 사용법에는 두 가지가 있는데, 하나는 이들 값을 대표치로서 설계조건으로 하는 경우이며, 다른 하나는 평균치에 기초한 스펙트럼을 설계조건으로 하는 경우이다.[3] 대표치에 의한 설계에서는 파고와 주기를 예로 들면 하나의 파고와 주기의 설계조건에 따라 하나의 설계용 파력을 결정한다. 한편 스펙트럼에 의한 설계에서는 파고와 주거의 설계조건으로 파도의 주파수 스펙트럼을 구해 여기에서 파도의 시계열을 재현하여 파도의 변동을 포함한 설계용 파력을 정할 수 있다. 설계하고자 하는 건축물의 안전과 기능에 관한 성능을 검토하는 경우에는 대표치로 설계하는 것이 적당한 경우와 스펙트럼을 사용한 설계가 필요한 경우가 있다. 현재는 설계사상이 **성능설계**로 이행하고자 하기 때문에 설계자는 안전성에 관한 건축물의 성능을 확보하기 위해서 어떤 방법이 좋을지를 설계대상 건축물의 설계사상에 기초하여 판단해야 한다.

9.3 구조계획과 설계

설계조건이 정해진 후는 구조형식을 선택한다. 물론 구조형식이 설계조건으로 되어 있는 경우도 있다. 예를 들면 floating hotel과 같이 건축물이 떠있는 것이 발주자의 요구인 경우 등이다. 한편 건축물의 기능에 관한 목적만이 설정되어 있는 경우도 있다. 이러한 경우에는 설계의 폭이 넓어 구조형식 선택도 할 수 있게 된다.

9.3.1 구조형식 선택

해양건축물의 구조형식은 크게 **가동식**과 **고정식**으로 나눌 수 있다. 해양건축물의 건설해역은 다양하기 때문에 각 해역에 적합하게 여러 가지 구조형식이 사용되고 있으나 여기에서는 그림 9.3에서 나타낸 것처럼 가동식은 계류된 **부체식**, 고정식은 **재킷식**과 **중력식**으로 한정해서 설명하고자 한다. 상세한 구조형식의 분류는 참고문헌 4), 5)를 참고하기 바란다. 부체식은 파력이나 풍압력을 받아도 움직이기 때문에 에너지를 피할 수 있다. 한편 동요량이 건축물의 이용자에게 악영향을 미치는 경우가 있다. 예를 들면 정밀한 작업의 장애나 배멀미와 같은 증상이 나타나지 않게 하는 대책이 필요하다. 그리고 떠 있으면 이동하기 때문에 이동을 제어하기 위하여 적절한 계류시설이 필요하다.

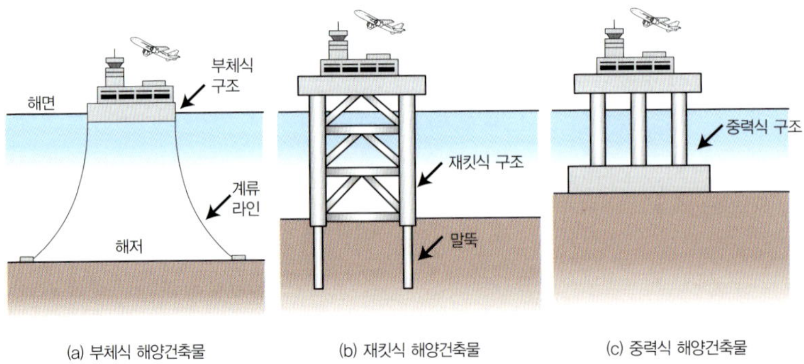

그림 9.3 대표적인 구조형식

재킷식은 상부구조(건축시설)와 하부구조로 나누어져 하부구조 위에 빌딩 등의 건축시설을 탑재할 수 있다. 하부구조는 강관을 조합시킨 구조로 재킷으로 불리며 말뚝으로 해저에 고정되어 있다. 작용 파력은 작지만 상부건축물의 중량이 하부건축물의 중량에 비해 커지는 점, 상부구조에는 커다란 풍하중이 작용하기 쉽다는 점 등의 영향이 있기 때문에 구조 전체가 전도되지 않도록 말뚝의 지지력에 대한 설계가 중요시 된다.

중력식은 건축물에 작용하는 중력으로 환경하중을 견디는 형식이다. 중량을 크게 할 필요가 있기 때문에 일반적으로 체적이 크다. 체적이 커지면 파력이나 풍압력을 받는 면적이 커지게 되어 그 결과 커다란 하중을 견

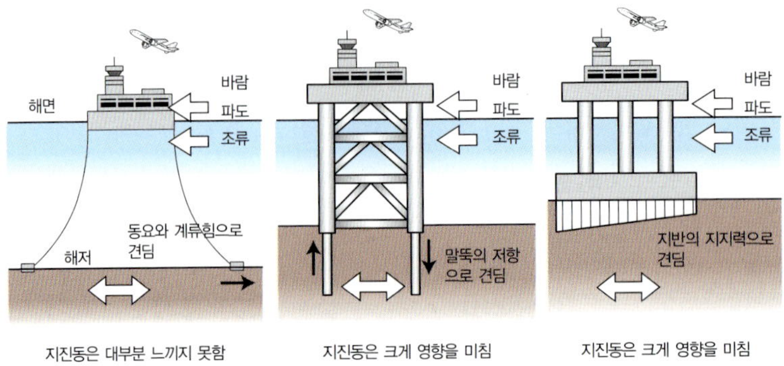

그림 9.4 구조형식과 하중

딜 수 있는 큰 건축물로 된다. 그러나 단위체적당 중량이 큰 재료를 사용하여 무거우면서도 스마트한 형태로 설계할 수도 있다.

이상의 구조형식과 작용하는 하중 상황을 모식적으로 그림 9.4에 나타내었다.

9.3.2 설계수법

구조형식이 결정된 후에는 건축물에 작용하는 하중을 산정하는데 하중 산정에는 건축물의 안전성을 확인하기 위한 설계수법이 크게 관계한다. 설계수법은 재료의 강도를 기초로 하는 **허용응력도법**과 **신뢰성 설계법**이 있다. 허용응력도법은 건설에 사용하는 강재나 콘크리트 재료의 탄성범위 내에서 안전한 응력도를 허응력도로 정하고, 구조부재에 하중이 작용하여 생기는 응력이 재료의 허용응력도를 넘지 않도록 설계하는 방법이다. 이 방법으로는 파괴라는 극한의 현상은 검토할 수 없다.

한편 신뢰성 설계법은 건축물 파괴 가능성을 정량적으로 파악하여 그것을 일정 값 이하로 누르도록 설계하는 방법이다. 이 신뢰성 설계법의 한 형식으로서 **한계상태설계법**이 있다. 한계상태설계법은 하중작용의 방법이나 크기, 구조부재 강도예측의 불명확함을 보완하고, 건축물에 적절한 신뢰성을 주는 설계방법이다. 일본건축학회 해양건축물 구조설계지침(부유식, 고정식)에서는 해양건축물 설계는 한계상태설계법에 의한 것이 원칙으로 되어 있다. 검토할 한계상태를 정리하면 표 9.1과 같다.[6), 15)]

표 9.1 설계에서 검토할 한계상태[6), 15)]

한계상태	내용
종국강도한계상태	주요구조부재 혹은 하나의 건축물이 전체적으로 파괴되는 상태
피로한계상태	건축물이 반복하중을 받아 하중 분담률이 저하하는 상태
점증붕괴한계상태	일부 주요 구조부재의 파괴에 의해 건축물 전체에 점증적인 붕괴가 생기는 상태
사용한계상태	건축물에 요구되는 통상의 기능이 이루어지지 않는 상태

9.3.3 설계용 하중

한계상태설계법에 준거한 설계하중 방식을 설명하면, 설계하중은 건설 중에 작용하는 하중과 건설 후의 사용 중에 작용하중으로 나눌 수 있으며, 전자는 건설기 하중, 후자는 설계용 하중이라 불린다. 건설기 하중은 제작시 크레인에 의한 매달림 하중, 진수시, 예항시, 설치시의 하중 등으로, 일시적 혹은 단기적으로 작용하는 하중이라고 할 수 있다. 한편 설계용 하중은 사용기간 중 모든 하중을 대상으로 하며, **고정하중**, **적재하중**, **환경하중**으로 나눈다. 고정하중은 건축물의 중량에 의한 하중이며, 적재하중은 건축물 위의 적재물, 즉 물품이나 인간의 중량에 의한 하중이다.

이들은 일반적으로 바닥에 불균일하게 작용하는 하중이며 건축기준법과 동 시행령에 의해 산정방식이 정해져 있다. 그리고 환경하중은 자연환경에 관계하는 하중이며, 바람, 파도, 흐름, 지진, 지역에 따라서는 적설, 얼음 등에 의해 건축물에 작용하는 하중이다. 이들 설계용 하중은 건축물의 안정성이나 구조부재의 내력 검토에 쓰이며, 하중과 설계수순에 대해

표 9.2 설계수순과 설계용 하중[7)]

설계수순	검토할 한계상태와 하중
(1) 설계조건 설정 (기능, 자연환경, 입지조건)	건설기의 하중 및 종국강도, 사용, 피로, 점증붕괴의 각 한계상태의 하중
(2) 건축물 설정 (구조형식, 규모, 재료 등)	종국강도 한계상태의 하중
(3) 설계용 하중 산정 (중량, 자연환경 하중 등)	종국강도 및 사용의 각 한계상태의 하중
(4) 건축물의 안정계산 (예비부력, 복원력 특성 등)	종국강도 및 사용의 각 한계상태의 하중
(5) 구조부재 검토 (응력, 비틀림, 부재사양 등)	종국강도, 사용, 피로의 각 한계상태의 하중
(6) 안전성 검토 (충격에 의한 점증붕괴 등)	점증붕괴 한계상태의 하중
(7) 시공방법 검토 (건설 중의 안정, 강도 등)	건설기의 하중

서는 일본건축학회편 해양건축물설계지침(부유식 및 고정식)에 상술되어 있다. 여기서는 그 개요로 설계수순과 설계용 하중의 관계를 표 9.2에 나타내었다. 그리고 각 한계상태에 맞는 설계용 하중은 다음과 같이 설명되는 하중이다.[8)]

① 건설기 하중상태의 하중은 해양건축물 건설 중에 드물게 생기는 하중으로 건설 중의 해양건축물 안정성, 건축물 및 그 주요 구조부재의 강도계산에 사용된다.
② 종국강도 한계상태의 하중은 해양건축물의 사용 중에 극히 드문 환경하중(비상시) 및 극히 드문 과적재하중과 드문 환경하중(통상)의 두 가지 하중의 조합으로 산출되는 하중으로 사용 중의 해양건축물의 안정성, 건축물 및 그 주요한 구조부재의 강도계산에 사용된다.
③ 사용한계상태의 하중은 해양건축물 사용 중에 드물게 발생하는 하중으로 사용 중의 해양건축물 및 그 구조부재의 변형, 진동 계산에 사용된다.
④ 피로한계상태의 하중은 해양건축물 사용 중에 연관된 모든 반복하중으로 사용 중의 해양건축물 구조부재의 피로강도계산에 사용된다.
⑤ 점증붕괴 한계상태의 하중은 해양건축물 사용 중에 상정되는 우발하중으로 이에 의해 일부 파괴가 건축물 전체의 붕괴에 이르지 않기 위한 부재안정 계산에 사용된다.

9.3.4 환경하중의 요인

설계용 하중 중 환경하중의 원인은 일반적으로 기상, 해상, 지상으로 나뉘며, 표 9.3과 같이 하중을 산정하기 위한 설계조건으로 더욱 세분화되었다. 기상에 관한 하중요인은 바람, 일조, 적설이다. 바람은 풍압력에 대한 하중요인이며, 풍속, 풍향 및 풍속의 연직분포가 설계조건이 된다. 일조는 온도변화에 의한 재료의 팽창 · 수축에 관한 하중요인이며, 기온 혹은 기

표 9.3 환경하중과 설계조건[9)]

하 중	조 건
풍하중	풍향, 풍속, 연직방향의 풍속분포, 풍속의 주파수 스펙트럼
유체력	조류나 해류의 유향, 유속
파력	파향, 파고, 주기, 파고의 방향 스펙트럼
지진력	지반의 진동특성, 수평 및 연직 가속도, 강진기록, 모의지진파, 가속도 스펙트럼, 쓰나미
빙하중	해빙의 구성, 압축강도, 두께, 이동속도
적설하중	적설깊이
변형하중	기온(온도응력의 산정용)
계류력	계류부체에 작용하는 풍하중, 유체력, 파력, 계류부체의 동요량
토압	상시와 지진시의 주동 · 변동 · 정지토압을 산정하기 위한 조건

온차가 설계조건으로 된다. 또한 적설은 정적인 연직하중의 요인으로 되며, 적설량이 설계조건이 된다.

해상에 관한 하중요인은 조류나 해류 등의 흐름, 조석, 파랑이다. 조류나 해류는 해수의 흐름에 의한 유체력에 관한 하중요인이며, 유속, 유향, 유속의 수심방향 분포가 설계조건으로 된다. 조석은 상하방향의 수면 변위에 의해 건축물에 작용하는 힘의 하중요인으로 되며, 이 경우의 설계조건은 조위(潮位)이다. 조위는 시설과 수위의 관계에 관한 계획조건인데 예를 들면 조위변동에 의한 고정식 건축물의 부력 증감, 부체식 건축물의 계류력 증감과 같은 하중요인으로도 된다. 파랑은 파력에 관한 하중요인이며, 파고, 주기, 파향이 설계조건으로 된다. 얼음은 유빙이나 결빙에 의한 하중의 요인이며, 얼음 구성별로 하중이 다른 특성이 있으며, 이와 함께 얼음의 두께, 이동속도가 설계조건으로 된다.

지상의 하중요인은 지형, 지질, 지진이다. 지형은 건축물의 구조형식이나 형상을 정하는 계획조건인데, 예를 들면 중력식 건축물의 해저에서 설치압과 같은 하중요인이 되며 해저형상을 설계조건으로 생각할 수 있다. 지질은 중력식이나 재킷식 건축물을 지지하는 지반조건이며, 부체식에서는 계류앵커를 지지하는 지반조건이기 때문에 모든 구조형식에 대해서 중요한 설계조건이라 할 수 있다. 한편 지진을 전달하는 매체의 조건이기도 하다. 지진은 땅의 움직임을 수반하는 건축물의 관성력에 관한 하중요인인데 한편으로 쓰나미의 원인이기도 한 하중요인이다. 지진은 연직 및 수평방향의 가속도, 속도, 변위라고 하는 대표치와 함께 지진파가 가진 파워 스펙트럼 형상도 설계조건으로 된다. 쓰나미에 관해서는 그 규모를 산정할 때 필요한 지진의 마그니튜드와 단층의 형상이 설계조건이다. 이렇게 지진하중은 중력식이나 재킷식 건축물에는 직접 작용하는 하중이며 부체식 건축물에는 계류라인이나 돌고래 등에서 간접적으로 전해지는 하중이다.

이상과 같이 하중을 산정하기 위해서는 표 9.3에서 나타낸 것처럼 많은 설계조건이 설정된다. 이 조건은 건축물의 안전성을 좌우하기 때문에 설치 해역의 환경을 가능한 한 정확하게 조사하여 파악할 필요가 있다. 특히 바람, 파도, 지진에 관한 설계조건은 명확한 상한치를 설정할 수 없는 비확정적인 것이며, 확률통계적으로 설정된 것이다. 그러나 설치해역의 자연환경에 관한 자료는 매우 열악한 경우가 있어 건설계획이 입안되는 단계에서 사전에 장기적인 안목으로 자연환경 조사 · 관측을 행하여 설계조건으로 해야 할 현상의 발생빈도 등에 관한 통계적인 추측 정도를 높이는 노력을 해야 할 것이다.

9.3.5 환경하중의 확률적인 설정

설계에 사용되는 외력요인의 대표값을 설정하는 경우 최초로 검토하는 것이 건축물의 **내용년수**와 그 기간 내에 조우하는 외력의 **재현기간**과 그 **조우확률**의 설정이다. 어느 현상이 발생하는 평균기간 간격을 재현기간이라고 한다. 건축물을 설계할 때의 재현기간 R_p의 단위는 연수이다. 그 사상이 단위시간, 즉 1년 동안 발생하는 확률을 p라고 하면 재현기간 R_p의 사이에 발생하지 않을 확률은 $1-p=1-1/R_p$이다. 따라서 내용년수 L간의 이 사상은 조우하는 확률 E는 식 (9.1)과 같다.[10)]

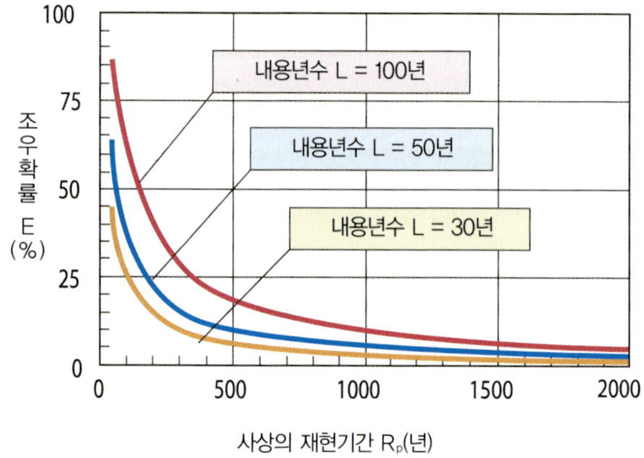

그림 9.5 내용년수, 재현기간, 조우확률 관계의 예

$$E = 1 - \left(1 - \frac{1}{R_P}\right)^L \qquad (9.1)$$

예를 들면 이 식과 같이 내용년수가 30, 50, 100년인 건축물에 대해 사상의 재현기간과 조우확률의 관계를 계산하면, 그림 9.5와 같이 된다. 내용년수가 50년인 경우에 그 사상에 조우할 확률은 63.4%로 되며 조우하지 않을 확률보다도 높아진다. 긴 재현기간을 채용하면 조우확률은 작아지며, 같은 예에서 재현기간이 2000년으로 되면 조우확률은 2.5%까지 저하된다. 단, 이유없이 재현기간이나 목표로 하는 조우확률을 정하는 것은 아니다. 일반적으로 건축물의 내용년수는 기획단계에서 결정되기 때문에 외력요인의 재현기간은 조우확률과 편익을 검토해서 결정된다.

재현기간 R_p가 결정되면 극치 통계에 의한 외력요인의 대표치 X는 다음과 같이 결정된다. 극값 통계에는 N년 간의 각 연도별 최대값 X_m(m=1~N)이 사용된다. 이 데이터가 관측값인 경우와 관측 데이터가 아니기 때문에 시뮬레이션에서 정한 값인 경우가 있는데, 어느 것이라도 충분한 장기간의 각 연도의 최대값이어야만 한다. 이들 극값 데이터의 각각에 대해 그 값을 넘지 않는 확률, 즉 미초과 확률 P를 구한다. 미초과 확률 P는 확률분포관수에 의해 계산할 수 있다. 각각의 극값 X_m과 그 미초과 확률 P의 관계를 근사식이나 그래프로 나타낸다.

한편 재현기간 R_p와 미초과 확률 P에는 P=1−P=1−1/R_p의 관계가 있기 때문에 재현기간 R_p에 대한 미초과 확률 P를 전술한 근사식에 대입 혹은 그래프상에서 예를 들면 재현기간 R_p에 대해 극값 X, 즉 대표값을 구할 수 있게 된다. 설계에 사용하는 대표값, 즉 설계풍속, 설계파고 등은 이와 같이 구해진다.

표 9.4 극값통계분석의 흐름

Step	진행 방법
1	편익에 의해 결정한 조우확률에 대응하는 재현기간 설정
2	가능한 한 장기의 연 최대치(극값)의 관측데이터 혹은 추정데이터를 수집한다.
3	각 극값의 미초과 확률을 산정하고 극값 X_i와 미초과 확률 P_i의 관계, 즉 분포관수의 근사식을 구한다(출현확률분포관수로서 와이블 분포, Gumbel 분포 등을 가정). 이 때 극값 X_i와 미초과 확률 P_i의 관계로는 근사식을 구하기 어렵기 때문에 미초과 확률 P_i을 기준화계수 y_i로 변환해서 근사식을 구한다.
4	설정한 대상사상의 재현기간에 대한 미초과 확률을 구하고, 이 재현기간에 대한 사상의 극값을 step 3에서 구한 근사식에 의해 추정한다.

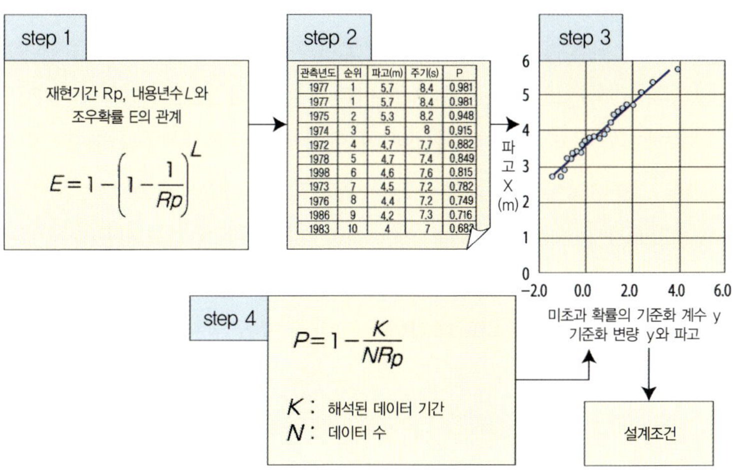

그림 9.6 극값통계분석에 의한 통계조건설정 흐름

단, 설계파고는 앞바다 파도로 얻어지는 경우가 있으며, 이것을 건축물의 설치 위치에서 파고를 구하기 때문에 파랑변형계산을 행하게 된다. 이상의 극값 통계분석 흐름을 표 9.4에 나타내었다.

9.3.6 환경하중 산정

풍속, 파고, 조류속, 지진가속도 등의 설계조건이 구해지면 그 다음은 건축물에 작용하는 힘, 즉 하중을 구하게 된다. 하중의 산정방법은 외력요인의 특성이나 건축물의 응답 파악법, 즉 동적응답인지 정적응답인지의 차이 혹은 응답이 미소한지 대변위인지에 따라 구하는 방법이 다르다. 여기서는 빈도가 높은 외력요인과 응답의 관계에 입각하여 하중 산정방법을 설명하고자 한다.

풍하중 산정에는 처음에 풍속의 공간적 분포를 생각한다. 바람은 최대풍의 풍향이 계절과 관계 있기 때문에 많은 경우에 설계풍속을 한정하는 것은 곤란하다. 따라서 풍향은 전체 풍향이 채용되는 경우가 많다. 한편 풍속의 연직방향 분포는 규정되는 것이 일반적이다. 특히 주위가 해상의 경우와 육상의 경우에는 연직방향의 풍속분포가 다르다고 알려져 있다. 이것은 육상에서는 식생이나 건물 등에 의해 풍속을 감소시키는 요인, 이른바 대기와 지표의 계면조도가 해면보다 거친 것이 원인이다. 일반적으로 풍속의 연직분포는 다음 식으로 나타내는데 식 중에서는 주위가 해면인 경우에 1/7, 육역을 거쳐 해상에 이른 경우에는 1/4가 적당하다고 알려져 있다.[11] 높이 10m에서 10분간 평균풍속 V_{10}을 기준으로 한 높이 Z의 풍속 V_Z은 식 (9.2)으로 주어진다. 이 V_{10}에 1분간 평균풍속을 사용하는 경우도 있지만 이 경우 10분간 평균풍속보다도 큰 값이 된다. 이때의 α에 대한 분포 차이를 그림 9.7에 나타내었다.

$$v_Z = v_{10}\left(\frac{Z}{10}\right)^{\alpha} \qquad (9.2)$$

이 높이방향의 설계풍속을 v로 하고, 풍하중은 공기의 밀도를 ρ_a, 풍력계수를 C, 가스트 영향계수를 G, 수압면의 면적을 A로 해서 식 (9.3)으로 얻어진다.[11)]

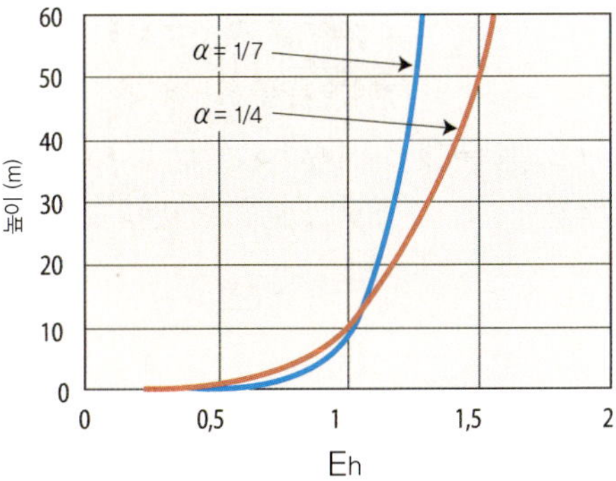

그림 9.7 바람의 연직분포와 풍압력

$$P = \frac{1}{2}\rho_a v^2 CGA \qquad (9.3)$$

가스트 영향계수 G는 평균풍속으로 돌풍의 기여율을 고려한 최대값을 구하기 위한 계수로, 통상 2.0 정도(선박에서는 1.5)의 값을 갖는다. 또한 풍력계수는 형상저항을 나타내는 계수이다. 이들 계수는 「해양건축물 구조설계 지침 · 동 해설(부유식)」 등을 참고하면 된다. 단, 설계에 관해서 준거하는 기준에 따라 이들 계수는 다르다는 것에 주의할 필요가 있다.

파랑하중은 확률적인 수법으로 구해진 파도의 향, 파고, 주기에 따라 단일 최고파법이나 스펙트럼법으로 하중이 구해진다. 단일 최고파법은 9.2.3에서 서술한 대표치에 의한 방법이다. 단일최고파법은 최고파에 의한 하중이나 구조응답을 구하는 방법이며, 스펙트럼법은 설계조건에서 설정한 파향, 유의파고, 평균주기를 가진 파도의 스펙트럼을 설계용 스펙트럼으로 하여 하중이나 건축물의 응답에너지 스펙트럼에서 최대의 하중이나 응답값을 구하는 방법이다. 건축물의 설계에 대한 양자의 사용법 차이를 그림 9.8에 나타내었다.

파랑하중에는 그림 9.9에 나타낸 것처럼 방사력(radiation force), Froude-Krylov force, Diffraction force, 파표류력, 점성유체력, 충격력 등이 있다. 이들 하중의 분류는 건축물이 운동한 경우에 유체에서 받는 반

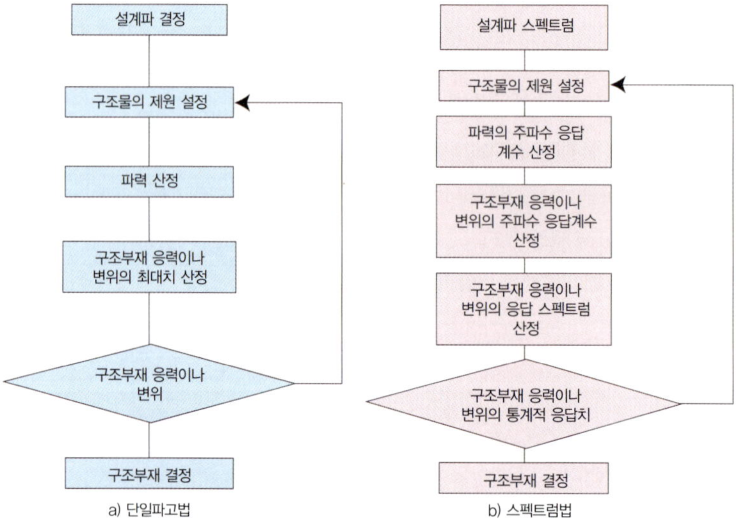

그림 9.8 단일 최고파법과 스펙트럼법에 의한 설계흐름 예

력과 건축물이 정지하고 있는 경우에 작용하는 파력을 나누어 생각할 수 있다.

방사력은 건축물의 운동가속도에 비례하는 힘과 속도에 비례하는 힘으로 나누어지며, 각각 부가질량력, 조파감퇴력으로 불린다. 그리고 Froude-Krylov force는 건축물에 작용한 파도가 교란되지 않는다고 가정하였을 때 건축물 표면에 생기는 입사파의 압력에 의한 힘이며, Diffraction force는 건축물에 의해 교란된 파도(산란파)에 의해 생기는 유체압력에 의한 힘이다. Froude-Krylov force와 Diffraction force의 합을 파강제력(파랑강제력)이라고 한다. 이들 힘은 일반적으로 선형 포텐셜이론을 사용하여 충분히 실용적으로 산출된다.

선형 포텐셜이론에 대해서는 참고문헌 12)를 참고하기 바란다. 그리고 파표류력으로 불리는 힘이 있다. 일정주기로 변동하는 규칙파 중에는 매우 적으면서 파고의 제곱에 비례하는 비선형의 정상외력이 발생하여 정상

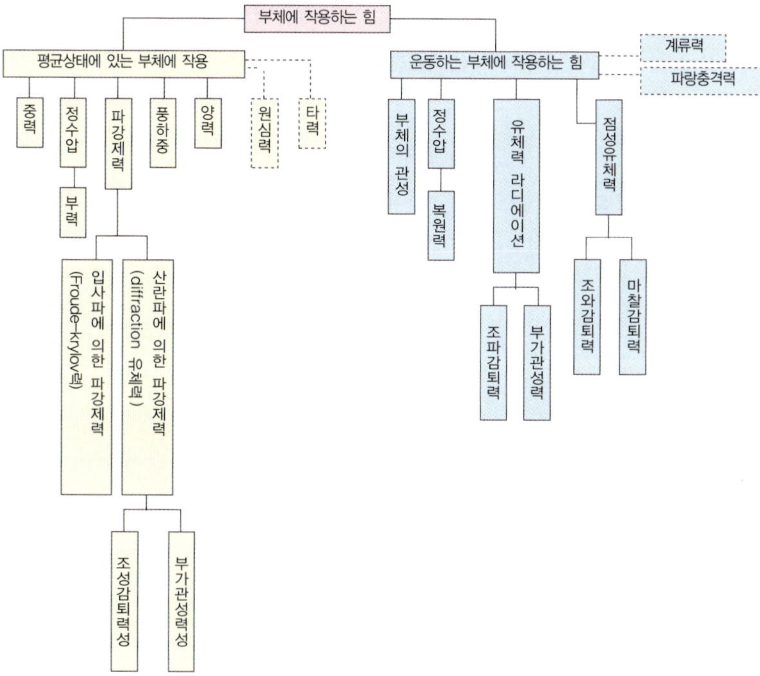

그림 9.9 부체식 해양건축물에 작용하는 유체력[12)]

파 표류력이라고 불린다. 그리고 불규칙파 중에서도 주기가 다른 성분파 간의 상호작용으로부터 2차 비선형파력이 발생하여 장주기 변동 표류력이라고 불린다. 성분파가 점하는 주기대(3초에서 20초)보다도 긴 주기(100초 오더)로 변동한다. 계류시스템 등의 유체 건축물의 위치 보유 시스템은 이들의 표류력에 견디도록 설계된다.

또한 해수의 점성에서 기인하는 파랑하중도 존재하며 이것이 점성유체력이다. 이 힘은 그 건축물의 해중형상이 입사파의 파장과 비교하여 적고, 산란파의 영향이 적은 대신에 박리와(剝離渦)가 생길 수 있는 파도와 건축물의 관계인 경우에 선형파력보다 탁월한 힘이다. 즉 이 힘이 탁월한 범위에는 기준이 있으며, 건축물의 대표적인 치수(연직원주라면 직경) D

와 파장 λ의 비로 $D/\lambda \leq 1/5$의 경우에 점성유체력이 선형파력보다 탁월하다. 이 힘은 가속도에 비례하는 힘(관성력)과 속도의 2승에 비례하는 힘(항력)으로 나누어 산출할 수 있으며, 이 계산식은 선구자의 이름을 따서 모리슨식으로 불리고 있다. 이외에 방파제와 같이 파랑의 진로를 차단하는 건축물에 작용하는 파력으로는 아이다(合田)식이 있다. 그리고 쇄파나 쓰나미에 의한 충격 파력 산정법에 대해서도 많은 연구성과가 있으며, 컴퓨터 시뮬레이션에 의한 새로운 수치계산방법도 연구되고 있다. 그 대표적인 계산방법은 VOF법이나 입자법이다. 이상의 파력 계산방법의 상세한 것은 참고문헌 13), 14)를 참고하면 된다.

이상과 같이 하중은 설계조건과 건축물의 형상이 주어지면 구해지도록 설명했지만 이것은 하중작용에 의한 건축물의 변위가 작은 경우에 해당된다. 실제로는 건축물과의 동적인 상호작용에 의해 그 값이 변하는 것도 있으며, 건축물 주위의 유체와 건축물의 연성해석이 필요한 것도 있다. **지진하중**도 똑같은 것으로 하중으로 독립해서 주어지는 것이 아니라 지반 · 유체 · 건축물의 연성해석이 필요하게 된다. 즉 지진동이 지반에서 건축물에 전파되는 것만이 아니라 건축물 주위의 유체진동도 동수압으로서 건축물의 진동에 영향을 주게 된다. 이와 같이 동수압을 고려한 동적인 연성해석 외에 지반종별, 건축의 고유주기, 설치역의 지진특성에 맞는 층전단력을 구하는 정적인 해석방법도 있다.

9.3.7 건축물의 성능평가

건축물에 작용하는 하중이 산정된 후에는 건축물의 안전에 관한 성능평가를 위한 구조설계를 행한다. 구조설계에는 건축물 전체의 안정, 부재치수를 결정하기 위한 부재설계와 전체설계가 있다. 설계수법에는 9.3.2 설계수법에서 서술한 것처럼 허용응력도법과 신뢰설계법이 있다. 일본건축학회 해양건축물 구조설계지침(부유식, 고정식)에는 해양건축물의 설계는 한계상태설계법에 의한 것이 원칙으로 되어 있으며, 구조설계에는 전술한 표 9.2에서 나타낸 순서로 구조를 검토한다.

이때 검토에 사용되는 환경하중에 대해서는 환경하중 모든 것이 동시에 가장 위험한 상태에서 작용한다고 생각하기 어렵기 때문에 유체력, 파력, 풍압력, 지진력의 동시작용 가능성과 그때의 하중상태를 고려한다. 이는 하중의 조합이라고 불리며, 초대형 유체식 구조물 기술기준안 · 동해설에서는 표 9.5에 나타낸 것처럼 생각할 수 있다.

표 9.5 구조설계에서 검토하는 하중의 조합[15)]

한계상태	고정하중	적재하중	지진, 해진[역1], 쓰나미, 고조를 제외한 자연환경	지진, 해진, 쓰나미, 고조의 자연환경하중
사용	평균치	최대값과 최소값을 검토	클래스 1의 하중을 고려	고려하지 않음
			고려하지 않음	클래스 1의 하중을 고려
종국강도	평균치	최대값과 최소값을 검토	클래스 2의 하중을 고려	고려하지 않음
			고려하지 않음	클래스 2의 하중을 고려
피로	평균치	최대값 혹은 하중의 빈도분포를 검토	하중의 크기와 빈도분포를 고려	고려하지 않음

주 (1) 고정하중, 적재하중 설정은 일본건축학회의 관련기준을 참조로 할 것.
(2) 클래스 1은 상용 환경조건으로 불리는 조건이며, 정해진 기간에 빈번하게 조우하는 조건. 일반적으로 연간 최대값(2년 재현기간)을 채용.
(3) 클래스 2는 최대 환경조건으로 불리는 조건이며, 공용기간에 조우하는 최대의 조건. 재현기간은 적지만 공용기간의 2배.

이상과 같이 설계조건이 설정된 후는 구조설계가 행해진다. 다음 절에서는 부체식, 중력식, 재킷식의 구조설계 흐름을 설명하겠다.

역1) 海震 : 바다 밑에서 일어나는 지진으로 바닷물이 흔들리는 현상

9.4 건축물 구조설계의 흐름

9.4.1 부체식 건축물

부체식 건축물의 구조는 폰툰(pontoon)타입, 반잠수(Semi-Submersible)타입, 선각타입 등이 있으며, 일반적으로는 건축물의 상재(上載) 건축물로 건설된다. 따라서 부체부분은 부체력 혹은 인공기반으로 생각할 수 있다. 이 인공기반 설계로는 구조타입 선정과 함께 계류방법 선정도 함께 행해지기 때문에 자연환경조건이 결정된 후는 인공기반의 구조설계와 함께 계류설계가 실시된다. 구조설계의 순서를 그림 9.10에 나타내었다.

구조설계에서는 상재건축물을 포함한 하중분포가 구해지기 때문에 부력과의 조화, 전복한계의 경향 등 이른바 정적 안정성이 검토된다. 이 결과에 문제가 없으면 다음으로 파랑 속의 동요계산이 이루어진다. 건축물의 동요는 사용한계상태에도 관계하며 상시의 동요량이 인간의 생활행동에 지장이 없는지가 검토된다. 다음으로 구조부재의 설계가 행해지며 인공기반의 구조가 확정된다.

9.4.2 중력식 건축물

중력식 건축물은 하부구조의 내부공간이 큰 경우에는 내부도 건축공간이라고 생각할 수 있다. 하부구조물의 구조설계 순서를 그림 9.11에 나타내었다.

중력식 건축물은 하중에 대해 중력으로 안정을 확보하는 구조형식이다. 따라서 수평하중에 대해서는 해저와 건축물 간의 마찰력으로 저항하며, 전도에 대해서는 파도 밑의 건축물 단지(端趾, 건축물 접지부분의 파도 밑 모서리)를 중심으로 한 수평력(파도나 바람에 의한 힘)에 의한 전도 모멘트에 대해 연직력(자중, 부력, 파도에 의한 윗방향의 힘)에 의한 모멘

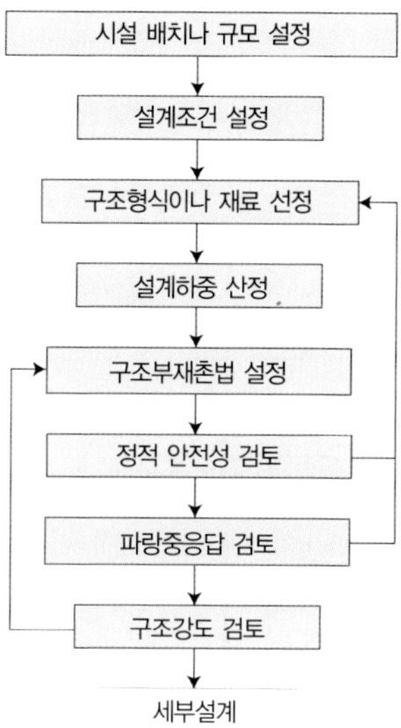

그림 9.10 부체식 건축물의 구조설계순서[16]

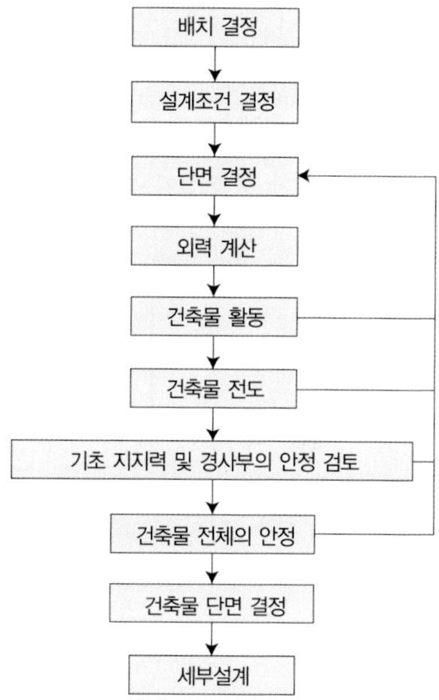

그림 9.11 중력식 건축물의 구조설계순서[17]

트를 따라 저항한다. 그리고 하중은 지반으로 전달되기 때문에 지반의 안정도 검토된다. 이들 전체의 안전성이 검토된 후에 벽면을 구성하는 구조부재의 상세설계가 행해지며 구조가 확정된다.

9.4.3 말뚝식 건축물

말뚝 건축물이나 재킷식 건축물은 건축물을 지반에 말뚝을 사용하여 지지시키는 구조형식이다. 따라서 건축물의 안정성에 대해서는 상부 건축물에 작용하는 풍압력이나 재킷 혹은 수중의 말뚝에 작용하는 파력이나 조류력에 대해서 말뚝의 지지력이 충분하다는 것을 검토하게 된다. 예를 들면, 파력에 따라 파도 밑의 말뚝은 압입이 작용하고, 파도 위쪽의 말뚝에는 인발력이 작용하게 되어 말뚝의 지지력이 충분하지 않으면 건축물은 전도하게 된다. 이러한 것들을 고려해서 적절한 말뚝의 지름과 해저에의 매설깊이가 결정된다.

다음으로 말뚝이나 재킷 구조부재의 단면설계가 행해지며, 구조가 확정된다. 이러한 구조설계의 순서를 그림 9.12에 나타내었다.

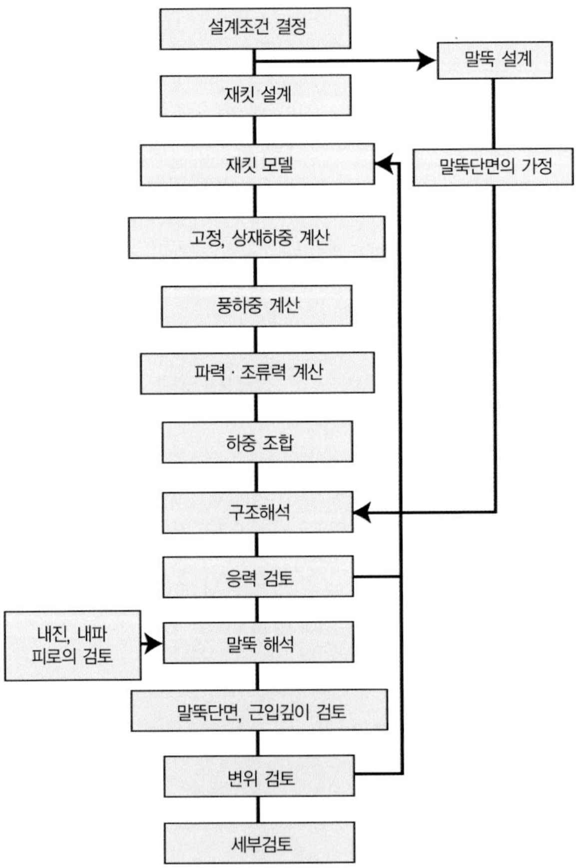

그림 9.12 재킷식 건축물의 구조설계순서[18)]

참고문헌

1) 加賀秀治監修 : 제1장 건축생산의 현상, 차세대 건축생산, pp.2~47, 동양서점, 1996.
2) 中澤明夫, 角田誠 : 1.1 건축생산이란 무엇인가, 건축시공, p.2, 市谷出版, 2004.
3) 일본건축학회 : 2장 설계하중, 해양건축물 구조설계지침(부유식) · 동해설, pp.54~55, 丸善, 1990.
4) 마린플로트 추진기구편 : 제2장 부체구조물의 권장, 대규모 부체구조물, pp.7~22, 鹿島出版會, 2000.
5) 鹿島건설토목설계본부편 : 1.1 해양 · 항만구조물의 개요, 해양 · 항만구조물, pp.1~34, 鹿島出版會, 2003.
6) 일본건축학회 : 1장 총칙, 해양건축물 구조설계지침(부유식) · 동해설, p.41, 丸善, 1990.
7) 일본건축학회 : 2장 설계하중, 해양건축물 구조설계지침(부유식) · 동해설, p.45, 丸善, 1990.
8) 일본건축학회 : 2장 설계하중, 해양건축물 구조설계지침(부유식) · 동해설, p.46, 丸善, 1990.
9) 일본건축학회 : 3장 설계하중, 해양건축물 구조설계지침(고정식) · 동해설, p.64~89, 丸善, 1990.
10) 항만시설의 기술상의 기준 · 동해설 검토위원회 : 4.4 파도의 관측 · 추산 데이터의 통계적 처리, 항만시설의 기술상의 기준 · 동해설, pp.4-4.5-4-4.6, 1999.
11) (재) 연안개발기술연구센터, 메가플로트 기술연구조합 : 4-4.3 풍하중, 초대형 부체식구조물 기술기준안 · 동해설, pp.4-4.5-4-4.6, 1999.
12) 前田久明 : 제 II장 파랑 중 선체운동, 元良誠三감수, 선체와 해양구조물의 운동학, p.45, 成山堂書店, 1982.
13) 일본건축학회 : 2장 설계하중, 해양건축물 구조설계지침(부유식) · 동해설, p.45, 丸善, 1990.
14) 越塚誠一 : 수치유체역학, 培風館, 2002.
15) (재) 연안개발기술센터 · 메가플로트 기술연구조합 : 초대형 부체식 구조물기술 기준안 · 동해설, p.5-3.3, 1999.
16) 마린플로트 추진기구편 : 제4장 대규모 부체구조물의 기술, 대규모 부체구조물, p.46, 鹿島出版會, 2000.
17) 항만시설의 기술상의 기준 · 동해설 검토위원회 : 제7편 외곽시설, 항만시설의 기술상 기준 · 동해설, p.590, (사) 일본항만협회, 1999.
18) 北島昭一 편저 : 4.1.4 재킷식 구조물의 설계, 해양시설의 설계와 시공, pp.89~102, 技報堂出版, 1979.

| 제10장 | 해양건축 만드는 법

小林昭男

10.1 해양건축물의 개요

10.1.1 구조형식과 시공실적 수심

해양건축물의 구조형식을 9장과 같이 부체식, 재킷식, 중력식으로 나누어 각각의 **시공방법**을 설명하고자 한다. 이들 구조형식을 모식적으로 나타내면 앞 장의 그림 9.3과 같이 된다. 이들 구조형식은 파도, 물결, 바람 등의 외력에 견디고 안전성을 확보할 수 있도록 연구되고 있다.

부체식은 수면 위에 부유하고 있기 때문에 외력을 확실하게 받아들이는 것이 아니라 움직임으로써 큰 외력을 받아넘기는 구조형식이다. 그러나 떠있는 만큼 크게 이동하기 때문에 대부분이 위치를 유지하기 위하여 체인이나 와이어로프로 해저 등의 고정부분으로 **계류**되어 있다. 재킷식은 강관을 용접하여 조립한 건축물로 해저에 말뚝으로 고정된 구조형식이다. 외력이 작용하는 범위는 강관으로 구성되어 있기 때문에 파도, 물결, 바람은 그 사이를 빠져나가 외력과 정면으로 부딪히는 일은 없다. 중력식은 건축물의 중력으로 외력을 견디는 구조형식이다. 외력을 받기 어렵게 하기 위해서는 형태 연구가 필요하다.

이들 특징에 의해 건설되는 최대의 수심은 구조형식마다 다르다. 건설하는 수심이 깊다면 커다란 건축물을 짓지 않으면 안 되기 때문에 재킷식이나 중력식은 건설이 어렵다.

부체식은 계류가 힘들기 때문에 DPS(Dynamic Positioning System : **자동선위보지장치**(自動船位保持裝置))가 사용된다. DPS는 선박이나 해양 건축물을 이들이 장비한 추진 프로펠러 및 스러스터(thruster) 등의 추력 컴퓨터 제어에 의해 해상의 정점에 자동적으로 위치를 유지시키는 시스템이다.[1] 얕은 바다에서는 모든 구조형식의 건축물이 건설 가능하지만 쇄파대(碎波帶)에서는 부체식이 만들어지는 경우가 없다. 건축물이 건설된 실적이 있는 최대 수심을 그림 10.1에 나타내었다.

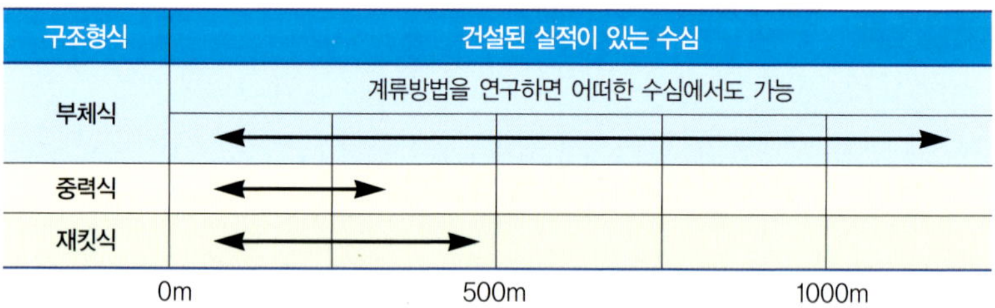

그림 10.1 구조형식별 건설실적 수심

10.1.2 시공의 기본방침

해상에서 공사의 난이도를 좌우하는 자연환경은 기상·해상이다. 육상의 자연환경에 해상이 더해지는데 바다에서는 바람을 차단할 수 있는 것이 없다는 점이나 안개가 발생하기 쉬운 점 등에서 육상의 경우 이상으로 기상이 공사에 영향을 미친다. 지상(地象)이 수년간의 **공사기간** 중에 크게 변화하지는 않지만 기상이나 해상은 빈번히 변화한다. 태풍시 해변의 TV중계에서는 바람은 세고 파도는 높은 상황이 보도된다. 육상에서는 태풍이 지나간 후에 평온해지지만 해상에서는 바람의 영향으로 높은 파도가 지속된다.

이것은 그저 일례에 지나지 않지만 바다와 육지에서는 기상이나 해상이 크게 다르다. 그리고 해역이나 계절에 의한 특성 차이도 있다. 동해쪽의 해상은 겨울은 파도가 높지만 여름의 파도는 낮다. 그러나 태평양 쪽의 해상에서 여름은 태풍의 영향 등으로 파도가 높고 겨울의 파도는 낮다. 이처럼 높은 파도가 출현하는 시기가 있다고 하는 것은 1년에 걸친 해양공사 실시를 어렵게 하고 있다. 이는 건설작업에 사용하는 배가 파도가 거칠 때에는 위험회피를 위해 공사를 중지하기 때문이다. 이렇게 해양건축물 건설에는 해상에서의 공사기간을 길게 할 수 없기 때문에 가능한 한 육상에서 건설하며 해상에서 시행하는 공사를 줄이는 연구가 이루어져왔다.

예를 들면 연안에 설치하는 부체식 화학공장을 건설하는 경우에는 종업원의 숙박시설이나 화학공장시설 등 필요시설은 육상에 건설하고, 이들을 탑재할 부체식 건축물은 조선도크에서 개별적으로 건설한다. 그리고 각각이 완성되면 부체식 건축물 위에 숙박시설이나 화학공장시설을 해변의 평온한 장소에서 탑재하여 부체식 화학공장으로 완성시키고, 이것을 건설지점까지 예항하고 계류해서 작업하게 된다. 즉 기상이나 해상에 좌우되는 해상공사는 해변에서의 시설 탑재, 예항, 계류작업만으로 이루어지기 때문에 기상이나 해상이 평온한 날을 선택하여 공사를 해도 해상에서의 공사기간을 줄일 수 있다.

이상과 같이 해상공사를 할 때의 기본적인 방침은 해상공사기간을 줄이고 가능한 한 기상 · 해상이 평온한 시기를 선택하는 것이라고 할 수 있다. 이를 가능하게 하는 것이 앞서 말한 화학공장의 숙박시설이나 화학공장을 미리 건설해서 나중에 탑재하는 것처럼, 전체를 가능한 한 커다란 블록으로 나누어 건설해서 이를 조립하여 단기간에 완성시키는 방법이다. 이 방법으로 부체식 석유기지를 건설하고 있는 실제 모습은 참고문헌 2)를 참조하기 바란다.

큰 블록으로 나누어 건축물을 건설하기 위해서는 구조를 연구할 필요가 있다. 그리고 큰 건축물을 운항하는 것에도 새로운 기계나 시설이 필요하다. 그렇기 때문에 해양건축물의 건설 역사는 구조와 시공법의 기술개발 역사라고 할 수 있다. 단, 일반적으로 공기단축을 위해서는 **건설기재**의 많은 수량과 집중사용을 필요로 하기 때문에 **건설비용**이 증대될 경우가 있다. 따라서 시공속도와 경제성의 균형을 이루는 것도 생각해야 한다. 즉 육상공사에서 거론되는 시공계획의 기본을 지키는 것과 동일하다. 이 시공계획의 기본이라는 것은 목적 건축물을 건설함에 있어 시공 안전성을 전제로 하여 공사의 품질, 공기, 경제성 확보라고 하는 3가지 조건을 조화시키면서 (1) **시공방법**, (2) **노동력**, (3) **기계**, (4) **자재**, (5) **자금** 등 이용할 수 있는 생산수단(5M)을 선정하여 이것들을 활용하기 위한 최적계획을 세워 구체적인 공법을 결정하는 것이다.

10.2 시공을 둘러싼 주변환경

시공의 기본적인 방침에 따라 시공계획을 구축하기 위해서는 건설해역의 특징을 파악할 필요가 있다. 물론 건축물을 설계할 때에도 충분히 파악하겠지만 시공계획에서는 건설해역 주변까지 주의를 기울일 필요가 있다. 그것이 지역이나 해역의 이용 상황에 관한 사회환경이라고 하는 것이다. 그리고 설계와 마찬가지로 자연환경에 대해서도 시공계획 구축을 위해 조사 · 정리할 필요가 있다.

10.2.1 사회환경

해변지역에서는 바다를 제사를 위한 장소로 생각하는 축제가 있다. 그리고 건설해역의 근처가 어장인 경우나 선박의 항로가 있는 경우도 있다. 이러한 건설해역 부근에서 독특한 행사, 어업, 항로 등의 해역이용 상황을 파악하여 이러한 지역활동 등에 지장을 주지 않도록 시공계획을 세우는 것이 필요하다. 사회환경에의 배려가 프로젝트의 빠른 추진과 그 성공 여부를 좌우한다고 해도 과언이 아니다.

10.2.2 자연환경

자연환경에는 기상, 해상, 지상이 있으며 각각의 구체적인 항목은 표 10.1과 같은 내용이다. 이들 데이터에는 기존 조사데이터가 있는 것과 그 해역에서 시공계획용으로 조사하는 것이 있다. 기존 데이터에는 기상의 경우는 (재)기상업무 지원센터에서 정리한 데이터가 있다. 그리고 해상은 (재)연안개발기술센터의 NOWPHAS(Nationwide Ocean Wave information network for Ports and HArbourS, 전국항만 해양파랑정보망)에 의한 관측데이터를 얻을 수 있다. 지상은 지형에 대해서는 국토지리원의 수치지도데이터와 해상보안청 해양정보부의 전자해도를 이용할 수 있다.

한편 새롭게 조사할 필요가 있는 경우도 있다. 예를 들면 건설해역이 기존의 관측지와 떨어진 장소라면 기상데이터는 독자적으로 조사할 필요가 있다. 파랑데이터는 건설해역의 데이터를 추산할 필요가 생긴다. 그리고 수질이나 수온과 같이 기존 조사데이터가 없는 경우도 있다. 더욱이 건설해역의 해저지형데이터는 없는 경우가 많아 새롭게 조사하지 않으면 안 된다.

10.2.3 시공조건의 중요성

설계에서는 표 10.1의 하중에 관한 항목에 대해 건축물이 설치되는 기간에 조우하는 극대의 현상을 확률론을 사용해서 추정하여 설계조건으로 한다. 그러나 시공은 건축물의 공용기간보다도 훨씬 짧은 기간에 실시되기

표 10.1 자연환경 조사항목

자연환경	조사항목
기상	기온, 습도, 기압, 강우, 적설, 안개, 일조, 풍속, 풍향
해상	조위, 유향, 유속, 파도방향, 파고, 주기, 수온, 수질, 빙질, 얼음두께, 얼음의 이동속도
지상	해저지형, 지질

때문에 시공시 기상 · 해상 · 지상 조건은 설계조건과 다른 값이 사용된다.

해상공사에서는 공사용 선박이 사용된다. 작업을 할 선박이기 때문에 **작업선**이라고도 불린다. 이 작업선이 가동할 수 있는 조건이 대부분의 경우 해상공사의 **시공조건**이 된다. 예를 들면 말뚝박기 작업을 하는 배는 파고가 50㎝를 넘으면 정확한 작업을 할 수 없는 경우 말뚝작업의 한계파고는 50㎝라는 시공조건이 생긴다. 해양건축물의 건설방법 부문에서 설명한 것처럼 해상공사에는 많은 공종이 있는데 각 공종에 작업한계 조건이 있기 때문에 이들을 서로 고려한 시공조건이 설정된다.

여기서 해양조건에 의한 작업선의 가동률 산정방법 예를 보면 표 10.2는 어느 해역의 1개월간 파고와 주기의 출현빈도를 수년분을 모아 정리한 결과이다. 주기가 2초에서 4초의 범위에서 파고가 1m 이하의 파도는 전체의 4.3%라는 것처럼 보는 표이다. 작업선은 크레인선이며 작업한계는 크레인 선단의 연직방향 동요량을 1.5m 이하로 한다. 표 10.2 주기의 범위에서 파고가 1m일 때 작업선의 크레인 선단의 연직방향 동요량을 계산한 결과가 표 10.3이다. 이 표는 주기가 2초에서 4초의 범위에서 크레인 선단은 파고 1m당 0.3m만 흔들리기 때문에 파고가 2m인 경우에는 0.6m 정도 흔들리는 것처럼 사용한다. 여기서 작업한계는 크레인 선단 동요가 1.5m이기 때문에 그 이하인 범위는 표 10.4와 같이 되며 당월에서는 전체의 약 74% 해상조건에서 공사할 수 있는, 즉 가동률은 74%라는 것을 알 수 있다. 실제로는 이 범위의 해상조건이 며칠 지속되는가에 따라 공사의 가부가 결정되기 때문에 좀더 복잡하지만 산정방법은 이 설명과 크게 다르지 않다.

해상조건에 관해 작업선의 작업한계 요인으로 되는 것은 파고, 주기, 파향이다. 그리고 급조류인 해역에서는 조류속과 그 유향이 설치작업 등의 시공정밀도를 좌우하는 조건으로 중요하다. 기상조건에는 풍속, 풍향이 적하(吊荷)작업이나 용접작업에 크게 영향을 미친다. 그리고 강우나 적설도 시공에 영향을 미치는데 안개에 의한 시정(視程) 저하는 안전성 저하를 초래하기 때문에 중요한 작업이다.

표 10.2 파고와 주기의 출현빈도(%)

$6 \leqq H_{1/3} < 7$							0.2	0.2
$5 \leqq H_{1/3} < 6$					0.9	0.5	0.3	0.2
$4 \leqq H_{1/3} < 5$				1.1	1.3	0.6	0.3	0.1
$3 \leqq H_{1/3} < 4$				3.3	1.8	0.5	0.2	
$2 \leqq H_{1/3} < 3$		0.5	2.7	6.8	1.9	0.5	0.1	
$1 \leqq H_{1/3} < 2$		2.2	23.5	8	1.3	0.3		
$0 \leqq H_{1/3} < 1$		4.2	28.7	3.5	0.6	0.1		
	$0 \leqq T < 2$	$2 \leqq T < 4$	$4 \leqq T < 6$	$6 \leqq T < 8$	$8 \leqq T < 10$	$10 \leqq T < 12$	$12 \leqq T < 14$	$14 \leqq T < 16$

표 10.3 파고 1m일 때의 크레인 선단 동요량(m)

	$0 \leqq T < 2$	$2 \leqq T < 4$	$4 \leqq T < 6$	$6 \leqq T < 8$	$8 \leqq T < 10$	$10 \leqq T < 12$	$12 \leqq T < 14$	$14 \leqq T < 16$
$H_{1/3} = 1.0$	0.1	0.3	0.5	0.7	0.9	1.0	1.0	1.0

표 10.4 작업이 행해지는 해상조건의 빈도(%)

$6 \leqq H_{1/3} < 7$							0.2	0.2
$5 \leqq H_{1/3} < 6$					0.9	0.5	0.3	0.2
$4 \leqq H_{1/3} < 5$				1.1	1.3	0.6	0.3	0.1
$3 \leqq H_{1/3} < 4$				3.3	1.8	0.5	0.2	
$2 \leqq H_{1/3} < 3$		0.5	2.7	6.8	1.9	0.5	0.1	
$1 \leqq H_{1/3} < 2$		2.2	23.5	8	1.3	0.3		
$0 \leqq H_{1/3} < 1$		4.3	28.7	3.5	0.6	0.1		
	$0 \leqq T < 2$	$2 \leqq T < 4$	$4 \leqq T < 6$	$6 \leqq T < 8$	$8 \leqq T < 10$	$10 \leqq T < 12$	$12 \leqq T < 14$	$14 \leqq T < 16$

이들 데이터는 건설에 이용 가능한 공사방법 선택, 즉 작업한계가 이들 자연조건을 만족시키는 방법을 선택하는 것에 이용된다. 그리고 이 공사 방법을 채용한 경우의 작업가능한 일수를 산출하여 전체 **공정계획**과 **시공계획**을 구축한다. 시공계획 구축의 기본은 무리하지 않고 공기 내에 완성하는 계획을 세우는 것이다. 그리고 시공계획 구축 순서는 그림 10.2에 나타내었다.

1) 시공지점의 자연조건 조사, 추정 → 2) 각 시공공정의 시공법 책정 → 3) 작업한계 설정
↓
6) 공정계획 작성 ← 5) 작업일정 산정 ← 4) 가동률 산정

그림 10.2 시공계획 구축 순서

10.3 시공을 편하게 하는 기술

10.3.1 작업선

앞서 말한 것처럼 해상에서의 작업을 편하게 하기 위해서는 작업선이 이용된다. 대표적인 작업선과 그 기능을 사진과 함께 나타내었다.

(1) 선회식 기중기선(그림 10.3의 (1)[4])

선회하는 크레인을 장비한 작업선으로 건축물을 끌어올리거나 운반에 사용된다. 그림의 크레인선은 「神翔-1600」이라는 배이다.

(2) 비선회식 기중기선(그림 10.3의 (2)[4])

크레인의 팔(지브, jib)이 고정되어 있는 작업선으로 자항(自航)하지는 않지만 중량이 큰 물건을 끌어올릴 때 사용된다. 이러한 크레인선을 floating크레인이라고 부른다. 그림의 크레인선은 「海翔」이라는 배이다.

(3) 말뚝박기선(그림 10.3의 (3)[4])

해저에 말뚝을 박기 위한 작업선이다. 그림은 「柏神」이라는 배로, 말뚝 지름 2.5m, 최장 70m의 말뚝을 박을 수 있다.

(4) Sand Compaction선(그림 10.3의 (4)[4])

해저지반을 개량하는 작업선으로 모래말뚝을 연약지반에 타설할 수 있다. 그림은 「東神-3호」라는 배로, 수면 아래 60m까지 모래말뚝을 타설할 수 있다. 이 외에도 지반개량을 행하는 작업선에는 샌드드레인선이 있다.

(5) 콘크리트플랜트선(그림 10.3의 (5)[4])

해상에서 콘크리트를 조합하여 대량으로 섞어 혼합할 수 있는 작업선으로 콘크리트플랜트라고 한다. 그림은 「제17神昭」라는 배로 자재 보관이 가능하기 때문에 무보합으로 1,000m^{3}의 콘크리트를 타설할 수 있는 배이다.

(6) 그래브(Grab) 준설선(그림 10.3의 (6)[4])

해저를 파는 작업선이다. 그림은 「제8神星」이라는 배로, 스퍼드(spud)로 위치 고정이 가능한 타입으로 수면 아래 60m까지 준설이 가능하다.

(7) 양토(揚土)선(그림 10.3의 (7)[5])

준설한 흙을 이동하는 작업선으로 매립공사에 사용되는 일이 많은 작업선이며, 리클레이머(reclaimer)라고도 한다. 그림은 「翔揚」이라는 배이다.

(8) 토운(土運)선(그림 10.3의 (8)[5])

토사를 운반하는 작업선으로 그림은 「神B-6000」이라는 6,000m^{3}의 토사를 운반할 수 있는 배이다.

(9) 대선(台船)(그림 10.3의 (9)[5])

건축물 등을 운반하는 작업선이다. 그림은 「나니와[역1] 바다의 시공관」의 유리돔 운반작업을 하고 있는 사례로 이 대선은 35,000t까지 실을 수 있는 「神-35000」이라는 배이다.

역1) 나니와 : 오사카(大阪)의 옛 지명

(1) 크레인선[4]

(2) 크레인선[4]

(3) 말뚝박기선[4]

(4) Sand Compaction 선[4]

(5) 콘크리트선[4]

(6) 그래브선[4]

(7) 리클레이머선[5]

(8) 토양운반선[5]

(9) 대선[5]

그림 10.3 작업선

10.3.2 시공의 고도화기술

해양공사를 둘러싼 사회정세에는 고령화에 의한 숙련기술자 감소와 작업성 저하, 저출산에 의한 노동자 감소라는 과제가 있으며, 이를 위해서는 안전성 향상을 위한 노동환경 개선, 코스트 감축을 위한 효과적이고 효율적인 건설을 실현하지 않으면 안 된다. 이를 백업하는 기술이 **생력화(省力化) 시공**, **급속화 시공**, **고정도(高精度)화 시공**, **정보화 시공**이라고 불린다.

생력화 시공기술은 숙련기술 등 담당자에게 의존하는 기술을 기계에 분담시켜 현장제작에서 공장제작으로의 치환을 촉진하기 위한 기술이다. 따라서 자동화기술이라고도 할 수 있다. 예를 들면 콘크리트 케이슨을 제작하는 경우 종래에는 야드라고 하는 해변의 평탄지에서 제작했지만 이것을 벽이나 저판(底板)과 같은 커다란 부재별로 공장에서 제작하여 야드에서는 조립만 시행하는 기술이다. 그리고 해안 부근에서 소파(消波) 블록을 설치하여 철거를 위한 로봇도 실용화되고 있다. 종래에는 타마카케[역2]작업을 사람이 하였는데 매우 위험했다[6]. 이처럼 종래의 인력제작 부분을 기계제작으로 해서 사람의 작업을 로봇에게 분담시킴으로써 생력화가 추진되고, 공기단축, 작업자 기술에 의존하지 않는 시공 정도 확보가 가능하게 되었다.

급속화 시공기술은 효율적인 작업을 시행하기 위한 기술이다. 예를 들 그림 10.4와 같이 잠수부가 해저면을 평탄하게 하는 작업을 로봇이 대신하는 기술이다. 이로써 작업효율은 현격하게 좋아졌고, 공기는 단축되고, 위험한 잠수작업을 줄일 수 있으므로 노동환경이 개선되고, 안전한 공사를 진행할 수 있다. 그리고 깊은 바다로 잠수할 수 있는 숙련된 잠수부 부족에도 대처가 가능하다[7]. 이와 같이 급속화 시공은 공기단축, 노동환경 개선, 안전성 향상에 도움이 되는 기술이다.

고정도 시공기술은 위치, 해저형상, 해저의 건축물 형상 등 계측을 정밀도가 높게 행하는 기술이다. 해상공사에서는 육상보다 멀리 떨어진 해상의 작업선이나 건축물 등의 위치를 정확히 알 필요가 있다. 현재 위치계측에서 가장 많이 이용되는 것은 GPS(Global Positioning System : **전지구측위시스템** 인공위성 등으로부터 위치를 아는 시스템)에 의한 측위 시스템으로, 이것에 의해

그림 10.4 해저평탄 로봇[9]

역2) 타마카케(玉掛け) : 크레인 등에 짐을 걸 때 와이어로프 또는 체인 등을 짐에 걸거나, 운반의 신호를 보내는 것.

위치를 빠르게 파악할 수 있다. 그리고 해저형상이나 해저에 건설한 건축물의 형상을 알기 위해 그림 10.5와 같은 수중음 반사를 이용한 Multi Narrow Beam 측심기술이 있다. GPS에 의한 정확한 수중음 발신장치와 해저에서의 수중음 반사에 의한 형상의 정확한 파악, 그리고 이들을 그림 10.6과 같이 그림화하는 컴퓨터 그래픽 기술에 의해 해저형상이나 해저 건축물을 정확하게 알게 되었다.

정보화 시공은 공사도중에 계측할 데이터를 좀더 빨리 분석하여 현재 진행되고 있는 공사에 피드백하는 기술이다. 예를 들면 해저에 말뚝을 박는 경우의 타격횟수와 타격높이 및 성토를 한 경우의 침하량 등 해중, 지중에 설치한 계측센서로부터 데이터를 컴퓨터에 집중시켜 수집하고, 현장에서 나타난 현상을 정확하게 파악해 관리하는 것에 사용된다. 이것은 해저지반 붕괴나 가설건축물 파괴 예측으로도 이어지기 때문에 안전성 향상 기술이라고도 한다. 그리고 효율적인 작업 추진에도 도움이 된다.

이처럼 해상공사에서는 생력화, 급속화, 고정도화, 정보화 기술 개발에 의해 한층 더 안전하고 신뢰성 높은 건축물이 건설되었다.

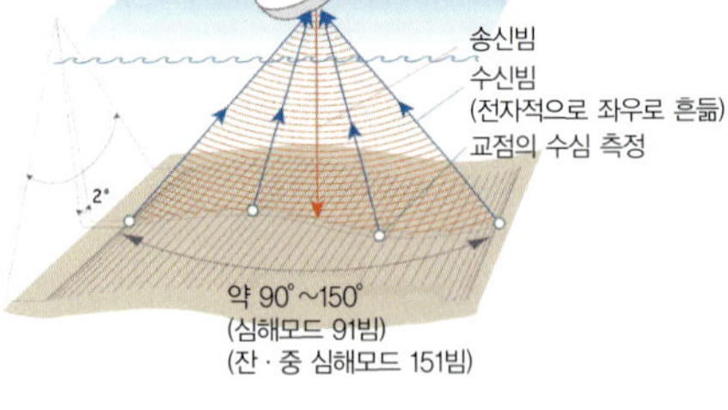

그림 10.5 Multi Narrow Beam의 탐사[8)]
제공 : JAMSTEC

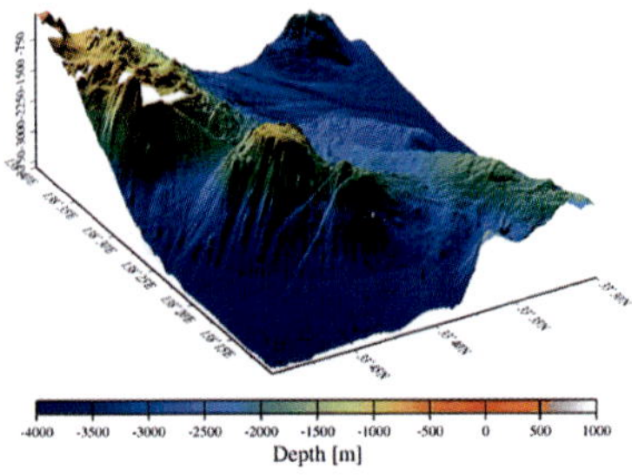

그림 10.6 해저형상 이미지[8)]
제공 : JAMSTEC

10.4 해양건축물 건설방법

10.4.1 강제(鋼製)부체식 건축물

부체건축물 중 주요한 구조가 강재료로 구성되는 부체의 건설방법을 메가플로토(Mega-Float) 건설순서에 따라 소개하고자 한다. 메가플로트는 그림 10.6에 나타낸 건축물로 개략의 치수는 길이 1,000m×폭 60m×깊이 3m(흘수(喫水) 1m)이다. 이 거대 건축물은 한 덩어리로 건설되는 것이 아니라 복수의 유닛을 접합하여 건설된다. 즉 길이 100m×폭 20m×깊이 2m의 유닛을 접합해서 제작한 300m×60m×2m 부분과 크기가 다른 복수의 유닛을 접합해서 제작한 길이 1,000m×폭×60m×깊이 3m 부분을 접합해서 건설되었다.

이들 유닛은 각 조선소의 도크에서 건설되어(그림 10.8 참조), 이것을 요코스카(横須賀) 앞바다에 예항해서 해상에서 순차적으로 용접접합하였다(그림 10.9 참조). 부체 유닛의 수중부도 용접할 필요가 있으나 수중용접은 시공성이 나빠 신뢰성이 떨어지기 때문에 수중부분에는 챔버를 사용하여 대기와 같은 조건으로 시공한다. 이를 모식적으로 나타낸 것이 그림 10.10이다. 이상의 강재 부체의 시공프로세스를 그림 10.11에 나타내었다.

10.4.2 콘크리트제 부체식 건축물

메가플로트보다는 소규모이지만 콘크리트제의 부체 건축물도 많이 건설되고 있다. 일본 국내에서는 부체식 방재기지가 4기 있고, 그 중 1기가 프리스트레스트 콘크리트구조이다. 그리고 콩고 앞바다의 N' Kossa 유전의 정제기지(이하, N' Kossa 바지)는 세계 최대의 프리스트레스트 콘크리트 구조의 부체로 크기는 길이 220m×폭 46m×깊이 16m이다[2].

그림 10.7 메가 플로트[10)]

그림 10.8 도크에서의 유닛 건조[9)]

그림 10.9 해상에서의 접합[10)]

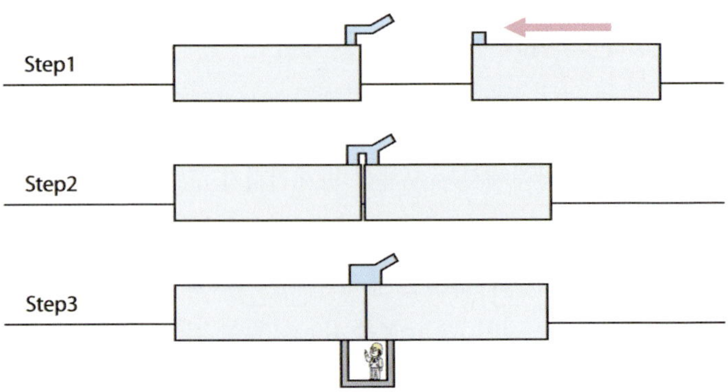

그림 10.10 유닛부체의 유인과 용접접합[11)]

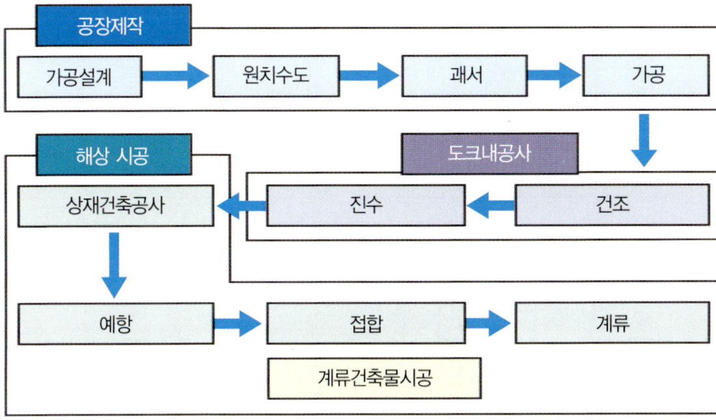

그림 10.11 강제 부체의 시공프로세스

부체식 건축물에는 건축물 전체를 휘어지게 하는 파도에 의한 힘이 작용하기 때문에 콘크리트 재료를 사용하는 경우에는 철근뿐만 아니라 프리스트레스 케이블에 의해 보강된 구조가 사용된다. 이들 건축물은 재료운반이나 작업의 용이함에서 조선소 도크에서 건설되는 것이 일반적이다.

N' Kossa 바지도 똑같이 조선소 **도크**에서 건설되었다. 건설 순서는 우선 도크 저부에 자갈과 침수성 있는 아스팔트를 시공하고 그 위를 수지 시트로 덮는다. 침수성 있는 아스팔트를 치는 것은 완성 후에 수압이 작용하

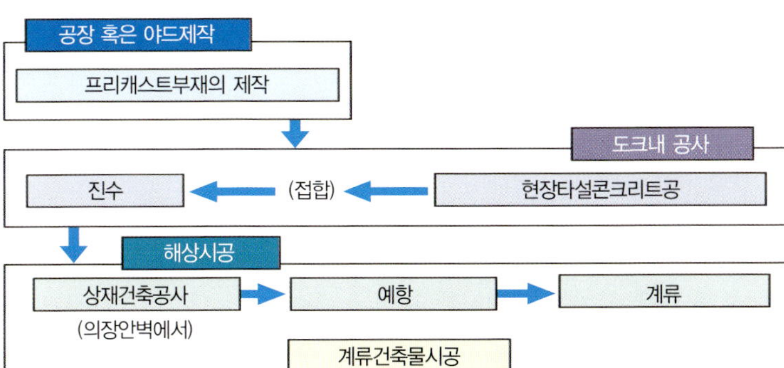

그림 10.12 콘크리트제 부체의 시공프로세스

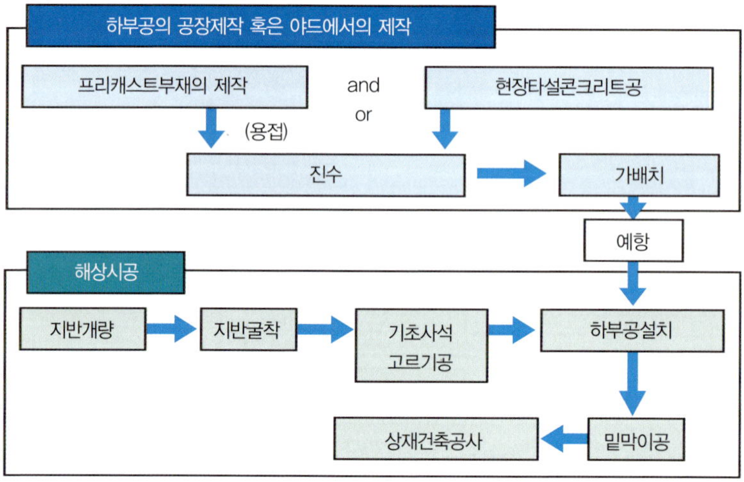

그림 10.13 중력식 건축물의 시공프로세스

여 부상할 수 있도록 하기 위해서이며 수지 시트로 덮는 것은 콘크리트의 건조수축에 대비하기 위해서이다.

다음으로 저부의 배근과 콘크리트 타설, 벽의 배근과 콘크리트 타설 순으로 시공이 진행된다. 시공 연구에는 프리스트레스트는 포스트텐션(post tension)방식인데 앵커부가 해수와 접촉하지 않는 구조로 하는 것과 벽면에 연직방향의 프리스트레스가 효과적으로 들어가도록 반원형의 강제(鋼製) 시스(프리스트레스를 삽입하는 튜브)를 사용하는 것이 있다. 그리고 큰 프리스트레스에 견딜 수 있도록 콘크리트강도를 70MPa로 한다. 콘크리트제 부체의 시공프로세스를 그림 10.12에 나타내었다.

10.4.3 중력식 건축물

일본 국내에서 가장 빈번하게 보이는 중력식 건축물은 철근콘크리트제의 방파제이다. 방파제 건설 순서는 우선 철근콘크리트제 케이슨을 육상에서 제작하고, 다음으로 이것을 해상에 띄워 건설지점까지 예항해서

케이슨 내부에 해수를 주입하여 침설한다. 그후 내부에 중량을 늘리기 위해 모래를 넣어 철근콘크리트 뚜껑을 덮어 완성한다. 이 건설과정은 참고문헌 12)를 참조하기 바란다. 중력식 건축물은 파력에 견디도록 중력을 크게 하기 때문에 지지하는 지반강도도 필요하며 Sand Compaction선 등을 이용하여 지반개량을 행하는 경우도 있다. 중력식 건축물의 시공 프로세스를 그림 10.13에 나타내었다.

10.4.4 재킷식 건축물

재킷식 건축물은 강관을 용접 접합해서 제작하는 건축물이다. 상부에는 건설목적 시설이 탑재되는데 이것은 하부공의 재킷과는 별도로 건설된다. 일본 내에서는 시버스(Sea berth)의 돌핀(dolphin) 대부분이 재킷 구조이며, 설치수심은 20m 정도이다. 그리고 해외에서는 해양유전의 굴착 · 생산에도 사용되고 있으며, 이 설치수심은 500m에 이른다.

재킷은 육상 야드에서 건설된다. 대형인 경우 완성 후에 해상의 대선이 탑재되기 쉽도록 레일 위에 미리 올려 제작한다. 완성된 재킷은 대선으로 올려 운반하는 경우와 재킷 자체를 띄워 예항하는 경우가 있다. 어느 경우도 건설지점에서는 자침(自沈)시켜 해저로 접지시키고, 그 후에 말뚝을 타설해서 안정시킨다. 그 후에 별도로 해상으로 운반해 온 상부공을 탑재해서 접합하여 건축물은 완성된다. 재킷식 건축물의 시공 프로세스를 그림 10.14에 나타내었다.

상공부는 일반적으로 크레인선으로 매달릴 수 있는 중량으로 분할해서 재킷에 탑재된다. 그리고 크레인을 이용하지 않고 대선을 이용해서 상공부를 탑재하는 방법이 있다. 이것은 대선이 가진 큰 부력을 이용하는 것으로 우선 그림 10.15(1)과 같이 상부공을 대선에 탑재해서 운반한다. 다음으로 그림 10.15(2)와 같이 대선의 흘수를 올려 재킷 사이에 진입하고, 그림 10.15(3)과 같이 대선의 흘수를 내려 재킷 위에 상부공을 접합시키면 작업이 끝나는 것이다. 이 방법에 의하면 무거운 상부공을 크레인선으로 매

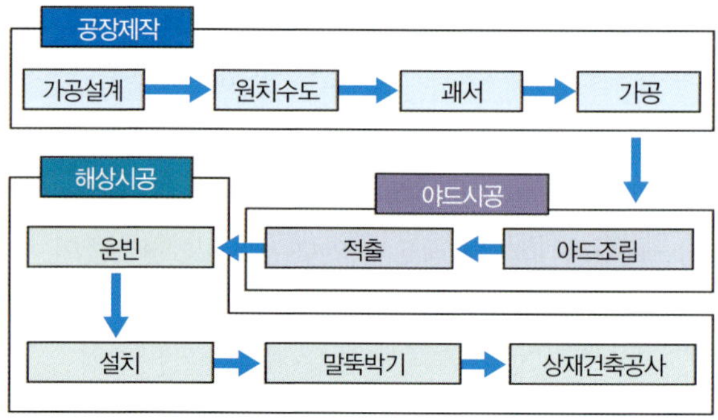

그림 10.14 재킷식 건축물의 프로세스

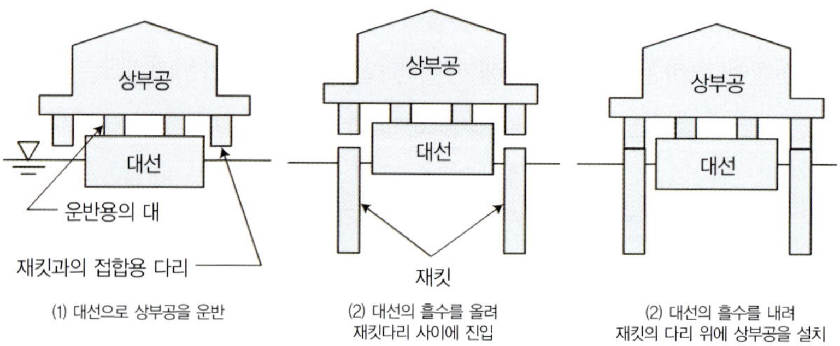

그림 10.15 상부공 설치 연구

달 필요가 없고 안전하게 공사를 진행할 수 있다.

① 대선(台船)으로 상부공 운반

② 대선의 흘수를 올려 재킷 다리 사이에 진입

③ 대선의 흘수를 내려 재킷 다리 위에 상부공 설치

재킷 제작은 파이프 용접 접합에 의한 것으로 그 접합 정도가 전체의 형상에 영향을 미치기 때문에 가공과 용접 쌍방의 관리가 중요하게 된다. 그리고 재킷을 해저에 설치하고 나서 말뚝을 박을 때까지 재킷은 자립해 안정될 필요가 있다. 그 사이에 큰 파도가 작용하면 전도될 수도 있기 때문에 파랑 예측, 빠른 말뚝 타설 등 공정관리도 중요하다.

10.5 환경영향 요인과 방지

해양건축물이 해양에 존재한다는 것은 해양환경에 영향을 미치게 되는데, 그 건설과정에는 완성 후와는 다른 영향을 미치는 경우가 있다. 이 **환경영향**은 인간의 활동환경에의 영향과 자연환경에의 영향으로 나누어 생각할 수 있다.

10.5.1 지역 · 해역에의 영향

이 영향은 소음, 전파장해, 항행장해이다. 육상공사에서는, 말뚝작업은 현장치기 콘크리트 말뚝으로 대표되는 것처럼 말뚝을 타격하는 것은 대부분 행해지지 않는다. 기성 말뚝 시공도 앞서 행해진 구멍으로 삽입하는 것이 대부분이다. 이것은 미리 구멍을 뚫어 두는 것이 쉽기 때문이지만, 해양의 경우에 곤란한 경우가 있으며, 말뚝은 타격공법에 의해 시공된다. 이러한 소음을 수반하는 공사를 연안부에서 행하면 인근의 조용한 환경을 파괴한다. 이러한 문제가 생길 가능성이 있을 때에는 미리 인근에 충분히 설명해둘 필요가 있다. 그리고 키가 높은 크레인을 가진 작업선이나 큰 건축물을 운반하면 전파장해를 일으키는 경우가 있으며, 항로를 벗어나는 항로장해를 일으키는 경우도 있다. 이러한 경우에는 관계 공공기관에 사전 연락을 해둘 필요가 있다.

공항 근처에서는 항공기의 이착륙에 영향을 미치기 때문에 고도제한이 설정되어 있다. 이러한 해역에서는 말뚝박기나 지반개량을 위한 높이가 높은 장비를 가진 작업선이 이용될 수 없는 경우가 있으며, 시공방법 선정에 제한이 생기고, 건축물의 구조형식 등의 근본적인 변경이 필요하기도 하다. 공사범위 해역에는 안전을 위해 표식을 설정하는데 이것이 항해 선박에게는 항로로 보이는 경우가 있다. 그리고 공사신호가 해상충돌예방법의 신호와 착오가 생길 가능성이 있다. 이를 방지하기 위해서도 관련 공공기관에 정확한 신고를 하는 것이 필요하다.

10.5.2 자연에의 영향

건설중 자연환경에의 직접적인 영향으로 가장 주의해야 할 것은 수질오염이다. 작업선은 기계를 탑재하고 있기 때문에 오일 유출방지에 주의가 필요하고, 선체나 기계를 청소한 물에도 오일이 섞인 경우가 있으므로 처리를 행할 필요가 있다.

콘크리트를 바닷 속에 시공하는 경우는 단시간일지라도 pH가 급격히 상승한다. 이에 따른 생물영향이 발생하지 않도록 주의해야 한다. 그리고 대기 중에 콘크리트를 타설하는 경우에는 거푸집에서 넘쳐 나오는 물, 양생을 위한 물, 블리딩에 의한 물 등을 해역에 직접 방수하는 것은 수질오염으로 이어진다. 그리고 거푸집을 씻은 물, 쓰레기 처리 등 수질오염으로 이어지는 작업에 대해서는 시공계획 단계에서 대처방법을 검토할 필요가 있다. 이러한 수질에의 영향은 해양생물에 영향을 미치며, 어업에 대한 장해를 발생시키는 것으로 이어지기 때문에 충분히 주의해야 할 것이다.

10.6 공사감리의 중요성

해양건축물의 건설프로젝트는 기획 · 계획, 설계, 시공, 운용, 해체, 자재의 재이용이라는 사이클을 가지고 있다. 본 장에서는 시공단계에 대해 서술하였는데 **공사감리**를 한다는 것은 계획도면대로 건설이 진행되도록 시공자에게 조언을 주고, 지도하고, 감독하는 것이다.

물론 안전과 비용의 균형도 생각할 필요가 있으며, 해양의 경우에는 자연환경에의 배려도 필요하다. 이러한 것들을 소홀히 해서 자칫 문제가 발생하면 건축물 완성 후의 운영에도 영향을 미치지 않는다고 할 수 없다. 따라서 프로젝트 전체를 내다보고 모든 것이 순조롭게 진행되도록 감리자, 즉 **프로젝트매니저**가 필요한 것이다.

참고문헌

1) 三井조선주식회사 : http://www.mes.co.jp/business/ship/ship_13.html, 2006.
2) elf : http://www.elf.com.pl/odyssee/us/dev/nkossa/, 2006.
3) 新日本製鐵주식회사 : http://www0.nsc.co.jp/jigyo/index.html/, 2006.
4) 奇神建設주식회사 : 大阪湾空中散步, CD-ROM, 2000.
5) 奇神建設주식회사 : http://www.yorigami.co.jp/senpaku.html, 2006.
6) 국토교통성 北陸지방 정국 新潟항만 공항기술조사사업소 : http://www.gicho.pa.hrr.mlit.go.jp/gyomu/anzen/tekkyo.html, 2006.
7) 사단법인 일본매립준설협회 : http://www.jiti.co.jp/graph/kouji/0502umetate/0502umetate.htm, 2006.
8) (독)해양연구개발기구 : http://www.jamstec.go.jp/pdf/blue_pdf/be54pdf/24-33.pdf, 2006.
9) (재)일본조선기술센터 : http://www.jamstec.go.jp/html/megafloat/link/link_index.html, 2006참조
10) 마린플로트 추진기구 : http://homepage2.nifty.com/marine-float/contents/mega/kenkyu.html, 2006.
11) 마린플로트 추진기구편 : 제4장 대규모 부체구조물의 기술, 대규모 부체구조물, 鹿島出版會, p.65, 2000.
12) 국토교통성 관동지방 정비국 요코하마항만 공항기술조사사무소 : http://www.pa.ktr.mlit.go.jp/yokohamagicho/hello/hello12/revo03.htm, 2006.

| 제 11 장 | 해양건축에 필요한 재료

小林昭男

11.1 해양건축에 필요한 재료

건축물을 구성하는 **재료**에는 3가지 중요한 역할이 있다. 제1의 역할은 그 건축물이 파괴되지 않도록 지지하는 것으로 이 역할의 재료를 **구조재료**라고 한다. 제2의 역할은 깨끗하고 사용하기 쉬운 표면상태를 가지는 것으로 이 역할의 재료를 **마무리재료**라고 한다. 제3의 역할은 구조재료를 외부 환경영향에 의한 열화(劣化)로부터 지키는 것으로 이 역할을 하는 재료를 **방식재료**라고 한다. 육상의 건축물에 발견되는 콘크리트 노출 마무리와 같이 구조재료와 마무리재료가 같은 경우도 있다. 그리고 **콘크리트**는 **강(鋼)**을 부식에서 지키기 때문에 구조재료이면서 방식재료 역할도 하고 있다. 이처럼 재료는 각각의 역할을 하면서 사용된다.

해양건축 구조재료에는 육상과 같이 목재, 콘크리트재료, 강재료, 비철금속재료가 있다. 목재는 파도나 바람의 힘이 약한 해양환경에서는 말뚝이나 건축물 전체에 사용된다. 한편 파도나 바람의 힘이 강한 해양환경에서는 목재는 마무리재료의 일부로서 사용하는 경우는 있으나 구조재료로서 사용되는 경우는 희박하다. 이러한 환경에서 콘크리트재료나 강재료가 사용된다. 콘크리트재료가 단독으로 구조재료로서 사용되는 일은 없으며 강재료와 복합적으로 사용된다.

예를 들면 **철근콘크리트구조, 프리스트레스콘크리트구조, 철골철근콘크리트구조**이다. 한편 강재료는 강구조로서 단독으로 사용된다. 그리고 알루미늄합금은 녹에 강한 재료로서 기대되는 재료이다.

마무리재료는 육상 건축물과 똑같이 외장과 내장재료로 나누어진다. 외장마무리재료 선택에는, 물론 해양환경에 의한 내구성을 고려해야만 하지 육상건축과 거의 같은 것이 사용될 수 있다. 한편 내장재료 선택에는 다른 과제가 있다. 내장재료 대부분은 벽에 접착하는 재료이거나 도포하는 재료이다. 접착제에는 휘발성 물질이 포함되어 있으며, 이것이 **시크하우스**의 원인인 경우가 있다. 육상건축물에서는 창을 활짝 열어 환기시키고 충분히 건조시킬 수 있지만 해양건축물을 해상에 건설하는 경우에는 해풍으로 건조시키기 때문에 해양대기 중의 염분이 실내에 들어와 마무리한 재료표면이 끈적거리게 된다. 따라서 시공장소 선정을 고려하고 시공방법을 연구하지 않으면 안 된다.

구조재료나 마무리재료도 해양환경에서는 육상보다 심한 열화가 생긴다. 특히 구조재료의 열화는 안전성에 관한 중요한 과제이다. 사진 11.1은 철근콘크리트조의 콘크리트가 열화해 철근이 부식되어 피복콘크리트가 벗겨져 떨어진 상태를 나타내고 있다. 이처럼 열화가 생기면 건축물은 위험한 상태로 된다. 그래서 재료의 열화방지를 위해 사용되는 재료가 방식재이다. 해양환경의 재료 열화는 주로 해수나 염분을 포함하는 공기가 재료에 부착됨으로써 생긴다. 따라서 방식재료 대부분은 재료가 해수나 공기에 접촉되지 않도록 덮기 위해 사용된다. 대표적인 것은 페인트와 같은 도장재료이다. 한편 강재료에 해수가 접촉되었을 때에 생기는 화학반응에

사진 11.1 철근콘크리트조의 열화

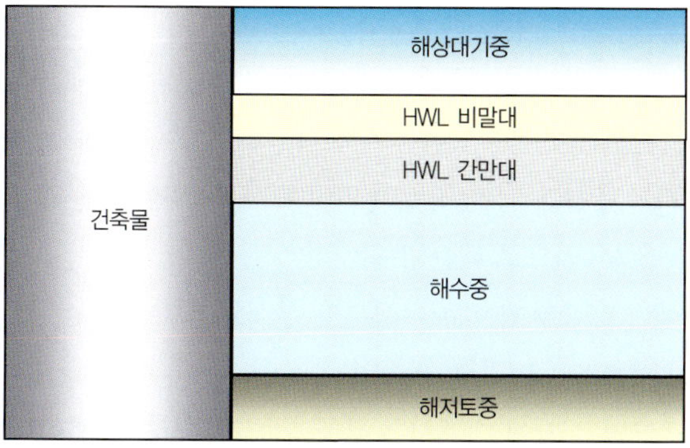

그림 11.1 해양환경 구분

착목해서 강재료 대신에 부식하는 재료를 사용하는 대책도 생각할 수 있다. 이에 사용되는 재료도 방식재료에 포함된다.

해양건축에 사용되는 재료를, 건축물을 구성하는 3가지 기능에 따라 소개하고, 이 외에도 뼈대재료, 개구부재료, 접합재료, 설비재료 등 여러 가지 재료에 따라 건축물이 구성된다. 또한 건축재료 분류에는 소재에 의한 분류, 제조방법에 의한 분류 이외에도 많은 분류방법이 있다. 해양건축을 구성하는 재료의 과제는 구조안전에 관한 요구성능 만족과 해양환경 열화에 견디기 위한 내구성 확보라고 할 수 있다. 따라서 본 장에서는 전술한 3가지 기능의 재료 중 구조재료에 대하여 설명하고자 한다.

구조재료는 해양환경에 견뎌야 한다. 따라서 본격적인 재료 설명에 앞서 해양건축물 주변의 해양환경에 대해 언급하겠다. 해양건축물은 대기, 해수, 흙과 접하고 있다. 이를 **열화**나 **부식**되기 쉬움을 기준으로 세분화하면 해상 대기부, 비말(飛沫, 물보라)대, 간만대, 해중부, 해저토중부 혹은 배면토중부로 구분할 수 있다. 이 범위를 모식적으로 표현하면 그림 11.1과 같이 된다. 이들 구분의 특징은 다음과 같다.

① 해상대기부 : 해상대기부에서 건축물은 강우, 습도, 기온, 일사, 대기오염물질, 해염입자의 영향을 받는다. 이중 해염입자와 대기오염

물질은 열화에 대해 큰 영향을 미친다.

② 비말대 : 비말대의 구조부분 표면은 엷은 수막으로 젖어 있으며, 강재에는 열화가 생기기 쉬운 부위이다.

③ 간만대 : 파랑에 의한 영향이 크고, 조석에 의한 건습의 반복이 구조물의 열화요인으로 되는 부위이다.

④ 해중부 : 해중부에는 해수성분이 부식요인으로 된다. 즉 용해성분, 용존산소이다. 그리고 해수의 움직임(유속), 습도, pH도 요인으로 된다. 그리고 강에 대해서는 부착생물도 부식의 원인이 된다. 굴, 홍합 등이 부착되면 도장이 벗겨져 공식(孔食, 깊은 구멍과 같은 부식)이 생긴다.[1)]

⑤ 해저토중부 및 배면토중부 : 산소공급량이 적기 때문에 큰 열화요인이 아닌 부위이다.

11.2 철근콘크리트구조 재료

11.2.1 철근콘크리트 특징

콘크리트는 압축강도는 높은 재료이지만 인장강도는 압축강도의 1/10 정도이다. 이 강도에 관한 결점을 보완하기 위해 인장강도가 높은 강재, 즉 철근을 사용한 복합구조가 철근콘크리트구조이다. 철근콘크리트구조는 표 11.1과 같은 특징이 있다.

이들의 결점을 보완하기 위해 다양한 기술개발이 이루어지고 있다. 예를 들면 경량골재를 사용한 경량콘크리트 개발, 균열 대책에는 프리스트레스 콘크리트, 공기단축이나 시공성 향상에는 프리캐스트 콘크리트가 개발되고 있다. 그리고 어떤 경우에도 시공관리는 중요하며 해양공사에서도 이것은 동일하다.

11.2.2 철근콘크리트 열화

콘크리트는 알칼리성(pH12)이므로 콘크리트가 열화하지 않으면 철근은 열화(화학적 열화, 일반적으로는 부식이라고 한다)되지 않는다. 따라서 철근콘크리트 열화는 콘크리트 열화에 의한 것으로 생각해도 된다. 콘크리트 열화는 중성화, 염해, 동결융해작용, 알칼리골재반응, 콘크리트 외부에서의 화학물질 진입에 의한 화학적 침식 등이다. 이들 열화와 철근 부식과의 인과관계를 설명하겠다.[2), 3)]

① 콘크리트의 **중성화** : 콘크리트 중에는 수산화칼슘이 다량으로 존재하고 있기 때문에 콘크리트 자체는 강알칼리성이다. 그러나 이 $Ca(OH)_2$가 공기 중의 이산화탄소(CO_2)와 반응하면 탄소칼슘($CaCO_3$)으로 되며, pH가 저하되어 중성에 가깝다. 이 현상이 중성화로 콘크리트 표면에서 내부로 진행하여 철근이 부식되기 쉽다.

② 콘크리트의 **염해** : 콘크리트 염해는 해양환경에서 가장 주의해야 할 현상이다. 콘크리트 표면에 부착된 해수나 해염입자에 의해 콘크리트 내부에 염화이온(Cl^-)이 서서히 침투된다. 염화이온이 피복콘크리트를 침투해서 철근에 도달하면 철근의 부동태피막이 파괴되어 철근 부식이 시작되며 형성된 녹의 팽창에 의해 콘크리트에 균열이 생긴다. 이 과정을 염해라고 한다.

③ 콘크리트의 **동결융해작용** : 콘크리트는 시멘트 등의 결합재료와 물의 수화반응에 의해 경화하는데 경화 후에도 콘크리트 속에는 수분이 남아 있다. 구조물의 건설지점 기온이 빙점 이하로 되면 콘크리트 속의 수분이 동결되고, 물의 동결에 의한 체적팽창으로 콘크리트 내부에 인장응력이 작용한다. 콘크리트의 인장강도는 낮기 때문에 균열이 생긴다. 균열을 통해 외부에서 물이 침입하여 이것이 동결되고 열화가 진행된다. 이러한 열화를 동결융해작용에 의한 열화라고 한다.

표 11.1 철근콘크리트구조 특징

장점	콘크리트는 강알칼리성이므로 내부의 철근은 부식하기 어렵고, 구조물의 내구성을 크게 할 수 있다.
	콘크리트는 열전도율이 낮고 내화성능이 높기 때문에 내부의 철근을 화재시 등의 고온에서 지킬 수 있다.
	콘크리트는 부식하지 않으므로 유지관리가 필요 없다. 단, 균열 등의 보수는 필요하다.
	다양한 부재형상을 쉽게 만들 수 있다. 또한 벽이나 마루 등의 면을 평탄하게 하는 것이 쉽기 때문에 기계류 설치가 용이하다.
단점	철근콘크리트의 단위체적중량은 강보다도 가볍지만 강도와 비교해서 중량이 크다.
	콘크리트는 시간과 함께 건조수축하며, 인장강도가 낮기 때문에 균열이 생긴다.
	콘크리트는 타설 후부터 경화까지 시간이 걸리기 때문에 시공기간이 길다.
	시공시에는 배근, 거푸집 세우기, 콘크리트타설, 양생, 거푸집 해체의 반복공정이 있으며, 시공이 번잡하다.
	현장시공의 경우에는 날씨나 기온의 영향을 받기 때문에 시공관리를 게을리하면 구조강도의 신뢰성이 떨어지게 된다.
	해체 후의 처분은 쉽지 않으며, 재이용에도 비용이 든다.

④ 콘크리트의 **알칼리골재반응** : 알칼리성분과 화학반응하여 팽창하는 성질을 가진 골재를 사용하면 이것은 시멘트 속의 알칼리성분과 반응해 흡수팽창성이 있는 겔을 생성한다. 이 겔은 더욱 흡수팽창하여 콘크리트에 균열을 생기게 한다.

⑤ 화학적 침식 : 콘크리트를 용해·열화시키는 화학물질이 콘크리트 표면으로부터 침입하면 시멘트 조성물질이나 강재와 반응하고, 체적팽창에 의한 균열이나 피복콘크리트 벗겨짐, 그리고 철근 부식을 일으킨다. 이러한 열화현상을 화학적 침식이라 한다.

11.2.3 건축물에 요구되는 내구성능

철근콘크리트구조의 건축물은 이상에서 서술한 재료의 특성을 이해하고, 열화에 대한 내구성을 확보하도록 설계되지 않으면 안 된다. 이를 위

표 11.2 계획공용기간 급[5)]

급	대규모 보수 불요 예정기간(연)	공용 한계기간(연)
일반	30	65
표준	65	100
장기	100	

해 일본건축학회 건축공사표준사양서「JASS 5 철근콘크리트공사」(1997)[4)] (이하 JASS 5라고 칭한다)에서는 건축물의 요구성능으로 ① 구조안전성, ② 상시 사용성, ③ 내구성, ④ 내화성, ⑤ 치수정밀도, ⑥ 콘크리트의 마무리 상태, ⑦ 피복두께를 들고 있다. 이 중 내구성에 관해서는 건축물을 사용할 예정의 연수, 즉 계획공용기간에 따라 급을 정하고 있다. 이 급은 구조체 및 부재에 대해서 대규모 보수 불요 예정기간 및 병용 제한기간을 기준으로 표 11.2의 3가지 수준으로 되어 있다.

예를 들면 피복두께는 철근콘크리트 소요의 내구성, 내화성, 구조내력이 얻어질 수 있도록 부재의 종류와 위치, 계획공용기간의 급에 따라 표 11.3과 같이 정해져 있다. 콘크리트의 압축강도를 높이는 것이 열화대책이 되기 때문에 콘크리트의 압축강도는 표 11.4에서 나타낸 내구설계기준강도를 만족시키도록 정해져 있다.

이상의 규정은 구조설계에서 내구성에 착안하여 고려하지 않으면 안 되는 사항인데 콘크리트 자체를 내구성 있는 재료로 하기 위한 규정도 있다. 콘크리트를 구성하는 시멘트, 골재, 물 등의 양을 정하는 것을 조합설계로 부르며, 전술한 내구성능 중 구조설계로 결정하는 치수관계의 성능 이외의 성능을 결정한다. 즉 ① **구조안전성**, ② **내구성**, ③ **사용성**, ④ **시공성**으로 각각에 목표를 정해서 조합을 행한다.

구조안전성에 대해 정하는 목표는 구조체 콘크리트로서 필요한 압축강도를 정한다. 이 강도는 표 11.4에 나타낸 내구설계기준강도도 만족하지 않으면 안 된다. 그리고 내구성에 대해서는 중성화, 염해, 동결융해, 알칼리골재반응, 균열 억제 등에 대해 유효한 시멘트, 물, 골재, 혼화제의 목표

표 11.3 해수작용을 받는 부재의 최소 피복두께[6)]

해수작용 구분	계획 공용기간 급	물시멘트비(%)		
		45	50	55
A : 조류의 간만 및 상시 파도의 비말을 받는 부분(비말대, 간만대)	일반	60	–	–
	표준	70	–	–
	장기	90	–	–
B : 상시 해수 속에 있는 부분 (해수중, 해저토중부)	일반	50	50	–
	표준	60	70	–
	장기	70	80	–
C : 태풍으로 파도의 비말을 받는 부분 (해상대기중)	일반	40	50	50
	표준	50	60	70
	장기	60	70	80

표 11.4 내구설계기준강도[7)]

계획 공용기간 급	내구설계 기준강도(N/㎟)
일반	18
표준	24
장기	30

량을 정한다. 사용성은 수밀성, 차폐성능, 차단성 등에 대해 목표를 정한다. 시공성은 workability로 불리며, 프레시콘크리트의 유동성과 재량분리저항성(시멘트와 골재나 물이 분리하지 않는 것)을 목표로 한다.

11.2.4 열화대책

철근콘크리트의 열화대책에는 다음의 3가지 방법이 있으며, 이들을 조합해서 효과적인 대책이 시행된다.

① 철근콘크리트를 구성하는 재료 선정

② **조합설계**(콘크리트를 구성하는 시멘트, 골재, 물 등의 양을 정하는 것) 연구

③ 철근을 녹슬지 않도록 하기 위한 적극적인 방식공법

(1) 사용재료 선정에 관한 대책

철근콘크리트 구성재료인 시멘트, 골재, 철근을 표 11.5의 사항에 유의하여 재료를 선정하면 열화를 방지할 수 있다.

표 11.5 재료 선정시 유의사항

재 료	대 책
시멘트	용광로시멘트나 플라이애시 시멘트(fly ash cement)를 사용한다.
골재	외부로부터의 염분 침입, 파랑에 의한 마모, 동결융해작용 등에 대한 강도, 내구성이 있는 것을 사용한다. 그리고 알칼리골재반응성이 없는 재료를 사용한다.
철근	철근은 육상건축물에 사용되고 있는 것과 동일한 규격 혹은 이것에 방청(防銹)처리를 시행한 것을 사용한다. 또한 내염성 재료를 사용한 철근을 사용한다.

(2) 조합설계에 의한 대책

과거의 많은 연구실적으로부터 콘크리트의 압축강도를 높이면 구조내력이 향상되는 것뿐만 아니라 콘크리트의 내구성도 향상된다고 한다. 그래서 우선 이 관계에 대하여 해설하고, 다음으로 이것에 유의한 조합설계에 관한 설계기준 규정에 대하여 서술하면 다음과 같다.

① 압축강도에 의한 대책

압축강도가 높은 콘크리트는 밀도가 높고, 수밀성이 높은 점이 밝혀졌다. 즉 알갱이가 부드러운 콘크리트이므로 해수나 이산화탄소 침투를 방지할 수 있다. 따라서 염해나 중성화에 대해 강한 콘크리트라고 할 수 있다. 그리고 콘크리트의 **인장강도**는 압축강도의 약 1/10이라고 알려져 있는데, 압축강도가 높으면 인장강도도 높아진다. 동결융해작용은 콘크리트 내부의 물의 동결에 의한 인장하중 발생이 원인이므로 인장강도가 높으면 이 열화를 방지할 수 있다. 또한 해양환경에서는 해수 중의 부유사나 부유물에 의해 콘크리트 표면이 마모되기 쉬워지는데 압축강도가 높은 것은 마모에도 강하다는 것이 밝혀졌다. 이상과 같이 압축강도가 높은 콘크리트를 사용하면 열화를 방지할 수 있다.

② 조합설계의 규정값

압축강도 이외에도 콘크리트의 내구성에 영향을 미치는 조합항목이 있다. 즉 단위수량, 단위시멘트량, 공기량이다. 단위수량 및 단위시멘트량은 프레시콘크리트(막 혼련(混練)된 콘크리트) 1㎥ 속에 포함된 물 및 시멘트의 질량이다. 그리고 공기량이란 프레시 콘크리트에 포함된 공기용적의 콘크리트 용적에 대한 백분율이다. 조합설계에서 이들의 양이 정해지는 이유는 다음과 같다.

단위수량(水量)을 크게 하면 건조수축, 블리딩(bleeding), 타설 후의 침하가 커진다. 건조수축으로 콘크리트에 균열이 생기고, 블리딩, 타설 후의 침하로 조골재나 철근 하면에 공극이 생긴다. 공극은 열화촉진의 커다란 원인이 되므로 단위수량은 최대치가 규정되고 「JASS 5」에서는 단위수량을 185kg/㎥ 이하로 규정하고 있다.[8]

단위시멘트량은 수화열 저감, 건조수축 균열을 방지하는 관점에서 적게 하는 것이 바람직하지만, 너무 적으면 타설시 workability가 저하되어 충전성 저하, 곰보 발생, 재타설 불량이 생기며, 열화의 원인이 된다. 따라서 단위시멘트량은 최소값이 규정되어 있고, 「JASS 5」에서는 단위시멘트량을 270kg/㎥ 이하로 규정하고 있다.[9]

공기량은 AE제에 의해 제어할 수 있고, 운행공기량 증가에 의해 workability 향상, 동결융해작용에 대한 저항력이 개선된다. 따라서 운행공기량을 증가시키면 단위수량을 줄일 수 있다. 그러나 공기량이 많아지면(6% 이상) 그 효과는 나아지지 않게 되며 경화 후의 압축강도 저하, 건조수축률 증가를 초래한다. 따라서 공기량은 최대값이 큰 의미를 가지며 효과를 기대할 수 있는 최소값과 함께 그 범위가 규정되며, 「JASS 5」에서는 공기량을 4에서 5%의 범위로 규정하고 있다.[10]

③ 방식공법에 의한 대책

재료 자체에 열화대책을 시행하는 것을 **방식공법**이라 하며, 여기에는 표 11.4에서 나타낸 것처럼 철근의 표면에 방식성 재료를 입힌 방식공법을 피복방식이라 한다. 이에 대해 철근이 부식할 때의 철이온 용출을 억제하기 위해 강제적으로 철근에 전류를 흘리는 방법이 있다. 이것은 전기방식공법이라고 하며, 그 구체적인 방법은 강재의 부식대책에서 사용하는 것과 동일한 것으로 11.3.3에 서술하겠다.

철근콘크리트구조에 **전기방식공법**을 사용하면 부차적 효과[11)]로 탈염, 재알칼리화가 생겨난다. 탈염은 콘크리트 속의 염화물이온(Cl^-)이 양극으로 끌여 당겨지기 때문에 생겨난다. 또한 재알칼리화는 알칼리이온인 Na^+, K^+가 철근 주변으로 이동 철근 주변에서 생성되는 알칼리기(OH^-)와 반응해서 알칼리화합물을 생성하기 때문에 생겨난다. 이처럼 전기방식에 의해 콘크리트 성질도 변화시킬 수 있다.

11.3 강(鋼)재료

11.3.1 강재료의 특징

철은 철광석과 같이 자연에 존재하고 있으며, 용광로에서 철광석에 포함된 산화철을 환원해서 정련한 것이 선철이며, 이를 원료로 탄소량에 의해 강도와 강인성을 조정한 것이 탄소강이다. 탄소강 중에 철근콘크리트조에 사용되는 철근(봉강)이나 철구조에 사용되는 형강은 연강이라고 한다. 일반적으로 사용되는 강을 탄소량에 따라 분류한 것을 표 11.6에 나타내었다. 강은 인장하중에 대해 우수한 성능을 가진 재료로, 이 특성을 살려 건축물에 이용된다. 따라서 인장하중을 작용시켰을 때의 재료 변화를 알아두는 것이 중요하다. 강에 인장하중을 더하면 비틀림이 생긴다. 이때 재료에 발생하는 응력도와 비틀림도의 관계를 모식적으로 나타낸 것이 그림 11.2이다. 인장응력도와 비틀림도는 비례한도까지는 일정의 비율로 변화한다. 인장하중을 작용시킨 후에 이를 제하했을 때 비틀림도가 원 상태

표 11.6 강의 분류[12]

강의 종류	탄소량(%)	제품 예
극연강	0.15 미만	박(薄)철판, 철선 등
연강	0.15~0.28	봉강, 형강, 강판, 가스 · 수도관 등
반연강	0.28~0.40	궤도 등
경강	0.40~0.50	차축, 톱니바퀴, 용수철
최경강	0.50~0.90	강선, 와이어로프, 용수철

로 돌아가는 성질을 탄성이라고 하며, 이 상태를 유지하는 인장응력도와 비틀림도의 범위를 탄성한도라고 한다. 탄성한도를 넘어 인장하중을 작용시키면 제하해도 비틀림도는 원래로 돌아가지 않는다.

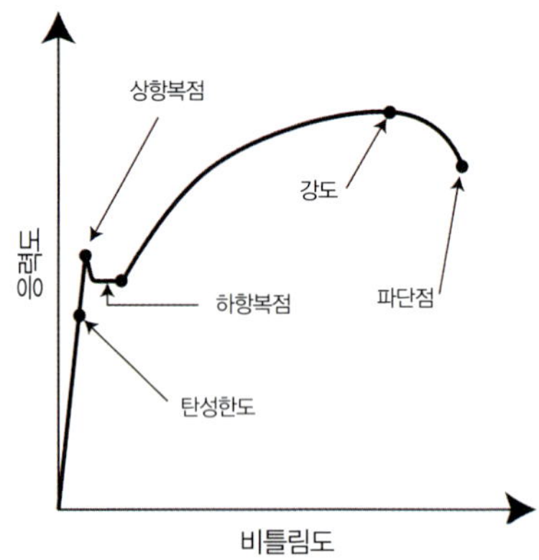

그림 11.2 강의 응력도와 비틀림도의 관계

이 성질을 소성이라고 한다. 이 상태에 인장하중을 가하면 항복점에 도달한다. 더욱이 인장하중을 더하면 인장응력도는 증가하지 않고 비틀림도가 증가해 인장응력도가 최대로 된다. 이 응력도를 인장강도라고 한다. 인장강도를 넘어 비틀림도가 증가하면 인장하중은 감소하며 파괴된다. 인장응력도와 비틀림도의 관계 중 항복점과 인장강도는 실용면에서 특히 중요하다. 또한 비례한도 이하의 비틀림에 대한 인장응력도 비율을 영계수(Young's modulus)라고 하며, 강재의 종류에 상관 없이 상온에서 대략 $2.0 \times 10^5 N/mm^2$이다.

11.3.2 강재료의 부식

(1) 부식 과정

강은 환원과정을 거쳐 제조되기 때문에 당연히 산화하기 쉬운 재료이며, 물과 산소가 있으면 산화환원반응이 일어나 부식한다. 강(Fe)을 해수와 같은 용존 탄소를 포함한 중성 수용액에 담그면, 그 표면에 애노드(Anode, 양극)와 캐소드(cathode, 음극)로 구성되는 무수의 전지(부식전지)가 형성된다. 이 부식전지의 애노드와 캐소드에는 상호 전자를 주고 받으면서 다음의 반응이 진행된다.[13)]

부식전지의 애노드 반응 : $Fe - 2e^- \quad Fe^{2+}$ (1)

부식전지의 캐소드 반응 : $H_2O + 1/2O_2 + 2e^- \quad 2OH^-$ (2)

즉 애노드에서는 강의 산화용해반응이 생기며, 캐소드에서는 산소환원반응이 생긴다. 해수 중에서 강의 부식반응은 이를 정리하면 다음 식으로 나타낼 수 있다.

$Fe + H_2O + 1/2O_2 \quad Fe(OH)_2$ (3)

식 (3)의 $Fe(OH)_2$은 Fe 표면에서 용액 중에 용출해서 침전하며, 해수 중의 용존산소에 의해 다음 식과 같이 더욱 산화된다.

표 11.7 대표적인 부식환경 특징[14)]

환경 구분	부식의 특성	각 구분의 부식속도
해상 대기부	그늘에서 비바람을 맞는 부분은 비바람을 맞지 않는 부분보다도 부식속도가 빠르다.	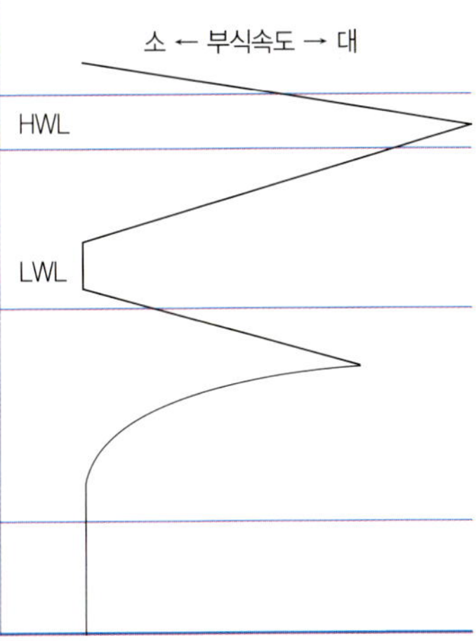
비말대	부식속도는 가장 빠르다.	
만조대	만조대에서 해중부에 연속해서 있는 구조물에서는 평균해면이 산소농담(濃淡)전지의 캐소드로서 작용한다.	
해중부	만조대에서 해중부에 연속해서 있는 구조물에서는 평균해면값 아래가 산소농담 전지의 애노드로서 작용하고 부식속도가 빠르다.	
해저 토중부	황화물은 부식인 전기방식 특성에 영향을 미친다.	

$$2Fe(OH)_2 + H_2O + 1/2O_2 \quad 3Fe(OH)_3 \qquad (4)$$

이 $Fe(OH)_3$ 이 강의 표면에 침전되어 산화반응을 거쳐 녹으로 된다.

(2) 부식 원인과 특성

강의 부식은 주변의 자연환경에 따라 형태나 부식속도가 다르다. 일반적으로 대기부식, 토중부식, 해중부식으로 분류되는데 해양건축에 관해서는 그림 11.1의 해양환경 구분에 따라 표 11.7과 같은 특징을 들 수 있다.

11.3.3 부식대책

표 11.8 전기방식의 방식[15)]

유전양극방식	외부전원방식
전해질 속에 있는 피방식체보다도 저전위인 금속, 예를 들면 철에 대해서는 알루미늄, 마그네슘, 아연 등의 양극(유전양극)을, 그리고 동에 대해서는 철양극이나 상기 양극을 전기적으로 접속(전선이나 용접 등을 이용)해서 방식하는 방법	전해질인 해수나 토양 속 등에 내구성 있는 전극을 설치해서 이것을 직류전류 전원장치의 「+」 단자에, 그리고 피방식체를 「−」 단자에 전선을 사용해서 접속하고, 전극에서 전해질을 통해 피방식체 표면에 방식전류를 공급하여 방식하는 방법
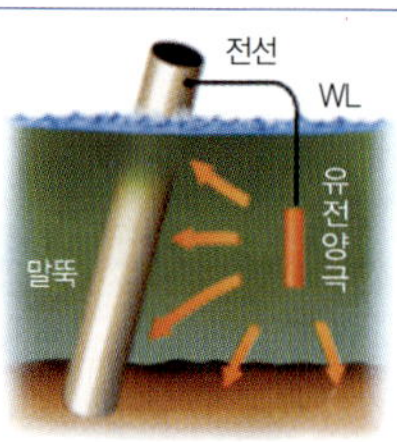	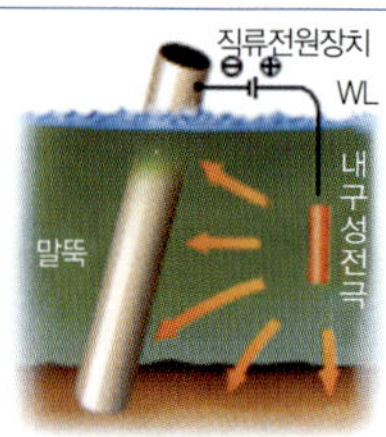

표 11.9 해양 강건축물의 환경별 방식법[16)]

	도장	라이닝과 금속피복	전기방식
해양대기중	○	○	—
비말대	○	○	—
만조대	△	△	○
해수중	△	△	○
해저토중	—	△	○

범례 ○:단독적용가능 △:전기방식 병용 및 추천 —:적용 외

이상과 같이 강은 부식하기 쉽기(녹슬기 쉬운) 때문에 그 대책으로 재료를 부식으로부터 지키는 방식을 시행한다. 강의 방식방법은 일반적으로 부식대, 도장, 라이닝, 금속피복, 전기방식이 있다. 부식대란 구조내력에 필요한 재료의 두께에 건축물 사용 중에 부식해서 잃어버린 재료의 두께로 여분으로 늘려두는 여유대로서의 두께를 말한다. 도장은 일반적으로 도료의 도장두께가 1㎜ 정도 이하의 것을 말하며, 이 이상의 두께는 라이닝이라고 한다. 그리고 금속피복은 내식성 강재(예를 들면 스테인리스강, 티탄 등)를 강의 표면에 피복하는 것이다. 전기방식은 전류를 강재표면에 적극적으로 흘리는 것으로 부식전지 형성, 즉 강의 부식과정에서 설명한 철이온 용출을 방지하는 방법이다. 이 방법에는 표 11.8에서 나타낸 것처럼 유전양극방식과 외부전원방식이 있다.

이들 방식방법은 환경구분의 특성에 따라 적용성이 다르기 때문에 예를 들면 표 11.9에 나타낸 적용범위에 따라 이용할 필요가 있다.

11.4 새로운 재료

11.4.1 하이퍼포먼스 콘크리트

콘크리트는 요구성능에 따라 설계할 수 있다. 높은 요구성능에 부응하기 위해 개발된 콘크리트는 하이퍼포먼스 콘크리트로 불린다. 예를 들면 종래의 콘크리트보다 가볍고, 강도가 높으며, 유동성이 좋은 콘크리트이다. 가벼운 콘크리트를 사용하고 싶은 경우는 **경량콘크리트**로 불리는 콘크리트가 있다. 이것은 골재에 경량의 인공재료를 사용하는 콘크리트로, 조골재만으로 경량골재를 사용하는 경량콘크리트 1종과 골재 전부에 경량골재를 사용하는 경량콘크리트 2종으로 나뉘며, 비중이 각각 1.7~2.1과 1.4~1.7이다. 보통콘크리트의 비중 2.3 정도인 것에 비해 가벼운 것이 큰 특징이다. 경량 콘크리트 과제는 경량골재의 흡수율이 크기 때문에 펌프 시공에서는 유동성 저하나 압송관 폐색이 생기는 경우가 있다. 그리고 보통골재 콘크리트에 비해 강도나 동결융해저항성이 떨어진다. 그래서 새로운 경량콘크리트가 개발되고 있다. 즉 경량이며 고강도인 콘크리트로 그 비중은 1.8 정도, 압축강도 40~60N/㎟ 이상의 것이 개발되고 있다.

보통콘크리트에 대해서도 종래보다도 유동성이 좋은 고유동콘크리트가 개발되고 있다. 일반 건축물에 사용되는 콘크리트는 슬럼프가 18~21㎝인데, 고유동콘크리트는 슬럼프시험을 하면 콘크리트는 원반모양으로 흐르기 때문에 이 원반모양으로 흐른 콘크리트 직경을 측정하여 유동성 지표로 하고 있다. 이 콘크리트는 보통콘크리트보다도 점성이 높기 때문에 재료분리가 없고 유동성이 높기 때문에 좁은 장소로의 충전성이 높은 것이 특징이다. 따라서 거푸집으로 흘려보내는 것만으로(다짐 불요), 거푸집 구석구석까지 충전되기 때문에 인적 요인에 의한 시공불량 감소, 콘크리트타설공사의 생력화(省力化)가 도모되기 때문에 장래의 시공자동화에 대응한 재료라고 할 수 있다. 그리고 고강도콘크리트도 개발되고 있다.

특히 고유동고강도콘크리트가 있다. 비중은 2.5 정도로 압축강도는 200N/㎟에 이른다.[17] 이 콘크리트는 규사, 반응성 미분말, 전용섬유, 전용감수제를 사용하고 있으며 '반응성 미분말을 사용한 무기계 복합재료'라고 한다. 압축강도가 높다고 하는 것은 프리스트레스를 사용하는 것에 유리하며, 벽 등의 구조부재 치수를 적게 할 수 있으며, 고유동이라는 것은 철근의 틈에도 충전성이 좋아진다. 현재는 이러한 초경량 · 고유동 · 고강도 하이퍼포먼스 콘크리트가 개발되고 있으며, 대형 부체식 해양건축물 건설에도 이용할 수 있다.

11.4.2 환경대책에 이용되는 콘크리트

공극이 많은 콘크리트를 다공질 콘크리트(porous concrete)라고 한다. 이 콘크리트는 투수성이므로 그 자체에 식재성이 있어서 식물, 수생생물 및 토양생물이 생식할 수 있다. 구조부재로서의 강도는 압축강도가 10N/㎟ 정도인데, 수변에 환경배려형의 콘크리트로서 비오톱 등에 이용되고 있다.

11.4.3 알루미늄합금

알루미늄은 전지방식의 희생양극에 사용될 정도로 녹슬기 쉬운 재료이지만 해양환경에서도 부식되기 어려운 내후성 합금이 만들어져 있다. 이 재료의 비중은 철의 약 1/3로 가볍고, 조립 · 설치가 용이하며, 더욱이 강재료와 같이 녹슬지 않기 때문에 점검이나 정비가 필요 없다. 현재는 해상에 떠있는 부표나 잔교에 사용되고 있으며, 육상건축물에서도 알루미늄을 구조재료에 사용하는 곳도 있으며, 특히 바닷가의 집 구조재료 이용이 시도되고 있다.

11.5 건설재료와 환경문제

건축물을 해양에 설치하면 주변해역에 영향을 미치는 경우가 있다. 예를 들면 파도, 흐름 등의 해상(海象)을 변화시켜 건축물에서 부분적으로 해저를 소멸시킨다. 이 결과 해안지형이나 해양생물에 영향이 생긴다. 이러한 물리적 영향의 하나로 건축물에 사용하는 재료가 원인으로 생기는 화학적 해양환경영향도 있다. 그래서 재료에 따라 생기는 환경영향과 방지기술을 알아야 한다.

11.5.1 콘크리트의 환경영향

시멘트 중에는 많은 중금속계의 원소가 포함되어 있는데 혼련수중에서 납, 카드늄, 아연 등은 불용성으로 알려져 있다. 그리고 콘크리트제조

중에 불가피하게 생성되는 수용성 크롬산염은 수화 초기에는 물에 녹기 쉽지만 수화진행과 더불어 수화생성물 속에 고정되어 경화된 모르타르 속의 크롬은 불용성이라는 것도 밝혀졌다. 이처럼 경화된 시멘트에서의 금속원소 용출은 대부분 없다고 할 수 있다. 그러나 콘크리트로부터 용출물질에 대해서는 연구 사례가 적고 이후의 연구성과에 따라 더욱 안정성을 확인할 필요가 있다.

한편 콘크리트는 알칼리성이 강한 물질이기 때문에 콘크리트 제품을 수중에 침적시키면 pH가 크게 변화할 수 있다. 물통에 해수를 넣어 그 속에 콘크리트의 시험조각을 침적시킨 연구성과에 의하면 해수의 pH는 시간의 경과와 함께 서서히 상승해 10을 넘는 값에 이르게 된다. 콘크리트 양생기간에 따라서도 pH는 다르며, 예를 들면 탈형 후 1일 후와 7일 후에 바닷 속에 침적시킨 콘크리트를 비교하면 pH가 높은 해수는 희석되지만 단기간일지라도 해수의 pH가 변화하기 때문에 생물에 영향을 미치는 것이다. 이에 대해서도 앞으로 연구성과에 따라 영향 정도를 확인해 둘 필요가 있다.

11.5.2 자원폐재로서의 이용

해체했을 때 발생하는 철근이나 콘크리트를 재이용하고자 하는 연구가 진행되고 있다. 해체콘크리트는 산업폐기물인데 전력회사와 건설회사가 개발 · 실용화하고 있는 자원순환시스템[18]에서는 해체콘크리트에서 골재(자갈과 모래)와 미분말(주로 시멘트성분)을 분리해서 재생하고, 재생골재는 다시 구조용 콘크리트 골재, 미분말은 시멘트원료나 지반개량재 등으로 재이용되고 있다. 그리고 다른 건설회사는 해체 콘크리트 속의 조골재에 착목해서 분리 · 재이용을 실용화하고 있다.[19] 이처럼 해체콘크리트는 폐기물이 아니라 재이용에 의한 원재료로 되고 있다.

11.5.3 폐기물이용

현재 환경문제에서 주목받고 있는 시멘트가 있다.[20] 시멘트에는 도시쓰레기가 이용되고 있다. 가정에서 배출된 쓰레기는 도시의 폐기물처리장에서 소각되어 소각탄으로 되고 이것에 석탄석을 더하여 성분조정을 해서 로터리킬른(Rotary kiln)에서 각성(1,350℃)하면, 에코시멘트의 원료인 클링커(Clinker)가 생성되고, 이것에 석고를 더한 것이 에코시멘트이다. 도시쓰레기 1t은 소각탄으로 90kg이 되며, 이것을 사용해서 150kg의 에코시멘트를 만들 수 있다. 로터리킬른에서 각성하면 클링커 외에 인공광석이 정제된다. 이것은 도시쓰레기 1t에서 0.9kg이 생성되어 정련공장에서 동이나 납을 추출하여 재이용할 수 있다.

에코시멘트를 보통포틀랜드시멘트와 비교하면 모르타르 강도발현은 약간 늦지만 압축강도는 JIS 규격의 보통포틀랜드시멘트보다 매우 크다는 것이 밝혀졌다. 한편 도시 쓰레기 매각탄을 사용하기 때문에 염소함유량이 많지만 에코시멘트에 포함된 염화물이온은 JIS규격(0.3kg/m^3)의 1/10 정도이다. 따라서 철근부식에 대해서도 문제 없다. 그리고 시멘트입자 크기는 보통포틀랜드시멘트보다도 적기 때문에 점성이 높고, 블리딩(Bleeding)이 적은 특징을 가지고 있다. 따라서 표면의 마무리 정도는 좋아진다. 비용에 대해서는 보통포틀랜드시멘트와 비슷하여 보급이 왕성해질 것이다.

이 외에도 조개껍질 이용 사례가 있다. 조개껍질은 수산가공 후의 폐기물로서 대량으로 발생하고 있는데, 이것을 기초지반 개량을 위한 모래다짐 말뚝공법(sand compaction pile method)의 모래에 혼합하여 사용하고 있다. 그리고 보도용 타일재, 법면 기반재, 차도 포장재에도 사용되고 있다. 폐재료나 폐기물 이용은 환경문제 완화에 크게 공헌하기 때문에 앞으로도 연구가 왕성할 것으로 생각된다.

참고문헌

1) 伊藤伍郎 : 제15장 자연환경의 부식특성, 부식과학과 방식기술, pp.310~313, 코로나사, 1997.
2) 笠原芳夫 편저 : 12. 콘크리트의 내구성, 콘크리트 총람, pp.471~556, 기술서원, 1998.
3) 일경콘스트럭션 편 : 이제부터 시작하는 콘크리트 보수강좌, pp.20~25, 일경 BP사, 2002.
4) 일본건축학회 편 : 건축공사 표준사양서 JASS 5 철골콘크리트공사, pp.124~126, 技報堂, 1997.
5) 일본건축학회 편 : 건축공사 표준사양서 JASS 5 철골콘크리트공사, pp.132, 技報堂, 1997.
6) 일본건축학회 편 : 건축공사 표준사양서 JASS 5 철골콘크리트공사, pp.514, 技報堂, 1997.
7) 일본건축학회 편 : 건축공사 표준사양서 JASS 5 철골콘크리트공사, pp.10, 技報堂, 1997.
8) 일본건축학회 편 : 건축공사 표준사양서 JASS 5 철골콘크리트공사, pp.214, 技報堂, 1997.
9) 일본건축학회 편 : 건축공사 표준사양서 JASS 5 철골콘크리트공사, pp.218, 技報堂, 1997.
10) 일본건축학회 편 : 건축공사 표준사양서 JASS 5 철골콘크리트공사, pp.221, 技報堂, 1997.
11) 佐久田昌昭 외 : 콘크리트 · 구조물의 새로운 부식 · 방식기술, pp.93~96, (주)에누티스, 1999.
12) 橘高義典 · 杉山央 저 : 신편 건축재료, pp.55~58, 市谷출판, 2003.
13) (재) 연안개발기술센터 편 : 제2장 해양환경과 부식 2.1 강의 부식, 항만구조물 방식보수 매뉴얼, p.9, 1997.
14) (재) 연안개발기술센터 편 : 제2장 해양환경과 부식 2.1 강의 부식, 항만구조물 방식보수 매뉴얼, p.13, 1997.
15) 일본 방식공업주식회사 : http://www.nitibo.co.jp/note/index.html#002(2001.1.13 참조)
16) (사) 강재구락부편 : 해양강구조물의 방식 Q&A, pp.30~31, 技報堂, 2001.
17) 태평양시멘트 주식회사 「다그탈」 : http://www.taiheiyo-cement.co.jp/ductal/inde2.html (2006.1.13 참조)
18) 清水건설 : 시미즈 콘크리트 자원순환시스템, http://www.shimztechnonews.com/topics/t021211.html(2006.1.13 참조)
19) 丸紀嶋夫 외 : 재생조골재 콘크리트의 건축구조물에의 적용, 대성건설기술센터보, No.37, CD-ROM, 2004.
20) 市原에코시멘트 주식회사「에코시멘트」: http://www.ichiharaeco.co.jp/(2006.1.13 참조)

| 제12장 | 해양건축의 토대

佐藤秀人

12.1 해양건축물과 지반, 기초구조

건축물은 육상·해양을 불문하고 그 자중이나 적재물 등에 의해 생기는 힘을 주위로 전달하고 그 반력을 얻어 안정을 확보하고 있다. 건축물에 외부에서 작용하는 지진이나 바람, 파도, 조류 등의 힘에 대해서도 동일하다. 육역 건축물은 이들의 반력 대부분을 지반에서 얻고 있는데, 해양에서도 지반에 의한 지지를 하지 않는 건축물은 거의 없다. 예를 들어 부유식 건축물이라도 계류 등으로 일정 위치에 고정시킬 필요가 있는 경우에는 지반에 지지력을 요구하게 된다(그림 12.1). 상부구조와 지반 사이에 위치하고, 양자로부터의 힘을 전달시키는 부위를 기초구조라고 한다. 기초구조는 상부구조와 지반과의 인터페이스이며, 그 자신이 적정한 형상과 충분한 강도를 가지지 않으면 안 된다. 그리고 건축물 전체의 안정은 지반, 기초구조, 상부구조의 상호작용 문제로 생각할 필요가 있다.

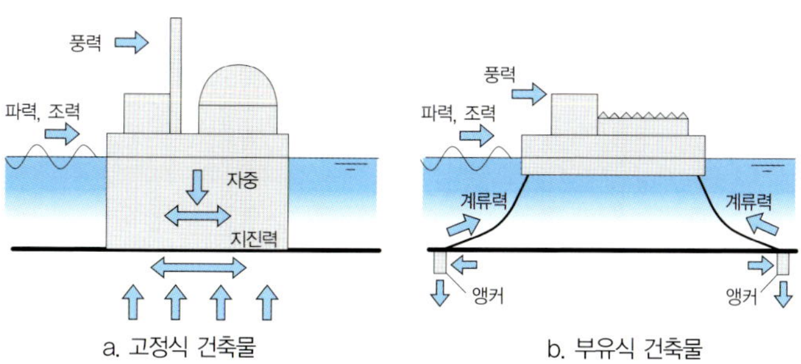

그림 12.1 지반으로의 힘 전달

12.2 해양건축물의 기초구조

지반의 표층이 상부 건축물을 지지할 수 있을 정도로 충분한 강도가 있고 그 밑의 지반도 튼튼하여 건축물이 놓인 경우에도 유해한 침하가 생기지 않는다고 판단되는 경우에는 **직접기초**를 사용한다. 직접기초에는 기초저면 전체에서 균등하게 건축물을 지지하는 **온통기초**(Mat Foundation)와 기둥이나 벽 등 주요한 부위의 바로 밑에 구축한 footing으로 지지하는 **footing기초**가 있다(그림 12.2).

표층지반이 연약한 경우나 건축물의 규모가 크고 표층지반만으로는 지지할 수 없는 경우에 **말뚝기초**(杭基礎)를 사용한다. 말뚝기초에는 선단을 튼튼한 층(지지층)까지 도달시키고 거기에서 생기는 선단지지력과 말뚝주면(周面)에 작용하는 마찰저항력으로 건축물을 지지하는 **지지말뚝**과 말뚝주면에 작용하는 마찰저항력만으로 지지하는 **마찰말뚝**, 두 종류가 있다(그림 12.3).

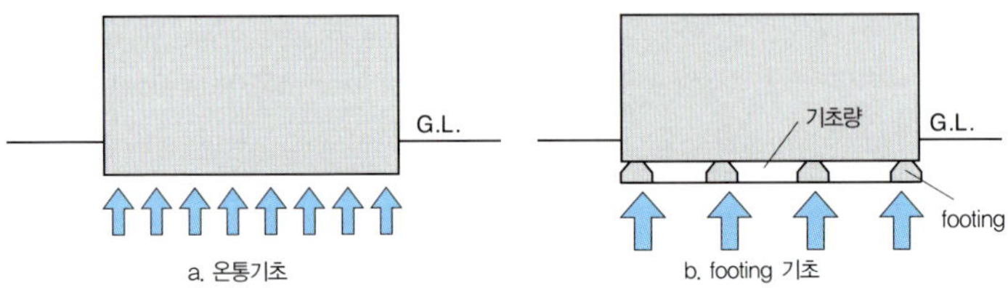

그림 12.2 직접기초

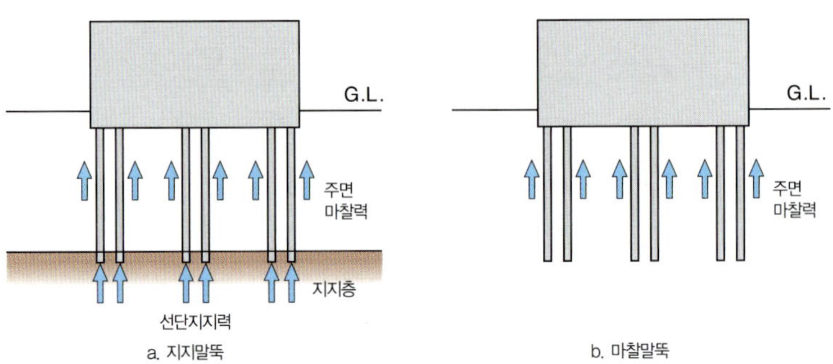

그림 12.3 말뚝기초

규모가 큰 건축물이나 교량, 안벽, 건조도크 등의 기초에는 캐소드가 사용된다. 캐소드란 프랑스어로 '커다란 상자'라는 의미로, 시공법의 차이에 따라 **오픈케이슨**(open caisson)**기초**, **뉴매틱케이슨**(pneumatic caisson)**기초**, **설치케이슨기초**로 크게 구분할 수 있다. 오픈케이슨기초(그림 12.4.a)는 고대 이집트 시대에 우물을 구축하는 공법으로 사용되었던 것이 원형이며, 'well', '우물'로 불리기도 한다. 통모양을 한 케이슨 내부 저면의 지반을 수중굴착하면서 침설(沈設)기초로서 사용하는 것으로 유럽에서는 18세기경부터 교량의 기초로서 활발하게 사용하게 되었다. 일본에서는 1879년에 교토의 국철 카모가와(鴨川) 육교에서 처음으로 벽돌조 오픈케이슨 기초가 사용되었다. 뉴매틱케이슨기초(그림 12.4.b)는 '공기케이슨', '잠함(潛函)' 등으로도 불리고 있

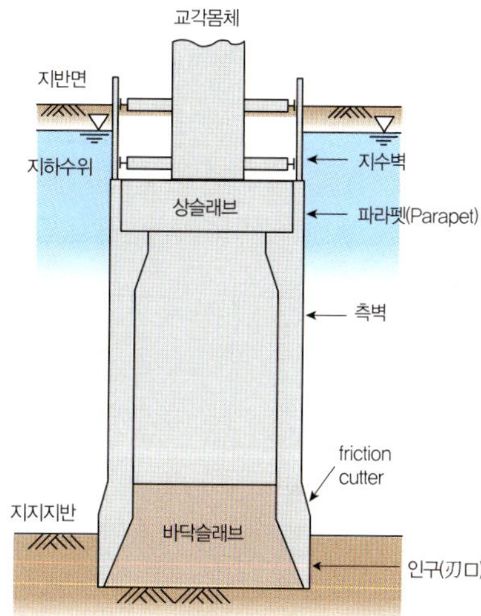

그림 12.4.a 오픈케이슨[1]

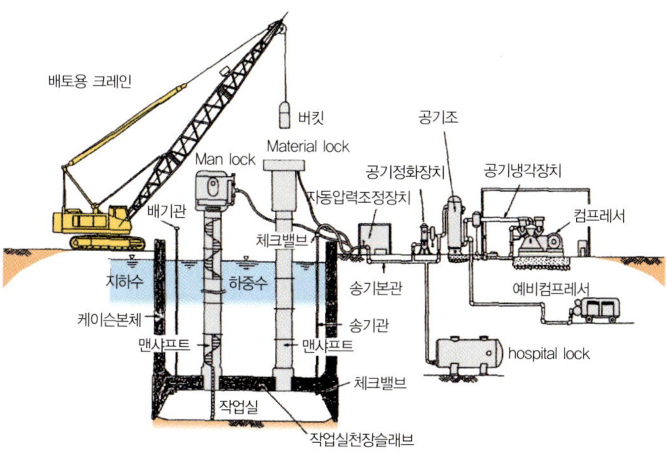

그림 12.4.b 뉴매틱케이슨[2]

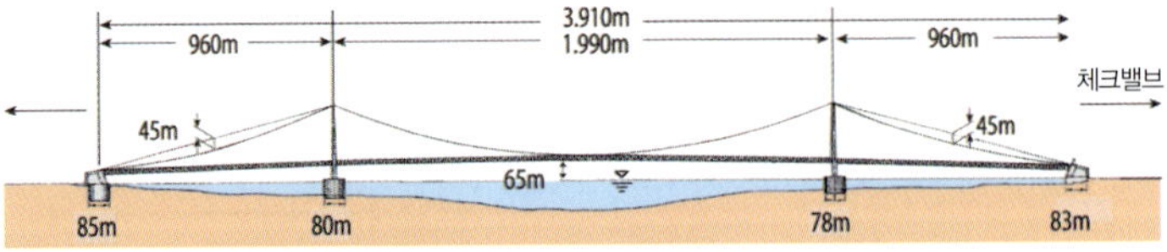

그림 12.4.c 아카시(明石)해협 대교[3)]

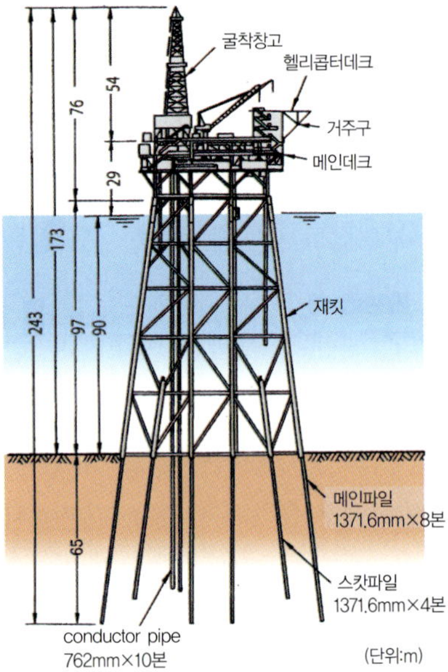

그림 12.5 아가(阿賀) 앞바다 석유굴착 플랫폼[4)]

는데 인구(刃口)[역1] 부분을 밀폐하여 작업실로 하고, 거기에 압축공기를 들여보냄으로써 물을 배제하고 인력 혹은 기계로 지반을 굴착해서 케이슨을 침설시키는 것이다. 뉴매틱케이슨기초는 파리의 에펠탑(1889년)이나 뉴욕의 브룩클린다리(1883년) 교각기초 등에서 사용되었다. 일본에서도 관동대지진(1923년)으로 붕괴된 스다(隅田)천 · 에타이(永代)교의 교량공사에서 처음 사용되었고, 요코하마 베이브리지 등 여러 교량이나 건축물의 기초로 사용되어 왔다. 설치케이슨은 육상에서 함체(케이슨)를 제작하여 해상으로 예항하여 현지로 옮겨 가라앉혀 설치하는 공법으로 수심이 큰 경우에 사용된다. 아카시(明石)해협 대교의 주탑기초에는 직경 약 80m, 높이 약 70m의 설치케이슨기초가 사용되었다.

일정 이상의 수심이며, 파력이나 조력의 영향을 많이 받는 경우에는 작은 재료를 조합하여 구축하는 **재킷**(그림 12.5)을 사용한다. 또한 파력이나 조력, 지진력 등에 따라 커다란 부상력이 생길 가능성이 있는 경우에는 **앵**

역1) 케이슨 하단에서 지반에 들어가는 칼모양의 부분

커기초를 사용한다. 앵커기초는 앵커 자중이나 지반에 대한 마찰력으로 인발력에 저항하는데, 컵모양의 구조체를 거꾸로 해서 지중에 설치하고, 구조체의 내측에 생기는 흡인력(suction)에 의해 인발력에 저항하는 **suction기초**가 매년 주목되고 있다.

12.3 지반의 기초적 성질

해양건축물에 사용되는 기초구조는 많은 종류가 있는데, 유효하게 사용하기 위해서는 지반의 성질을 충분히 이해할 필요가 있다. 본 절에서는 몇 개의 기본적 성질에 관해 서술하겠다.

12.3.1 흙의 입경과 명칭

지반은 흙입자의 집합체이며 그 성질은 입경에 따라 크게 다르다. 표 12.1은 흙의 입경 구분과 명칭을 나타낸 것이다. 사람에 따라 개인차는 있지만 눈으로 흙의 입자가 확인될 수 있는 지름이 0.075㎜(75㎛)로 되어 있으며, 그보다도 작은 것을 세립분, 0.075㎜보다도 크고 75㎜보다도 작은 것을 조립분, 75㎜ 이상을 석분이라고 하며, 표 12.1과 같이 분류한다. 해양건축물 구축시 주의를 요하는 것은 **점토, 실트, 모래** 등의 흙이다. 대부분의 자연토는 입경은 균일하지 않으며 여러 가지 지름을 가진 흙입자로 구성되어 있으며, 흙을 입경에 의해 분류하고 그 구성을 조사하는 것을 입

표 12.1 흙의 입경구분과 명칭 (입경 : ㎜)

<table>
<tr><th colspan="2">세립분</th><th colspan="6">조립분</th><th colspan="2">석분</th></tr>
<tr><td rowspan="2">점토</td><td rowspan="2">실트</td><td colspan="3">모래</td><td colspan="3">자갈(礫)</td><td colspan="2">돌</td></tr>
<tr><td>세사</td><td>중사</td><td>조사</td><td>세력</td><td>중력</td><td>조력</td><td>cobble</td><td>boulder</td></tr>
</table>

0.005　0.075　0.25　0.85　2.0　4.75　19　75　300

도분석이라 한다. 일반적으로 흙의 성질은 가장 조밀한 흙입자(**세립분**)에 따라 좌우되며 세립분 함유율이 클수록 연약한 지반이다.

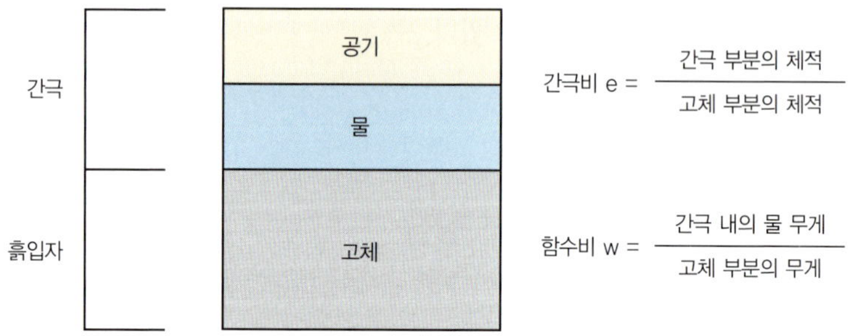

그림 12.6 흙의 성분

12.3.2 간극비와 함수비

흙의 성질은 흙입자의 입경뿐만 아니라 흙입자 간 간극의 대소나 간극 내에 포함되는 물의 양에 따라서도 다르다. 간극이 크면 느슨해서 연약한 지반이 되며, 간극이 작으면 단단한 지반이 된다. 간극 부분의 체적과 흙입자 부분(고체성분) 체적과의 비를 **간극비**(e), 간극 내의 물과 흙입자의 중량비를 함수비(w)라고 한다(그림 12.6). 또한 간극 내의 물이 존재하지 않을 때를 **건조**상태, 간극이 모두 물로 채워졌을 때를 **포화**상태라고 한다.

12.3.3 지질연대와 주요지층

지반은 연대가 오래 되면 고밀도화 혹은 고결화가 진행되어 건축물의 기초지반으로 안정된다. 지구 탄생이 46억 년이라고 알려져 있는데, 건축물의 기초지반으로 문제가 되는 것은 제3기층과 제4기층이다. 제3기층은 매우 견고한 지반으로 이른바 '기반' 이라고 불리는 지반이다. 제4기층에는 홍적세(洪積世)에 퇴적된 **홍적층**과 충적세(沖積世)에 퇴적된 **충적층**은 특히 중요한 지반이다. 그리고 지질학에서는 홍적세를 '갱신세(更新世)',

충적세를 '완신세(完新世)', 각각의 지층을 '갱신통(更新統)', '완신통(完新統)'이라고 부르기도 한다. 홍적세(갱신세)는 빙하기와 간빙기가 10만 년 단위로 있었고, 해면의 높이가 100~140m나 변동했다고 알려져 있다. 즉 홍적세의 '홍(洪)'은 홍수를 의미하며 '노아의 방주' 전설이 생긴 시대이다.

해면의 변동에 의해 해안선이 육지쪽으로 이동하는 것을 **해진**(海進), 반대로 바다쪽으로 이동하는 것을 **해퇴**(海退)라고 한다(그림 12.7). 지층의 대부분은 하천에 의해 운반된 토사가 해저에 퇴적됨으로써 생기는 해저층인데 입경이 큰 모래는 육지 가까이에, 입경이 적은 점토는 앞바다에 퇴적한다. 홍적층(갱신통)은 해진이나 해퇴를 반복하면서 퇴적되었기 때문에 모래와 점토의 호층구조로 되어 있는데, 퇴적 후 충분한 시간이 경과하였기 때문에 일반적으로는 건축물의 기반지반으로 양호하며 침하하는 경우가 적다고 알려져 있다. 한편 비교적 새로운 연대에 퇴적한 충적층(완신통)은 연약한 지반으로 이 지층 위에 건축물을 구축할 경우에는 기초형성을 충분히 검토할 필요가 있다.

표 12.2 지질연대와 지층

	2억년	7000만년			2000만년	160	73	12	1
고생대	중생대	신생대							
		제 3기				제 4기			
		시신세	참신세	중신세	선신세	홍적세(갱신세)			충적세(완신세)
						전기	중기	후기	
		기반				홍적층(갱신통)			충적층(완신통)
파충류		포유류				인류			

세계적인 온난화(해수면상승) ↑

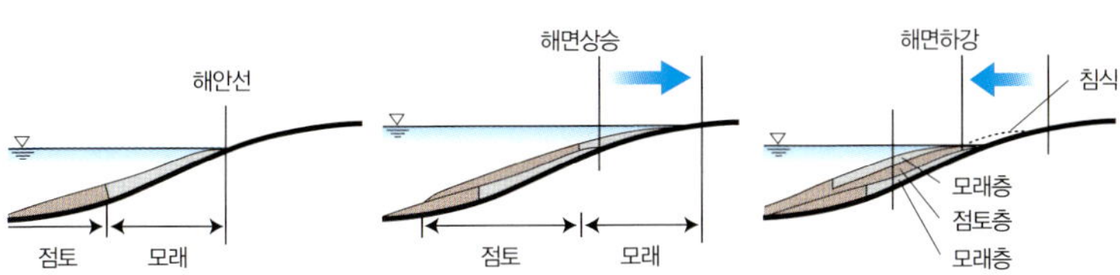

그림 12.7 해진과 해퇴

12.3.4 압밀과 유효응력

지반은 어떠한 힘이 작용하면 체적이 감소한다. 입경이 크고, 투수성이 높은 모래지반의 경우에는 체적감소가 비교적 단시간에 집중하는데, 투수성이 나쁜 점토지반의 경우에는 지반 속에 포함된 물이 천천히 장시간에 걸쳐 배수되며, 이에 따라 체적이 감소한다. 이 현상을 **압밀**이라 한다(그림 12.8).

압밀은 바로 위에 있는 흙의 자중(**토피압**)에 의존한다. 흙에 하중 P가 작용한 경우의 간극비 e와 P의 대수치 logP와의 관계는 그림 12.9와 같이 거의 직선으로 되어 있다. 그리고 하중 P_0하에서 압밀이 종료하면(그림 속의 a점) 하중이 감소해도 간극비 e의 값은 그다지 변화하지 않는다(그림 속의 b점). 이것은 한 번 P_0하에서 압밀한 후에 하중이 개방되어 다시 하중이 작용하는 경우 P_0까지는 압밀이 진행되지 않는 것을 의미하며, P_0를 **선행하중**이라 한다. 그리고 흙이 과거에 현재의 토피압 이상의 하중을 받은 경험이 없는 경우를 **정규압밀**상태라고 하며 과거에 현재의 토피압 이상의 하중을 받은 경험이 있고, 현재의 하중 이상의 압밀이 생긴 상태를 **과압밀**상태, 현재의 하중에 대해 충분히 압밀이 진행되지 않은 상태를 압밀미료(未了)상태라고 한다.

해저나 호저(湖底) 등의 물에 가라앉아 있는 지반이나 육역의 지하수위 이하의 지반에는 수압이 작용한다. 그런데 수압은 모든 방향에서 같은 압력이 작용하고, 그 자체로 균형적이므로 지반은 특히 영향을 받지 않는다.

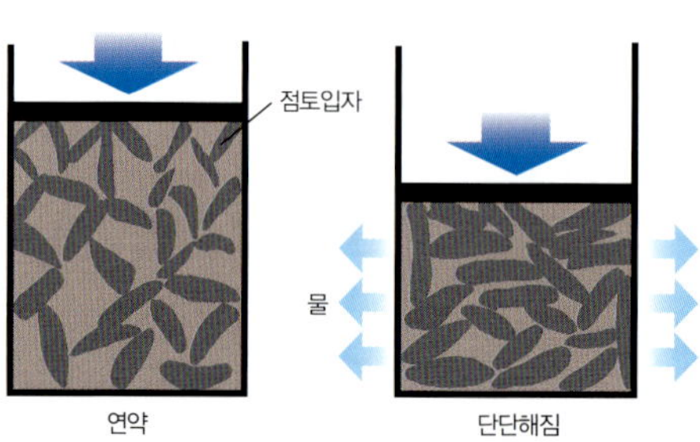

그림 12.8 압밀의 원리

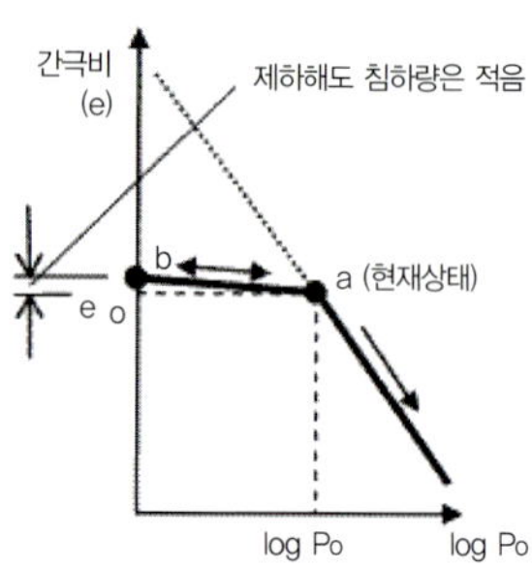

그림 12.9 e－log P 곡선

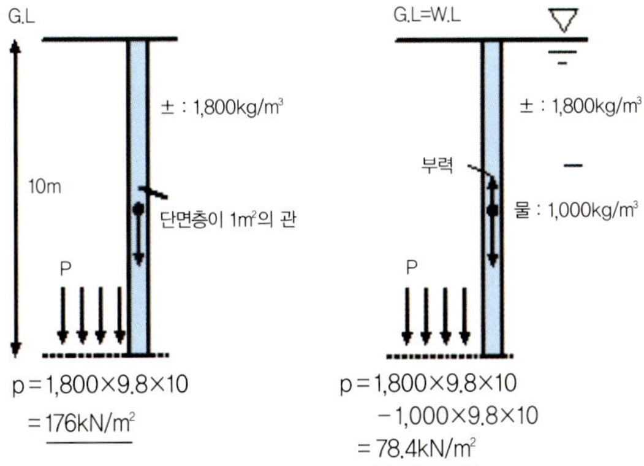

그림 12.10 유효응력

이 수압을 토질역학에서는 **중립응력**이라고 한다. 수심이 깊은 해저 표면의 토사가 물고기의 이동에 의해 날아오르는 모습을 텔레비전 등에서 보았겠지만 이것은 수심(수압)의 대소에 관계없이 해저의 토사가 동일하면 똑같다.

물에 가라앉은 지반은 수압에 의한 영향은 받지 않으나 흙이 수중에 있음으로써 부력을 받아 겉으로 보기에 중량은 가벼워진다. 심도 10m의 위치에 작용하는 연직응력 P_0를 생각해 보자. 지반의 밀도를 1,800kg/m³ (1.8g/㎤)로 하면 물이 없는 상태에서는 P_0=176.4kN/m²로 되는데 물에 가라앉아 있는 경우에는 물의 밀도를 1,000kg/m³(해수의 경우에는 1,025kg/m³)로 하면 98kN/m²로 약 반 정도의 크기로 된다(그림 12.10). 이처럼 물의 부력을 고려한 응력을 **유효응력**이라고 한다. 압밀을 비롯한 지반공학적 문제를 다룰 경우에는 반드시 유효응력을 사용하지 않으면 안 된다.

1970년대 고도경제성장 시대에 대도시 주변의 넓은 지역에서 **지반침하**가 생겨 커다란 사회문제가 되었었다. 이 광역 지반침하는 공업화나 대도시로의 인구집중에 수반되어 지하수가 대량으로 퍼올려졌기 때문에 생겼던 것인데, 지하수를 퍼올림으로써 지하수위가 내려가고 유효응력이 증가했기 때문이다. 즉 지상에는 변화가 없지만 외관상 토피압, 즉 유효응력이 증대되었기 때문에 압밀이 진행되었던 것이다(그림 12.11).

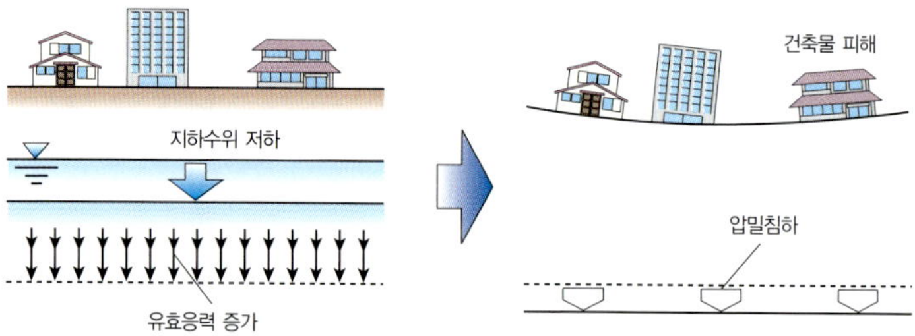

그림 12.11 지하수위 저하에 따른 압밀침하

12.3.5 지반조사와 N값

지반의 성질은 **지형**과 **지질**에 밀접하게 관련되어 있는데 그 성질은 천차만별이다. 즉 충적층, 홍적층, 암반층, 매립층 등의 지층구성은 다양하며, 더욱이 선행하중 유무나 지하수위 변동에 따라 압밀도에 차이가 생기기 때문에 지반 특성을 간단하게 추측할 수는 없다. 따라서 건축물을 구축할 때에는 반드시 지반조사를 시행하여 부지지반의 지층구성이나 강도, 변형특성 등을 조사한다. 지반조사는 기초 형식이나 깊이 등 건축물의 기본사항을 결정하기 위한 사전조사와 보다 상세한 공학적 정보를 얻기 위한 본조사로 나누어진다(그림 12.12).

표준관입시험은 세계적으로도 널리 보급되어 일본에서도 가장 많이 행해지고 있는 지반조사방법이다. 표준관입시험이란 질량 63.5kg의 해머를 75㎝ 자유낙하시켜 표준관입시험용 샘플을 30㎝ 집어넣는데 필요한 타격수(=N값)를 구하는 것이다(그림 12.13). N값은 지반강도나 변형특성을 지표로 하여 여러 가지 설계식에 사용되고 있다.

해안에서 가까운 평야나 해변, 인구조성지 등은 지질구성이 복잡하고 연약 혹은 초연약지반인 곳이 많고, 부동침하나 액상화 지반에서 기인하는 장해가 가장 생기기 쉬운 지질이다. 따라서 상세한 지반조사를 시행하여 지층의 변화 등을 정확하게 파악함과 동시에 기초 선정이나 시공방법, 지반개량을 행할 필요성도 포함하여 충분히 검토할 필요가 있다.

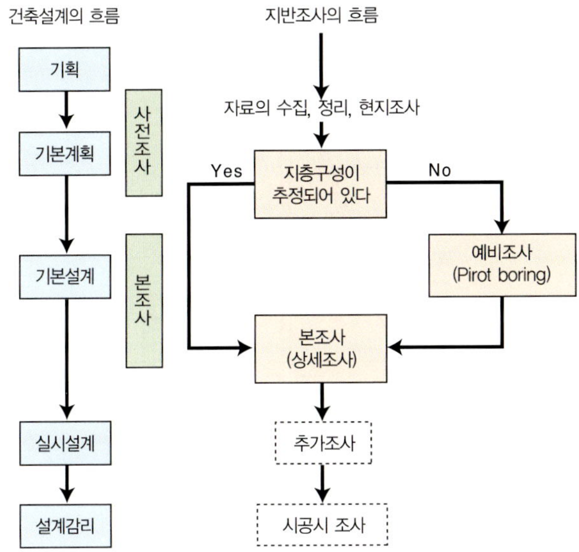

그림 12.12 지반조사 흐름과 설계와의 관계[5)]

12.3.6 액상화

일본은 세계에서도 손꼽히는 지진국인데 연안역 지진재해의 하나로 **액상화**가 있다. 액상화는 비교적 느슨한 상태에서 퇴적된 입경이 균일한 모래지반에서 자주 발생한다. 이러한 지반이 물로 포화된 상태가 되었을 때에 지진이 일어나면 흙입자간의 수압(간극수압)이 상승하여 과잉수압으로 되었을 때 흙입자 사이를 떼어놓고, 개개의 흙입자는 수중에서 뜬 상태(유효응력이 0)로 되어 지반은 급격히 내력을 잃는다.

이 현상을 액상화라고 하는데, 이것은 물가에서 물결이 밀려오기까지는 발밑이 단단했다가 물이 밀려온 순간에 발밑이 갑자기 푹 꺼지는 상태와 비슷하다. 액상화가 발생하면 호안이 수 미터나 이동하는 **측방유동**이 생긴다던가, 고압의 간극수가 모래와 함께 지표로 분출하는 **분사**(噴砂)가 생긴다. 그리고 땅속에 매립된 맨홀 등이 떠올라 라이프라인 단절로 이어지는 경우도 있다.

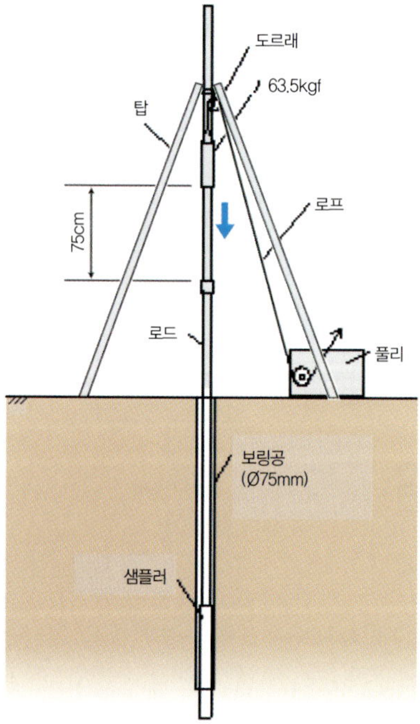

그림 12.13 표준관입시험

사진 12.1 측방유동으로 이동한 호안

(한신 · 아와지 대지진, 1995)

사진 12.2 맨홀의 부상

(니카타(新潟) 츠에츠(中越) 앞바다 지진, 2004)

12.4 지반개량

해저지반은 유효응력이 적고, 압밀이 진행되어 있지 않기 때문에 그 위에 건축물을 구축할 때에는 충분한 조사 · 검토가 필요하다. 그리고 육역이라도 연안부에서는 지하수위가 높기 때문에 지반은 연약하다. 특히 매립 · 조성된 지반은 초연약지반인 곳이 많기 때문에 어떤 대책을 행하지 않으면 건축물 구축은 불가능하다. 이처럼 건축물의 중량에 지반이 견디지 못하는 연약지반이나 액상화가 예상되는 지반인 경우에 **지반개량**이 시행된다. 지반개량에는 크게 다음 두 종류의 방법이 있다.

12.4.1 압밀을 촉진시키는 방법

① **프리로드공법**(그림 12.14) : 건축물 시공에 앞서 건축물의 중량과 같거나 그 이상의 하중을 사전에 성토 등에 의해 재하하여 압밀을 사전에 촉진시켜 지반강도를 증가시키는 공법이다.

② **버티컬드레인공법**(그림 12.15) : 난투수성 포화토(飽和土)에 통상의 프리로드공법을 사용하면 압밀은 시작되지만 간극수는 천천히 나오기 때문에 압밀침하는 장시간에 걸치며 지반안정까지는 10~50년, 더욱이 더 길게 진행되는 경우도 있다. 따라서 간극수의 배수를 좋게 하기 위해서는 땅 속에 종방향의 배수로를 설치하는 공법을 버티컬드레인공법이라고 한다. 이 공법에서 가장 일반적인 것은 드레인재의 투수성 높은 모래를 사용하는 **샌드드레인공법**이다. 압력

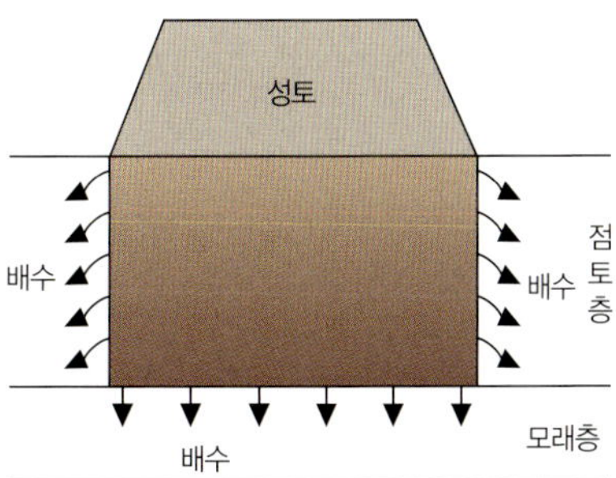

그림 12.14 프리로드공법

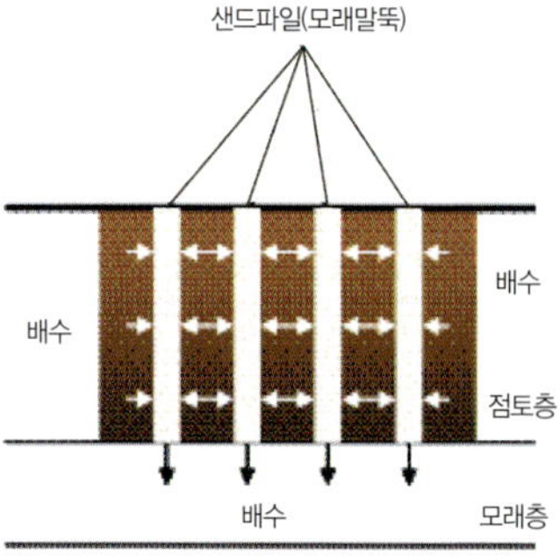

그림 12.15 버티컬드레인공법

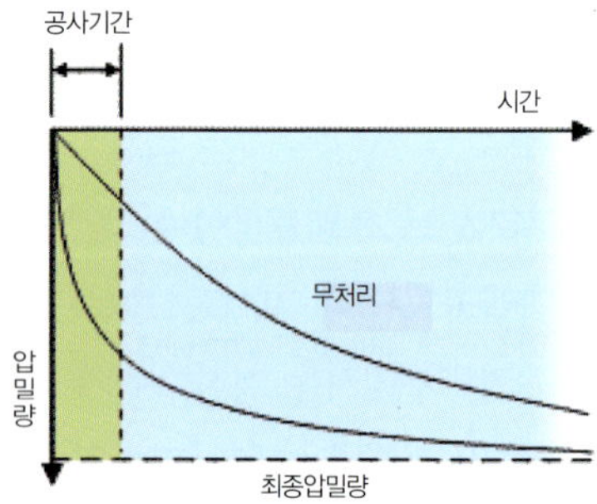

그림 12.16 압밀시간 비교

을 받은 간극수는 가장 가까운 모래말뚝을 향해 수평방향으로 유동하고 드레인을 따라 배수된다. 또한 압밀을 더욱 촉진시키기 위해서 프리로드공법과 병용하는 경우도 있다.

그림 12.16에 버티컬드레인을 사용할 때와 그렇지 않을 때의 침하시간을 비교한 그래프를 나타내었다. 버티컬드레인공법을 사용하면 압밀시간을 수 십분의 일로 단축시킬 수 있다.

신칸사이(新關西)국제공항 매립공사에서는 100만 개의 샌드드레인이 타설되었다. 그리고 나리타(田羽)공항 확장공사에서는 '마요네즈' 나 '단팥죽' 으로 불리는 두꺼운 진흙층이 퇴적하는 초연약지반을 단기간에 개량하기 위해 물을 통과하는 띠모양의 플라스틱판을 드레인재로 이용하는 페이퍼드레인(paper drain), 모래말뚝을 부직포로 감싸고 파손되지 않게 한 백드레인, 질이 다른 호층지반을 동시에 개량하는 복합드레인 등 각종 버티컬드레인공법이 사용되고 있다.

③ **모래다짐말뚝공법**(sand compaction pile method, 그림 12.17) : 연약지반 다짐을 위해 지반 속에 목재나 콘크리트말뚝을 박는 공법은 오래 전부터 시행되어 왔으며 물의 도시라고 불리는 베네치아도 이 공법에 의해 지반개량을 시행한 지반 위에 도시를 구축한 것이다.

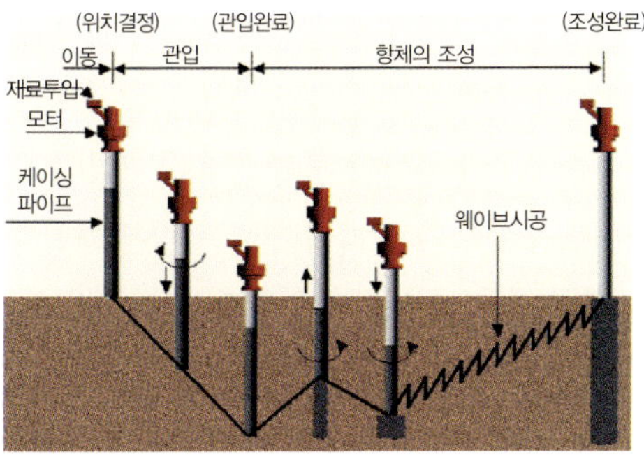

그림 12.17 SCP공법 시공순서

사진 12.3 시공기계

이 공법의 원리는 박힌 말뚝 체적분의 흙이 주위로 이동됨과 동시에 박을 때의 충격에 의해 지반이 다져지고 강도증가를 도모한 것으로 목재나 콘크리트 말뚝이 아니라 모래를 사용하는 것이 모래다짐말뚝공법(SCP공법)이다. 그리고 모래말뚝타설시 모래를 충격이나 진동에 의해 압입함으로써 확경(擴徑)되고, 다짐효과를 향상시킨다. 모래다짐말뚝공법의 장점은 다음과 같다.

a. 지반강도가 증대하기 때문에 지반의 지지성능이나 내진성능이 상승된다.
b. 모래지반에서는 지반이 다져지기 때문에 액상화방지 효과가 있다.
c. 샌드드레인으로서도 기능하고 압밀을 촉진시켜 부동침하를 방지한다.

단, 거대한 시공기계를 사용하기 때문에 협소한 장소에서의 시공이 곤란한 점, 충격이나 진동이 발생하는 경우가 있다는 점, 급속하게 압밀이 진행되기 때문에 시공 중에 간극수 분출이 생기는 경우가 있다는 점 등 근접 건축물에의 영향에 주의할 필요가 있다.

12.4.2 지반을 고화시키는 공법

(1) **표층혼합처리공법**(그림 12.18) : 이 공법은 이전부터 도로의 노상(路床)이나 노반(路盤)개량에 이용되었던 **소일시멘트공법**(시멘트와 흙을 섞어 강도나 합성을 증대시킴)이 발전된 것이다. 1965년경에 시멘트를 슬러리(slurry)상태로 연약토와 휘저어 섞는 공법이 개발되어 현재는 호안의 기초나 매립지에서의 노상, 연약지반지역이나 매립지 등의 소규모 건축물의 기초 등 비교적 경미한 것을 중심으로 자주 이용되고 있다. 개량 깊이는 0.5~3m로, 고화재(시멘트 등)를 분체(紛体)상태대로 원토(原土)와 혼합하는 방법과 고화재를 슬러리상태로 해서 펌프 등으로 압송하여 원토와 혼합하는 방법이 있다.

(2) **심층혼합처리공법**(그림 12.19, 사진 12.4) : 연약지반이 표층에서 3m 이상 계속되는 경우에는 말뚝 모양의 소일시멘트 말뚝을 복수로 구축하여 부지지반 강도나 강성을 향상시키는 심층혼합처리공법이 사용된다. 이 공법은 기계교반(攪拌)방식과 고압분사교반방식으로 대별된다. 기계교반방식은 교반익(攪拌翼)을 올린 로드를 흙속에 회전삽입시키면서 분체상태 혹은 슬러리상태의 고화재를 선단부에서 토출하고 고화재와 원토를 교반혼합시킨 것이다. 심층혼합처리공법은 교반익 상태, 고화재의 종류와 공급방법에 따라 다종다양한 공법이 개발되어 있고, 호안이나 도로성토, 연약지반지역이나 매립지 등의 지반개량에 폭넓게 이용되고 있다.

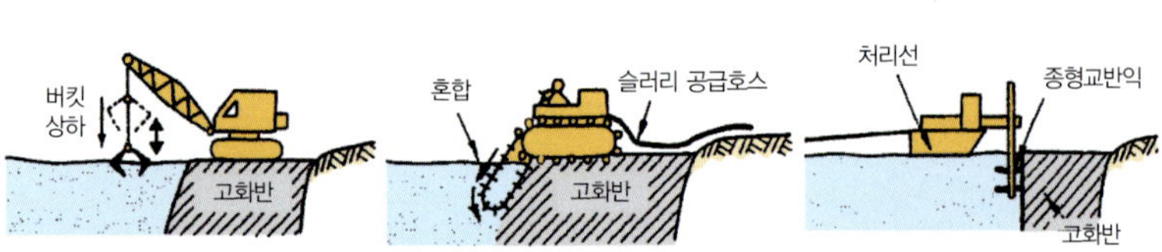

a. 버킷 사용 b. 트렌처 사용 c. 종형교반익 사용

그림 12.18 표층혼합처리공법[6]

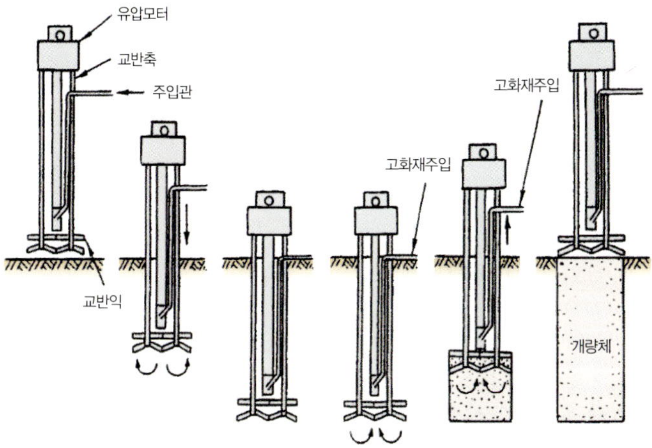

그림 12.19 심층혼합처리공법[7]

사진 12.4 개량말뚝

사진 12.5 보스턴「The Big Dig」

일본의 심층혼합처리기술은 세계적으로도 톱클래스이며 선구적인 역할을 담당하고 있다. 'The Big Dig(사진 12.5)'로 불리는 미국 · 매사추세츠주 보스턴의 재발견 프로젝트(노후화된 교통용량이 부족한 고가고속도로를 약 8km에 걸쳐 지하화하고 지상부는 도시공원으로 정비한 거대 프로젝트)에서도 가장 난제였던 하천부 초연약지반 부분에 일본의 심층혼합처리공법이 사용되었다. 그리고 칸사이국제공항을 비롯한 인공섬 매립공사에서도 많이 이용되고 있으며, 최근에는 택지지반개량에 사용되는 등 매우 많은 시공실적을 가지고 있다.

12.5 기초와 지반에 관련한 사례

12.5.1 칸사이국제공항[8)]

일본의 인공섬 건설 역사는 오래 전인데 19세기 초 오다이바(동경도) 건조에서 시작되었으며, 많은 실적을 가지고 있다(표 12.3). 해저지반이나 매립지반은 압밀이 진행되지 않은 연약지반이기 때문에 건축물의 중량에 견딜 수 있도록 지반개량을 시행할 필요가 있다.

칸사이국제공항은 수심이 큰 장소이고, 연약지반이면서 광대한 인공섬을 조성하는 계획이었다. 매립에 사용된 토사는 1.8억m³(이집트 쿠푸왕의 피라미드 약 70개 분)나 되는 양이었는데 5년이라는 짧은 기간에 해저지반의 지반개량공사, 매립공사, 매립토 지반개량공사를 완료하였다.

해상공항부의 수심은 16.5~19m(평균 18m), 해저지반의 상층부는 두께 18m의 초연약 점토층이며 그 밑에는 모래와 점토, 자갈 등이 호층을 이루고 있는 홍적층이 400m에 걸쳐 계속되었다. 공사는 우선 상층점토층의 지반개량에서 시작되었다. 이 공사에서는 샌드드레인(SD)공법, 모래다짐말뚝(SCP)공법, 심층혼합처리(DM)공법 등 몇 가지 공법이 사용되었는데 주된 것은 SD공법이었다. 해상공항부에서는 지름 40㎝의 샌드드레인을 2~2.5m 바둑판 모양으로 20m까지 타설하는 것이었지만 그 수는 호안부 공사도 포함하여 100만 개나 되었다. 1970~1983년 일본에서의 SD공법 실적이 23만 개였던 것을 생각하면 그 규모의 크기를 알 수 있다. 그리고 와카야마 인근지구에서 가져온 토사를 32m나 쌓았다.

표 12.3 일본의 주요 인공섬의 예[8)]

명칭	장소	해안에서의 거리(㎞)	매립면적 (천㎡)	수심 (m)	건설기간 (연)	매립토량 (백만㎥)	비고
오사카 남항	오사카항	–	9,370	3~10	1958~1980	123	
코베 포트아일랜드	코베항	0.2	4,360	12	1965~1980	80	충적점토층 두께 13m
扇扈	요코하마 · 카와자키(川崎)항	0.6	5,150	10	1970~1975	81	
코베 로코 아일랜드	코베항	0.4	5,800	12	1970~1985	120	
칸다(苅田) 토사장	칸다항 앞바다	3.5	1,530	7.5	1976~		지반개량 두께 10m
고보(御坊) 화력발전소	와카야마현 (和歌山縣)	0.2	530	4~17	1980~1982	3	기초지반 양호, 파랑 최대
시부시(志布志)만 석유비축기지	가고시마현 (鹿兒島縣)	0.45	1,960	9	1985~	29	기초지반 양호, 파랑 최대
칸사이공항	오사카부	5.0	5,110	18.5	1987~1993	180	지반개량 두께 20m

공사개시 전 침하예측에서는 개항 50년 후에는 상층의 충적층과 하부의 홍적층을 포함하여 7~12m의 침하가 생길 것이라고 예상하였다(그림 12.20). 예측량이 큰 폭을 가지고 있는 것은 홍적층 내에 존재하는 10층의 사층이 어느 정도 배수 효과를 발휘할 것인지 명확하지 않았기 때문이다. 설계에서 홍적층은 퇴적연대도 오래되었고, 일반적으로는 압밀침하가 적은 양호한 지반이라고 인식되었던 점이나 포트아일랜드 등 매립공사의 홍적층 침하량이 적었던 이유에서 적은 쪽인 8m가 채용되어 매립토사량도 그에 따라 계산하였다. 그러나 이처럼 대규모 매립공사는 아마도 인류가

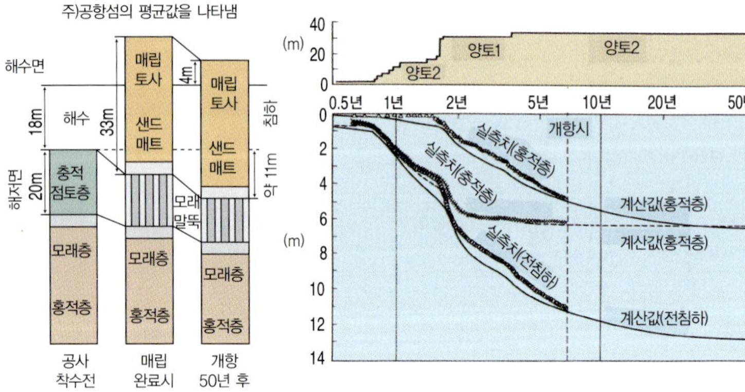

그림 12.20 압밀침하량[8)]

처음 경험하는 것이었기 때문에 불확실한 요소를 많이 포함한다. 그리고 시공은 압밀의 진행상황을 항상 계측하고 침하예측(해석)과 비교하면서 시행되었다.

칸사이공항의 공사에서는 침하안정관리시스템으로 명명하였는데, 이러한 시공은 **'정보화시공'** 이라고 불리며 최근의 계측기술이나 컴퓨터 발달에 의해 급속히 보급되고 있는 시공관리방법이다. 공사 후반이 되면 홍

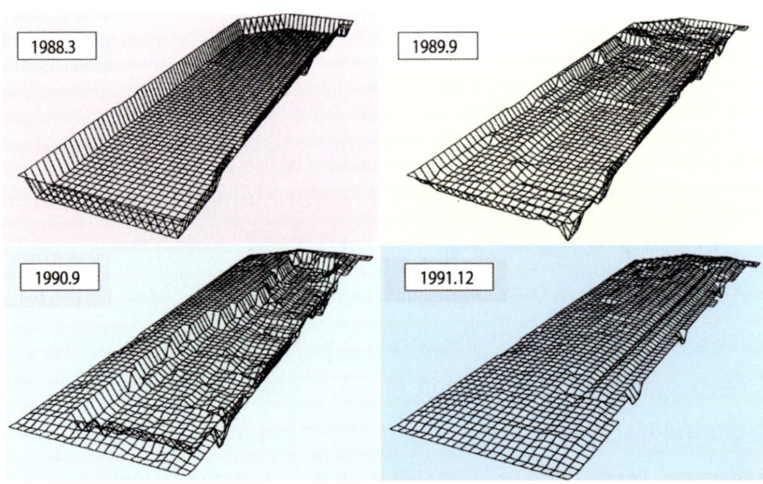

그림 12.21 매립의 추이도[8)]

적층 압밀이 예상보다 빨리 진행되어 개항 50년 후에는 11m가 될 것으로 판명되었다. 그리고 매립에 부족한 토사를 급히 보충하고 공사를 진행하였는데 대폭적인 공사변경을 수반하지 않고 공사를 완료할 수 있었던 것은 상기의 정보화 시공 덕분이었다.

한편 이렇게 매립된 지반은 여전히 연약하기 때문에 단기간에 사용하는데 도움이 되기 위해서는 재차 지반개량을 필요로 한다. 여객터미널 빌딩이나 제어탑 등의 주요 건축물 지반에는 SCP공법, 활주로나 화물터미널 부분에는 중추(重錘) 낙하다짐공법(DC공법 : 20톤 정도의 추를 25m 정도 낙하시켜 충격에 의한 지반진동으로 다짐함), 에프론이나 섬 내부 도로부분에서는 mammoth vibro tamper method(MVT공법 : 진동기와 대형 탬퍼로 표층지반을 다짐함)의 3종류가 사용되었으며, 시공 개시에서 5년이라는 단기간에 인공섬 매립공사가 완료되었고, 1994년 개항으로 이어졌다.

12.5.2 베네치아[9)]

베네치아는 마드리드해 연안의 갯벌에 있는 121개의 군도로 176개의 운하와 약 400개의 다리가 있는 인공적으로 만들어진 도시이다. 5~6세기경 이탈리아 본토의 근린주민이 게르만 민족 고트(goth)인의 침략을 받아 무인 군도로 도망친 것이 베네치아의 기원이라고 한다. 그 후 사방이 바다로 둘러싸여 안전하고 서방

그림 12.22 이탈리아

세계와 동방세계의 경계에 위치한 지리적 이점을 살려 동서교역의 중계항으로 번영하였다. 당초에는 동로마제국(393~1453)의 세력 하에 있었는데

사진 12.6 베네치아 시가지

사진 12.7 운하

9세기에 독립하여 간척이나 조성을 통해 각 섬의 면적을 넓히고 운하를 정비하여 도시 전체를 인공적으로 구축한 것이다. 보안상 이유로 보행자 전용의 육상도로와 배로 이동하기 위한 운하교통로만을 사용하는 형태로 중세부터 말이나 마차 통행이 금지되었다.

베네치아의 갯벌은 표층은 연약한 진흙에 가까운 지반이며 그 밑에는 모래와 점토가 섞인 층이 퇴적해 있다. 그에 5~10m의 당송나무를 말뚝으로 박고 그 위에 내수성이 우수한 이스트리아석[역2]을 쌓아 기초토대로 하였다. 타설한 말뚝의 수는 헤아릴 수 없다고 해도 좋을 정도로 Canal Grande에 놓인 리알토 다리(Ponte di Rialto)에는 13,000개, 산마르코 광장의 대종루(大鐘樓) 기초에는 100,000개, 산루터교회 기초에는 170,000개의 말뚝이 타설되어 있다.

이 당송나무말뚝의 내구성은 우수한 점이 많다. 수중에서 산소와 만나는 일이 없기 때문에 부패가 진행되지 않았다. 더욱이 염소와 목재에 포함된 탄닌이 천천히 단단해져 목재를 보호했던 것이다. 나무말뚝을 이용한 예는 일본에서도 볼 수 있다. 동경역 앞에 있었던 구마루빌딩(1923년) 기초에는 5,000개의 당송나무가 사용되었다. 1999년에 신마루빌딩이 건설

역2) 이스트리아석 : 석회질의 돌

되었는데 이 때 당송나무말뚝은 여전히 건재한 상태로 남아 있었다.

선인들의 경험과 지혜가 낳은 베네치아의 기초구조가 최근에 위기를 맞고 있다. 이 지방에는 '시로크(sirocco)' 라는 남쪽에서 부는 계절풍과 조석간만의 차이에 의해 '아쿠아알타(acqua alta)' 라는 고조(高潮)가 생긴다. 이 고조는 연간 여러 차례 발생하며, 지역 전체가 물에 잠겨버린다. 1966년에는 산마르코 광장이 1.25m나 물에 잠겼다. 그리고 생활배수를 그대로 운하로 흘려보내는 가정이 많음으로써 수질오염이 진행되어 각종 화학물질이나 박테리아에 의한 말뚝 부식이 진행되었고, 지역 전체에 지반침하가 진행되었다. 또한 베네치아 앞바다로 수문을 설치하여 높은 파도를 방지하고자 하는 계획이 검토되었으나 물의 흐름에 미칠 영향을 우려하여 그 효과를 의문시하는 목소리도 나왔다. 그리고 운하의 수질개선을 위해 바닥에 쌓인 침전물을 제거하고, 지하수를 퍼올리는 것을 중지하고 침하를 방지하는 것도 시행되었으나 효과가 나타나기에는 시간을 필요로 한다. 그러나 세계유산으로 지정되어 있는 베네치아의 그 아름다운 경관을 남긴 채 보전하고자 하는 시도가 시작되었으며, 앞으로의 동향에 주목해야 할 것이다.

12.5.3 피사의 사탑[10)]

현재의 피사는 피렌체 서쪽 약 80km, 이탈리아의 서해안 중부를 흐르는 아르노하천 입구에서 10km 정도 내륙으로 들어간 곳에 위치한다. 이것은 1200년경부터 하구로 토사의 퇴적이 진행되었기 때문에 예전에는 리그리아해(Ligurian Sea)에 면하는 항만도시였으나, 고대 로마시대에는 해군기지로서 번영하였고, 중세에는 자치도시로 되어 베네치아나 피렌체 등과 함께 번영하였다.

갈릴레오가 '낙하의 법칙' 을 발견하였다고 하는 사탑은 로마네스크양식의 아름다운 파사드를 가진 두오모(Duomo) 대성당이 있는 광장에 세례당이나 묘지와 함께 건축되었다. 종루인 사탑은 1173년에 건설이 시작되

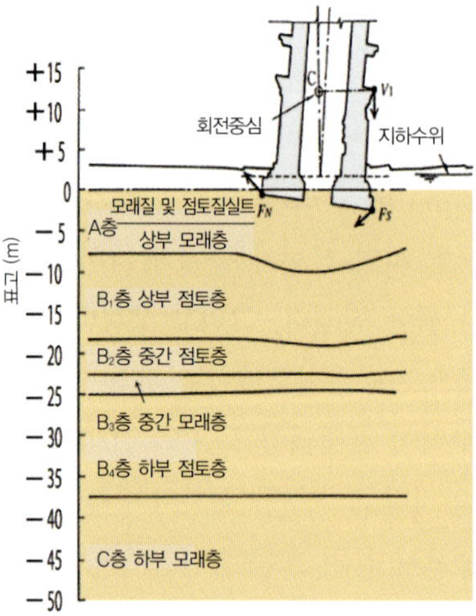

그림 12.23 지반의 단면도[10)]

사진 12.8 피사의 사탑

었지만 4층 반까지 진행된 1178년에 지반침하에 의해 탑이 북쪽으로 기울어 공사는 일시 중단되었다. 1272년에 공사를 재개하였지만 이번에는 남쪽으로 경사가 진행되었기 때문에 그것을 수정하면서(벽을 항상 연직으로 세워) 공사를 속행하여 착공에서 200년이 지난 1370년에 완성되었다. 탑의 경사는 종루층의 건축이 시작되었던 1360년에는 1.6° 였지만 그 후 경사가 진행되어 1817년에는 4.9° 에 달했다.

1938년에 탑 주위에 '카티노' 라 불리는 통로를 건설하였지만 이 공사로 경사가 0.5° 더 기울어졌다. 그리고 1970년경에는 주위의 지하수를 퍼올려 더욱 경사졌으나 퍼올림을 규제하면서 경사는 5.44° 로 일단 멈추었다. 이 경사는 연약한 지반 위에 중량의 커다란 건축물을 세움으로써 압밀이 진행되어 생긴 것이다. 그림 12.23은 지반의 단면도를 나타낸 것인데 A층은 두께 10m 정도의 모래층이며, 상부에는 사질 및 점토질 실트의 고르지 못한 호층으로 되어 있다. B층은 해성점토층으로 그 상부 B1층에서는 종루 바로 아래에서 약 2m의 침하가 발생하였다.

탑의 경사를 수정하고자 하는 시도는 1964년에 시작되었다. 1972년에는 안정화공사의 국제입찰까지 있었지만 당시의 정세와 경제적 상황이 불리하여 공사가 보류되었다가 1980년에 재검토를 시작하여 1994년에는 저층부의 바깥둘레를 강선으로 단단히 죄고 전도를 방지함과 동시에 기초부의 북측에 7,000kN(700tf)의 납 잉곳(ingot)을 쌓아올려 약 0.02° 의 회복에 성공하였다. 그러나 1995년 그라운드 앵커에 의한 보강공사 중에 사고가 발생하여 경사가 더 증가하였다(마의 9월). 이후에 1996년부터 북측의 지반을 조금씩 빼내는 시도를 개시하였고, 2001년 봄에는 경사를 5° 까지 회복할 수 있었다.

2001년 11월부터 매일 관람객수를 제한하면서 내부를 관람하는 것도 가능하게 되었다.

참고문헌

1) 藤田宏一 : 케이슨 기초 오픈케이슨기초, 기초공, Vol.27, No.1, pp.70~71, 종합토목연구소, 1999.

2) 藤田宏一 : 케이슨 기초 뉴매틱케이슨기초, 기초공, Vol.27, No.2, pp.71~73, 종합토목연구소, 1999.

3) 지반공한 핸드북 제6장 연안 · 해양구조물, 지반공학회, 1999.

4) 바다의 구조물과 기초 제6장 바다의 구조물의 실제예 · 계획예, 지반공학회(구토질공학회), 1994.

5) 건축기초설계를 위한 지반조사계획지침, 제1장 조사계획의 개요, 일본건축학회, 1995.

6) 지반공학 핸드북 제8장 지반개량, 지반공학회, 1999.

7) 寺師昌明, 布施谷寛 : 10. 심층혼합처리 공법의 실제와 문제점 - 심층혼합처리공법의 개요 -, 흙과 기초, Vol.31, No.6, pp.57~64, 1983.

8) 新井洋一 : 거대 인공섬의 창조 - 칸사이국제공항 / 에코로지컬 아일랜드에의 시도, 彰國社, 1995.

9) 杉本賢司 : 수몰하는 세계유산 이탈리아의 베네치아, 기초공, Vol.32, No.1, pp.39~43, 1995.

10) 三木五三郎 : 피사의 사탑, 기초공, Vol.32, No.1.pp.30~34, 2004.

해양관련기관 URL 일람

관공서

[1] 수상관저 : http://www.kantei.go.jp/
[2] 관공청 Web Servers : http://www.kantei.go.jp/jp/link/server_j.html
[3] 내각관방 : http://www.cas.go.jp/
[4] 내각부 : http://www.cao.go.jp/
[5] 방위청 : http://www.jda.go.jp/
[6] 총무성 : http://www.soumu.go.jp/
[7] 외무성 : http://www.mofa.go.jp/mofaj/
[8] 문부과학성 : http://www.mext.go.jp/
[9] 농림수산성 : http://www.maff.go.jp/
[10] 수산성 : http://www.jfa.maff.go.jp/
[11] 경제산업성 : http://www.meti.go.jp/
[12] 자원에너지청 : http://www.enecho.meti.go.jp/
[13] 국토교통성 : http://www.mlit.go.jp/
[14] 기상청 : http://www.jma.go.jp/JMA_HP/jma/index.html
[15] 해상보안청 : http://www.kaiho.mlit.go.jp/
[16] 해상보안청 해양정보부 : http://www1.kaiho.mlit.go.jp/
[17] 일본해양데이터센터 : http://www.jodc.go.jp/jodc_j.html
[18] 해난심판청 : http://www.mlit.go.jp/maia/
[19] 국토지리원 : http://www.gsi.go.jp/
[20] 환경성 : http://www.env.go.jp/
[19] 국토지리원 : http://www.gsi.go.jp/

연구기관

[1] 우주항공연구개발기구 JAXA : : http://www.jaxa.jp/
[2] 독립행정법인 해상기술안전연구소 : http://www.nmri.go.jp/
[3] 독립행정법인 해상재해방지센터 : http://www.mdpc.or.jp/
[4] 독립행정법인 해양연구개발기구(JAMSTEC) : http://www.jamstec.do.jp/
[5] 기상연구소 : http://www.mri-jma.go.jp
[6] 독립행정법인 항만공항기술연구소 : http://www.pari.go.jp/
[7] 국토기술정책 종합연구소 : http://www.nilim.go.jp/
[8] 독립행정법인 국립환경연구소 : http://www.nies.go.jp.
[9] 정보 · 시스템연구기구 국립극지연구소 : http://www.nipr.ac.jp/japan/
[10] 국립정보학연구소 : http://www.nii.ac.jp/els/els-j.html
[11] 독립행정법인 산업기술 종합연구소 : http://www.aist.go.jp/
[12] 독립행정법인 산업기술 종합연구소 지질조사종합센터 : http://www.aist.go.jp/HomePageJP.html
[13] 독립행정법인 정보통신연구기구 : http://www.nict.go.jp/

[14] 독립행정법인 수산종합연구센터 : http://www.fra.affrc.go.jp/
[15] 독립행정법인 수산종합연구센터 개발조사부(JAMARC) : http://www.jamarc.go.jp/
[16] 독립행정법인 석유천연가스 · 금속광물자원기구(JOGMEC) : http://www.jogmec.go.jp/mric_web/
[17] 지구과학기술 종합추진기구 : http://www.aesto.or.jp/
[18] 지구프런티어 연구시스템 : http://www.jamstec.go.jp/frsgc/jp/
[19] 독립행정법인 토목연구소 : http://www.pwri.go.jp/
[20] 방위연구소 : http://www.nids.go.jp/
[21] 독립행정법인 방재과학기술연구소 : http://www.bosai.go.jp

대학부속연구기관

[1] 北海道대학 저온과학연구소 : http://www.lowtem.hokudai.ac.jp/
[2] 北海道대학 北方생물권 필드과학센터 : http://www.hokudai.ac.jp/tsc/
[3] 東北대학 대기해양변동관측연구센터 : http://daos-a.geophys.tohoku.ac.jp/
[4] 東北대학 지진 · 분화예지연구관측센터 : http://www.aob-new.aob.geophys.tohoku.ac.jp/
[5] 千葉대학 해양바이오시스템연구센터 : http://www-es.s.chiba-u.ac.jp/kominato/
[6] 東京대학 해양연구소 국제연안해양연구센터 : http://www.icrc.ori.u-tokyo.ac.jp/
[7] 東京대학 지진연구소 : http://www.eri.u-tokyo.ac.jp/index-j.html
[8] 東京대학 생산기술연구소 : http://www.iis.u-tokyo.ac.jp/
[9] 東京대학 해양연구소 : http://www.iord.u-tokyo.ac.jp/
[10] 近畿대학 수산연구소 : http://www.za.ztv.ne.jp/vm4k4stx/index.html
[11] 京都대학 필드과학교육연구센터 해역스테이션 瀨戸임해 실험장 : http://www.seto.kais.kyoto-u.ac.jp/
[12] 京都대학 필드과학교육연구센터 해역스테이션 舞鶴수산실험장 : http://www.maizuru.marine.kais.kyoto-u.ac.jp/
[13] 高知대학 해양생물교육연구센터 : http://www.kochi-u.ac.jp/JA/kaiyo/
[14] 九州대학 대학원 지리부 부속임해실험장 : http://ambl-ku.jp/ambl/nihongo/index.html
[15] 佐賀대학 해양에너지 연구센터 : http://www.ioes.saga-u.ac.jp

해양단체기관

[1] 바다와 둔치 환경미화추진기구(마린블루21) : http://www.marineblue.or.jp/
[2] 연안기술연구센터 : http://www.cdit.or.jp/
[3] 엔지니어링 진흥협회 : http://www.enaa.or.jp/
[4] 일본해운진흥회 : http://www.jamri.or.jp/
[5] 해상보안협회 : http://www.jcga.or.jp/top.html
[6] 해양산업연구회 : http://www2u.biglobe.ne.jp/~RIOE/
[7] 해양수산시스템협회 : http://www.systemkyokai.or.jp/
[8] 해양정책연구재단 : http://www.sof.or.jp/
[9] 해양생물환경연구소 : http://www.kaisekken.r.jp/
[10] 해양조사협회 : http://www.jamsa.or.jp/
[11] 하천환경관리재단 : http://www.kasen.or.jp/

[12] 환경재생보전기구 : http://www.erca.go.jp/
[13] 환일본해환경협력센터 : http://www.npec.or.jp/
[14] 어업정보서비스센터 : http://www.jafic.or.jp/
[15] 어항어장어촌기술연구소 : http://www.jific.or.jp/
[16] 항만공간 고도화환경연구센터 : http://www.wave.or.jp/
[17] 국제EMECS센터 : http://www.emecs.or.jp/japanese/index.html
[18] 국제해양과학기술협회 : http://homepage3.nifty.com/JIMSTEF
[19] 자연환경연구센터 : http://www.jwrc.or.jp/
[20] 신에너지 · 산업기술종합개발기구(NEDO) : http://www.nedo.go.jp/
[21] 슈퍼마린가스터빈 기술연구조합 : http://www32.ocn.ne.jp/~smgt/
[22] 석유연맹 : http://www.paj.gr.jp/
[23] 瀨戸내해 환경보전협회 : http://www.seto.or.jp/setokyo
[24] 전국해안협회 : http://www.kaigan.or.jp/
[25] 전국어업협동조합연합회 : http://www3.jf-net.ne.jp/index.html
[26] 전국어항어장협회 : http://www.gyokou.or.jp/
[27] 대일본수산회 : http://www.suisankai.or.jp/
[28] 지구환경산업기술연구기구(RITE) : http://www.rite.or.jp/japanese/home-frame.html
[29] 전력중앙연구소 : http://criepi.denken.or.jp/jp/index.html
[30] 일본재단 : http://www.nippon-foundation.or.jp/
[31] 일본해사협회 : http://www.classnk.or.jp/hp/topj.asp
[32] 일본해사홍보협회 : http://www.kaijipr.or.jp/
[33] 일본해난방지협회 : http://www.nikkaibo.or.jp/
[34] 일본해양레저 안전 · 진흥협회 : http://www.jmra.or.jp/
[35] 일본기상협회 : http://www.jwa.or.jp/
[36] 일본경류(鯨類)연구소 : http://www.icrwhale.org/index.htm
[37] 일본항만협회 : http://www.phaj.or.jp/
[38] 일본소형선박검사기구 : http://www.jci.go.jp/
[39] 일본자연보호협회 : http://www.nacsj.or.jp/
[40] 일본수산자원보호협회 : http://axp1.jfrca.or.jp/index.html
[41] 일본수난구제회 : http://www.mrj.or.jp/
[42] 일본수로협회 : http://www.jha.or.jp/
[43] 일본수로협회 해양정보연구센터 : http://www.mirc.jha.or.jp/
[44] 일본선주협회 : http://www.jsanet.or.jp/index.html
[45] 일본조선공업회 : http://www.sajn.or.jp/
[46] 일본조선기술센터 : http://www.srcj.or.jp/
[47] 일본박용(舶用)공업회 : http://www.jsmea.or.jp/
[48] 일본 마리나 · 비치협회 : http://www.jmba.or.jp/
[49] fisharina 협회 : http://www.fisharina.or.jp/
[50] Blue Sea and Green Land 재단 : http://www.bgf.or.jp/
[51] 마리노포럼 21 : http://www.mf21.or.jp/
[52] 마린플로트 추진기구 : http://homepage2.nifty.com/marine-float/
[53] 리버프런트 정비센터 : http://www.rfc.or.jp/

동경만 관련

[1] 국토교통성 관동지방 정비국 : http://www.ktr.mlit.go.jp/kyoku/menu.htm
[2] 동경만 재생추진협회 :
http://www1.kaiho.mlit.go.jp/KANKYO/SAISEI/council/council_index.htm
[3] 동경만안 자치체 환경보전회의 : http://www.tokyowangan.jp/
[4] 동경만 환경정보센터 : http://www.tbeic.go.jp/opening.html
[5] 동경만 환경정보 "Tokyo-BEI" : http://www1.kaiho.mlit.go.jp/KANKYO/SAISEI
[6] 동경만 리얼타임 수질데이터 : http://www4.kaiho.mlit.go.jp/kaihoweb/index.jsp
[7] 三番瀬재생추진실 : http://www.pref.chiba.jp/syozoku/b_soukei/sanbanze/index-j.ntml

문헌조사나 정보검색에 도움이 되는 Web 사이트

[1] EIC넷 : http://www.eic.or.jp/
[2] JOIS : JST 온라인 정보시스템(유료) : http://pr.jst.go.jp/db/info/index.html
[3] 연구개발지원 종합디렉토리 : http://read.jst.go.jp/
[4] 국회회의록 검색시스템 : http://kokkai.ndl.go.jp
[5] 전자정부의 종합창구 : http://www.e-gov.go.jp/
[6] 특허전자도서관 : http://www.ipdl.ncipi.go.jp/homepg.ipdl
[7] 연안역 환경정보서비스(Ceis Net) : http://www5.kaiho.mlit.go.jp/start.html
[8] 농림수산연구 WWW 서버 : http://www.affrc.go.jp/index-j.html
[9] 법령데이터 제공시스템 : http://law.e-gov.go.jp/cgi-bin/idxsearch.cgi

국제관련 등

[1] 국제연합(UN : United Nations) : http://www.un.org/english/
[2] 국연 식량농업기관(FAO : Food & Agriculture Organization) : http://www.fao.org/
[3] 국제노동기관(ILO : International Labor Organization) : http://www.ilo.org.public/english
[4] 국제해사기관(IMO : International Maritime Organization) : http://www.imo.org/index.htm
[5] 국연 환경계획(UNEP : United Nations Environment Program) : http://www.unep.org/
[6] 세계기상기관(WMO : World Meteorological Organization) : http://www.wmo.ch/index-en.html
[7] 국제해저기구(ISA : International Seabed Authority) : http://www.isa.org.jm/en/default.htm
[8] 유네스코 국제해양위원회(UNESCO-IOC : Intergovernmental Oceanographic Commission) : http://ioc.unesco.org/iocweb/index.php
[9] 국연 해양 · 해양법국(DOALOS : Division for Ocean Affairs and the Law of the Sea) : http://www.un.org/Deps/los/index.htm
[10] 국제사법재판소(ICJ : International Court of Justice) : http://www.icj-cij.org/
[11] 국제해양법재판소(ITLOS : International Tribunal for the Law of the Sea) : http://www.itlos.org/start2_en.html
[12] GESAMP(The Joint Group of Experts on the Scientific Aspects of Marine Environmental Protection) : http://gesamp.imo.org/
[13] GEF(Global Environment Facility) : http://www.gefweb.org/

[14] IFLOS(International Foundation for the Law of the Sea) : http://www.iflos.org/english/home_frameset.htm

[16] PEMSEA(Partnerships in Environmental Management for the Seas of East Asia) : http://www.pemsea.org/

찾아보기

[ㄱ]

가동식 mobile type 209
간극비 void ration 276
간조 low tide 42
간척공사 reclamation works 170
감성공학 sensitivity engineering 111, 180
감재 disaster mitigation 190
강 steel 251
갯벌 tideland 73, 97, 170
건강증진효과 health enhancement effect 52
건설기재 construction machine 231
건설비용 commissioning cost 231
건설자재 리사이클법 Construction Waste Recycling Law 118
건조(흙) dry(soil) 276
건축기준법 Building Standard Law 14, 185
건축환경공학 architectural environmental engineering 88
결정론적 과정 deterministic process 194
경계획정 delimitation 83
경관 landscape/seascape 49
경량콘크리트 light-weight concrete 265
계류 mooring 228
고정도화 시공 high-accuracy construction 238
고정식 fixed type 209
고정하중 fixed load/dead load 212
고조 storm surge 59
공사감리 supervision of construction work 248
공사기간 construction schedule/term of works 230
공유수면 public waters 74
공정계획 process planning 235
공해 High seas(해양법 용어)/international waters(국제해협, EEZ도 포함) 67
과압밀 overconsolidation 278
과학적 합리성 scientific rationality 184
광역방재거점 wide-area disaster prevention base 120
교통 배리어프리법 Transportation Barrier-Free Law/Transportation Accessibility Improvement Law 57, 119
구조설계 structural design 207
구조안전성 safety of structure 257
구조재료 structural material 251
국가양도 land yielding 50
국제표준화기구(ISO) International Organization for Standardization 106
국제해저기구 International Sea-Bed Authority 82
국토종합개발법 Comprehensive, National Land Development Act 27
국토형성계획 national land sustainability plan 74
국토형성계획법 National Land Sustainability Plan Act 27
군도 수역 archipelagic waters 80
그린 구입법 Law on Promoting Green Purchasing 136
그린 투어리즘 green tourism 62, 122
글로벌 네트워크 global network 110
급속화시공 quickening construction 238
기계 machine 232
기국주의 flag state jurisdiction(참고 기항국주의 port state jurisdiction) 84
기르는 어업 marine ranching and stock enhancement 68
기본설계 basic design/esquisse(프) 207
기술자윤리 engineers' ethics 16
기업윤리 corporate ethics/corporate responsibility 16
기준물질 reference material 144
기초 suction foundation 275

[ㄴ]

내구성 durability 257
내륙수운 inland waterway transport 123
내수 internal waters 80

내용연수 service life/life time 215
내진강도 위장사건 crime of disguised earthquake resistant strength 15
내진설계 earthquake resistant design 15
노동력 manpower 232
뉴매틱케이슨 pneumatic caisson 273

[ㄷ]

담수화자원 fresh water resources 109
대기오염 air pollution 87
대륙붕 continental shelf 74
대륙붕의 한계에 관한 위원회 Commission on the Limits of the Continental Shelf 81
대사조 Taisha-Tsukuri Japanese architectural style 50
대상식물 substitutional vegetation 172
대조 spring tide 42
대항해시대 Age of Discovery 18
도시재생프로젝트 urban renaissance project/urban redevelopment project 113
도크 dock 243
동결융해작용 freezing and thawing effect 255
동해문화권 East Sea cultural area 50

[ㄹ]

라이프사이클 life cycle 133, 205
라이프사이클어세스먼트(LCA) Life Cycle Assessment 125, 135, 169
라이프사이클 엔지니어링(LCE) Life Cycle Engineering 134
람사르조약 Ramsar Convention 171
런닝코스트 running cost 134
룰베이스 설계 rule based design 186
리사이클 포트 recycle port 118
리사이클 recycle/recycling 134, 143
리스크 매니지먼트, 리스크관리 risk management 196
리스크 베이스 디자인 risk based design 182
리스크 커뮤니케이션 risk communication 200
리스크어세스먼트, 리스크평가 risk assessment 196
리스크이론 risk theory 192
리스크제로 zero risk 180
리처드 러셀 Richard Russel 52

[ㅁ]

마무리 재료 finishing material 251
마이티훼일 Mighty Whale 139
마찰말뚝 friction pile 272
만조 high tide 42
말뚝기초 pile foundation 272
먼바다 부체식 파력장치 offshore floating wave power device 139
메가플로트 Mega-Float 19
메탄하이드레이트 methane hydrate 69
멘테넌스 maintenance 133
면진 quake-absorbing 159
모달시프트 modal shift 22, 114
모래 sand 275
모래다짐말뚝공법 sand compaction pile method 284
모럴해저드 moral hazard 199
무주물/공유물(커먼즈) commons 28, 68
미티게이션 mitigation 78
밀도 consolidation 278

[ㅂ]

바이오에너지 biomass energy 116
반잠수식 트러스라멘구조 semi-submersible trussed-rahmen design 173
방식공법 corrosion protection method 260
방식재료 anticorrosion material 261
방재 disaster prevention 190
방재거점 disaster prevention base 163
방재대책 disaster prevention method 162
배타적 경제수역(EEZ) Exclusive Economic Zone 67
백화현상 barren shore/barren grounds/sea desert 66
버티컬드레인공법 vertical drain method 283
변동성분 fluctuation component 94
보험 insurance 187

부식 corrosion 253
부악삼십육경 Thirty six sceneries of Mt.Fuji 49
부영양화 eutrophication/nutrient rich 43, 99
부체식 floating type 209
분사 sand boil 281
불쾌지수 discomfort index 90
브라이튼 Brighton 52
블루 투어리즘 blue tourism 62
비용 대 효과(B/C) cost benefit 174

[ㅅ]

사용성 usability 257
사운드스케이프 soundscape 112
사회적 합리성 social rationality 184
산성비 acid rain 40
산업폐기물 industrial waster 15, 152, 175
산업혁명 Industrial Revolution 52
샌드드레인 sand drain method 159, 283
생력화 시공 laborsaving construction 238
생태계 ecosystem 172
생활지 living knowledge 182
석유비축기지 oil storage base 167
선박규격(선급규격) classification society rules 185
선박안전법 Ship Safety Law 166, 185
선행하중 pre-load 278
설계도서 drawings and specification 205
설명책임 accountability 200
설비설계 facility design 207
설치케이슨 laying-down caisson 273
성능설계 performance design 15, 120, 186, 207
성층 stratification 100
세계 물 포럼 World Water Forum 123
세계지 global knowledge 182
세립분 fin fraction 276
소일시멘트 공법 soil cement method 286
소조 neap tide 42
수밀격벽 watertight bulkhead 162
수산기본법 Fundamental Law of Fisheries 27
수산업 fisheries 23
수소이온농도(pH) hydrogen ion concentration 101
수순환 water cycle 108
수용가능한 리스크 acceptable risk 193
수인가능한 리스크 tolerable risk 193
수질오염 water pollution 43
순응적 관리 adaptive management 128
순환형 사회형성 추진기본법 Basic Law for Establishing the Recycling-based Society 136
슬로 라이프 slow life 116
시공계획 construction planning 235
시공방법 construction method 229, 232
시공성 workability 257
시공조건 construction condition 234
시나리오 scenario 192
시스템 경계 system boundary 137
시크빌딩 증후군 sickhouse syndrome 91
시크하우스 sick house 252
신뢰관계 reliable relationship 201
신뢰성 설계법 reliability design method 211
신뢰성 reliability 183
신유효온도 new effective temperature 90
실트 silt 275
심상풍경 imagined scenery 46
심층혼합처리공법 deep mixing method of soil stabilization 286
심해저 The Area(해양법 용어)/deep seabed/deep sea-floor 81
아리프사이클 코스트(LCC) Life Cycle Cost 108, 134

[ㅇ]

아웃풋 output 137
안전성 safety 182
알칼리골재반응 alkali-aggregate reaction 256
압축강도 compressive strength 259
액상화(현상) liquefaction 158, 281
앵커기초 anchor foundation 275
양식 aquaculture 68
어업권 fishery rights 73
어업보상 fishery compensation 73

에코 투어리즘 eco tourism 66, 122
연안역 coastal zone 65
연안역개발 coastal zone development 20
연안역관리 coastal zone management 113
연안표사 coastal quicksand/coastal sanddrift 73
열화 degradation 253
염분 salinity 101
염해 salt damage 255
영양염 nutrient salt 99
영해 territorial sea 74
영향도 consequence 192
영향평가 impact assessment 136
예측평균온냉감신고 predicted mean vote 90
오감 the five senses 111
오구라백인일수 Ogura one hundred famous poems 45
오션 거버넌스 ocean governance 78
오픈케이슨 open caisson 273
온실효과 green house effect 40
온통기초 mat foundation 272
용존산소(DO) Dissolved Oxygen 101
워터 인센티브효과 water incentive effect 57
워터매직 효과 water magic effect 56
워터프런트개발 waterfront development 20
유니버설 디자인 정비 universal design maintenance 57
유니버설 디자인 universal design 119, 201
유비쿼터스 사회 ubiquitous society 129
유엔해양법조약(UNCLOS) United Nations Convention on the Law of the Sea 27, 28, 58, 66
유효압력 effective stress 279
유효온도 effective temperature 89
윤리관 ethics 201
이니셜코스트 initial cost 134
인벤트리분석 inventory analysis 36
인장강도 tensile strength 259
인풋 input 137
인프라 스트럭처 infrastructure 56

[ㅈ]

자금 money 232
자기책임 self responsibility/at one's own risk 123, 200
자동선위보지장치 Dynamic Positioning System 230
자연공물 natural public substance 117
자연공생형 유역권 natural symbiosis type basin 113
자연에너지 natural energy 108
자연재생추진법 Law for the Promotion of Nature Restoration 115
자원관리형 어업 community based fisheries management 69
자재 material 232
자조, 공조, 공조 self-help, mutual, aid, and public aid 120
자주방재의식 independence awareness of disaster prevention 109
작업선 work vessel 234
재해교육 disaster education 109
재현기간 return period 215
쟈킷식 jacket type 209
쟈킷 jacket 274
저산소수 hypoxic water 100
저생생물(벤토스) benthos 97
적재하중 live load 212
적조 red tide 72
전국종합개발계획 comprehensive national development plan 74
전기방식공법 electrical protection method 261
전인(TP) Total Phosphate 102
전지구측위시스템(GPS) Global Positioning System 239
전질소(TN) Total Nitrogen 102
전해양증발 whole ocean evaporation 41
절대안전 perfect safety 180
점토 clay 275
접속수역 contiguous zone 74
정규압밀 normal consolidation 278
정기검사 periodical inspection 166
정맥물류 reverse logistics 118

정보화 시공 information technology construction 238, 290
정치적 합리성 political ratinality 184
제로 에미션 zero emission 118
제3섹터 semi-public corporation 77
조류 tidal current 42
조류발전 ocean current energy conversion 71
조석 tide 42, 95
조석발전 tidal energy conversion 71
조우확률 encounter probability 215
조장 seaweed beds 72, 102
조탕치 sea bathing therapy 52
조합설계 design of mix proportion 258
조화 harmonization 28
주권 sovereignty 74
주권적 권리 sovereign rights 74
주기 period 95
중력식 gravity type 209
중성화 neutralization 255
중위응력 neutral stress 279
중유유출 oil spill 160
증식 stock propagation 68
지구감 impression on the earth 30
지구심부심사선 지구 Deep-sea Drilling Vessel CHIKYU 24
지구온난화방지 교토회의 Third Session of Conference of the Parties to the United Nations Framework Convention on Climate Change 107
지구환경건축 architecture for a global environment 176
지반개량 soil improvement 283
지반조사 soil investigation 280
지반침하 zground settlement 279
지속가능사회 sustainable society 170
지속가능한 개발(SD) Sustainable Development 66
지속적인 개발(SD) sustainable development 135
지지말뚝 bearing pile 272
지진하중 earthquake load 222
지질 geology 280
지형 topography 280
직선기선 straight baselines 8
직접기초 spread foundation 272

[ㅊ]

창조적 실패 creative failure 25
철골철근콘크리트구조 steel framed reinforced concrete structure 251
철근콘크리트구조 reinforced concrete structure 251
첫 물고기(은어) first offering to God 44
청계천 Cheonggyecheon 111
청조 blue tide 72, 99
체험관광 experience sightseeing 62
초고령사회 super-aging society 57
초신성폭발 supernova explosion 39
초저출산고령화사회 aging society with fewer children 58
충적층 alluvial deposit 176
츠나미 tsunami 59, 158, 189
측방유동 lateral flow 281

[ㅋ]

카테고리 인디게이터 category indicator 144
콘크리트 concrete 251
교토의정서 Kyoto Protocol 71
크루징 cruising 21, 62
클로즈드 시스템 closed system 173
클린하고 재생가능한 에너지 clean and renewable energy 116

[ㅌ]

탈라소테라피 thalasso therapy 52
토털코스트 total cost 135, 149
토피압 overburden pressure 278
통합수자원관리 integrated water resources management 130
통합연안역관리(ICZM) Integrated Coastal Zone Management 73
특성화계수 characterized coefficient 144

[ㅍ]

파고 wave height 95

파랑 ocean wave 59

파랑발전/파력발전 wave power generation 71

파랑하중 wave load 219

파장 wave length 95

파트너십 partnership 28

퍼블릭 액세스 public access 19

퍼블릭 액셉턴스 public acceptance 199

페일세이프 fail safe 182

평균유속 mean velocity 94

폐쇄성 해역 enclosed sea/enclosed bay 66

포화(토) saturated (soil) 276

표준관입시험 standard penetration test 280

표층혼합처리공법 shallow mixing method of soil stabilization 286

풍토공학 climate engineering 114

풍하중 wind load 218

프로젝트 와일드 Project WILD 122

프로젝트매니저 project manager 249

프리로드공법 preloading method 283

프리스트레스트 콘크리트구조 pre-stressed concrete structure 251

플레이트 테크토닉스 plate tectonics 24

[ㅎ]

하트빌딩법 Act on Buildings Accessible and Usable by the Elderly and Physically Disabled/Heart Building Law 57, 119

한계상태 설계법 limit state design method 211

함수비 water content 276

합리적 rational 183

항만 port/harbor 22

해난사고 maritime accident/marine accident 162

해상운송 marine transportation 22

해상풍력발전 offshore wind energy generation 71

해석 interpretation 136

해수양수발전 seawater pumped-storage hydroelectric generation 71

해수염수화 seawater desalination 70

해안방재 coastal disaster prevention 66

해안법 Seacoast Law 58

해안보전구역 shore protection area 59

해안의 적정한 이용 proper utilization of the seacoast 59

해안침식 coastal erosion 66

해양 비옥화 fertilization of the sea 117

해양감 impression on the sea 30

해양건축물 oceanic architecture 13

해양경관보전 preservation of seascape/preservation of coastal landscape 112

해양관측 ocean observation 25

해양생태계 marine ecosystem 111

해양석유 offshore oil 21

해양오염 marine pollution/ocean pollution/sea pollution 87

해양오염방지법 Law Relation to the Prevention of Marine Pollution and Maritime Disaster 118

해양온도차 발전(OTEC) Ocean Thermal Energy Conversion 71

해양전략 ocean strategy 27

해양환경공학 oceanic environmental engineering 88

해양환경교육 marine environmental education 123

해일 · 고조 해저드 맵 tsunami and storm surge hazard map 120

해저광물자원 marine mineral resources 69

해저열수광상 hydrothermal polymetallic massive sulfide/hydrothermal vent 69

해진 marine transgression 277

해퇴 marine regression 277

허리케인 카트리나 hurricane Katrina 189

허용응력도법 allowable stress design method 211

헤리테지 투어리즘 heritage tourism 62

현탁물질(SS)/부유물질 Suspended Solids 101

홍적층 diluvial deposit 276

화학적 산소요구량(COD) Chemical Oxygen Demand 101

확률론적 과정 stochastic process/probabilistic process 194
확률, 발생확률 probability 192
환경교육 environmental education 61
환경기본법 Basic Environment Law 136
환경부하경감 mitigation of environmental load 125
환경수복기술 technology for environmental restoration 128
환경어세스먼트/환경영향평가 environmental impact assessment 78, 105, 161
환경영향 environmental impact 247
환경정책 environmental policy 130
환경하중 natural environmental load 212
환경학습 environmental study 61
후지와라 사다이에 Fujiwara no Sadaie(Teika) 45
휘발성 유기화합물 volatile organic compounds 91
휴먼에러 human error 195, 198

[기타]

footing 기초 footing 272
N값 N-value 280
TAC Total Allowable Catch 69
TAE Total Allowable Effort 69

편저자 약력

前田久明(미에다 히사키) : 제1장
1940년생
일본대학 종합과학 연구소 교수 · 이공학부 해양건축공학과 파견, 동경대학 명예교수 / 공학박사
1969년 동경대학 공학계 연구과 선박공학 전공박사 과정 수료
일본조선학회 공로원, 미국기계학회 회원, 미국전기학회 회원
전문분야 : 해사유체역학 · 부체공학
maedah@iis.u-tokyo.ac.jp

近藤健雄(콘도 타케오) : 제1장
1947년생
일본대학 이공학부 해양건축공학과 교수 / 공학박사
1970년 일본대학 이공학부 건축공학과 졸업
1973년 하와이 주립대학 대학원 해양공학전공수료
전문분야 : 연안역계획 · 해양프로젝트계획
tkondo@ocean.cst.nihon-u.ac.jp

增田光一(마스다 코이치) : 제1장
1951년생
일본대학 이공학부 해양건축공학과 교수 / 공학박사
1973년 일본대학 이공학부 건축공학과 졸업
1978년 일본대학 대학원 이공학연구과 건축공학전공 박사후기과정 수료
전문분야 : 해양유체공학 · 부체공학
masuda@ocean.cst.nihon-u.ac.jp

집필자 약력

山本和清(야마모토 카즈키요) : 제2장
1966년생
일본대학 이공학부 해양건축공학과 전임강사 / 박사(공학)
1989년 일본대학 이공학부 해양건축공학과 졸업
1991년 일본대학 대학원 이공학연구과 해양건축공학 전공 박사전기과정 수료
전문분야 : 해양사회복지계획학 · 해양건축계획학 · 해양공간디자인
yamamoto@ocean.cst.nihon-u.ac.jp

菅家英朗(칸케 히데아키) : 제3장
1965년생
해양정책연구재단(재단법인 Ship & Ocean 재단) 연구원 / 공학석사
1992년 일본대학 대학원 이공학 연구과 해양건축공학 전공 박사전기과정 수료
전문분야 : 지역계획 · 연안역관리
h-kanke@sof.or.jp

近藤典夫(콘도 노리오) : 제4장
1956년생
일본대학 이공학부 해양건축공학과 전임강사 / 공학박사
1985년 일본대학 대학원 이공학연구과 해양건축공학전공 박사후기과정 수료
전문분야 : 수치유체역학
kondo@ocean.cst.nihon-u.ac.jp

岡本强一(오카모토 코이치) : 제4장
1953년생
일본대학 이공학부 해양건축공학과 전임강사 / 공학박사
1983년 일본대학 대학원 이공학연구과 해양건축공학전공 박사후기과정 수료
전문분야 : 해양환경공학
okamoto@ocean.cst.nihon-u.ac.jp

江上和也(에가미 카즈야) : 제5장
1962년생
주식회사 에코 하천 · 환경본부 계획설계부과장
1989년 일본대학 이공학부 해양건축공학과 졸업
전문분야 : 하천환경공학 · 해양건축공학 · 내륙수운
egami@ecoh.co.jp

大澤弘敬(오사와 히로유키) : 제6장
1963년생
(독)해양연구개발기구 해양공학센터 해양기술연구개발프로그램 서브리더,
동경해양대학 제휴대학원 조교수 / 박사(공학)
1986년 일본대학 이공학부 해양건축공학과 졸업
1996년 일본대학 대학원 이공학연구과 해양건축공학전공 박사후기과정 수료
전문분야 : 해양공학
osawah@jamstec.go.jp

宮崎剛(미야자키 츠요시) : 제6장
1967년생
(독)해양연구개발기구 해양공학센터 해양기술연구개발프로그램 연구원 / 박사(공학)
1994년 일본대학 이공학부 해양건축공학과 졸업
1999년 일본대학 대학원 이공학연구과 해양건축공학전공 박사후기과정수료
전문분야 : 해양공학
tsuyoshim@jamstec.go.jp

惠藤浩朗(에토 히로아키) : 제7장
1974년생
(독)이화학연구소 · 연구원 / 박사(공학)
2002년 일본대학대학원 이공학연구과 해양건축공학전공 박사후기과정수료
전문분야 : 수력탄성학 · 해양구조공학
eto-hiro@riken.jp

居駒知樹(이코마 토모키) : 제8장
1969년생
일본대학이공학부 해양건축공학과 전임강사 / 박사(공학)
1997년 일본대학대학원 이공학연구과 해양건축공학전공 박사후기과정 수료
동경대학 생산기술연구소를 거쳐 현직
전문분야 : 부체운동학
ikoma@ocean.cst.nihon-u.ac.jp

小林昭男(코바야시 아키오) : 제9장, 제10장, 제11장
1955년생
일본대학 이공학부 해양건축공학과 조교수 / 공학박사
1985년 일본대학 대학원 이공학연구과 해양건축공학전공 박사후기과정 수료
대성건설을 거쳐 현직, 기술사, 1급건축사
전문분야 : 해안공학
kobayashi@ocean.cst.nihon-u.ac.jp

佐藤秀人(사토 히데토) : 제12장
1960년생
일본대학 이공학부 해양건축공학과 전임강사 / 박사(공학)
1989년 일본대학대학원 이공학연구과 해양건축공학전공 박사후기과정 수료
2000~2001년 텍사스 A&M 대학 객원연구원
전문분야 : 지반개량화상계측 · 옹벽 · 말뚝기초
sato@ocean.cst.nihon-u.ac.jp

역자소개

이명권 (李明權)

1963년 부산에서 출생
부경대학교 건축공학과 졸업
일본 오사카대학 대학원 건축공학과 공학석사, 공학박사
(재)부산발전연구원 연구위원, 니혼대학 이공학부 해양건축공학과 객원연구원,
일본 오사카대학 대학원 외국인 초빙연구원, (사)한국워터프런트연구협의회 기획 · 총무이사
현재 한국해양대학교 해양공간건축학과 교수

김봉경 (金奉暻)

1968년 부산에서 출생
동아대학교 도시공학과 졸업
일본 오사카대학 대학원 지구종합공학과 공학석사, 공학박사
현재 경성대학교 도시공학과 교수

이상준 (李商俊)

1950년 부산에서 출생
부산대학교 건축공학과 졸업
부산대학교 대학원 공학석사, 경상대학교 대학원 공학박사
부산건축문화제 감사 및 이사, 부산광역시 건축심의위원, 부산교육청 건축심의위원
현재 동서대학교 건축설계학과 교수

김가야 (金嘉也)

1955년 부산에서 출생
동아대학교 도시공학과 졸업
일본 오사카대학 대학원 수료, 공학박사
국토해양부 중앙연안관리심의위원, 부산광역시 도시계획위원,
한국해양과학기술협의회 부회장, (사)한국워터프런트연구협의회 회장
현재 동의대학교 도시공학과 교수

바다와 해양건축

21세기에는 어디에서 살 것인가?

2012년 3월 25일 1판 1쇄 인쇄
2012년 3월 30일 1판 1쇄 발행

편 저	前田久明 近藤健雄 増田光一
역 자	이명권 김봉경 이상준 김가야
발행인	강 해 작
발행처	기 문 당
주 소	서울 성동구 무학봉28길 4-1(왕십리동 966-22)
전 화	02-2295-6171(代)~5
팩 스	02-2296-8188
출판등록	1976. 10. 7(1-44)
홈페이지	http://www.kimoondang.com http://기문당
ISBN	978-89-6225-371-9 93540

정 가 20,000원